New Media 新媒体 · 新传播 · 新运营 系列丛书

新媒体技术

基础 案例 应用

视频指导版

宁光芳 刘露露 陈怡桉 / 主编　曾乐 曾丽娟 / 副主编

人民邮电出版社
北京

图书在版编目（CIP）数据

新媒体技术：基础 案例 应用：视频指导版 / 宁光芳，刘露露，陈怡桉主编. -- 北京：人民邮电出版社，2021.7
（新媒体·新传播·新运营系列丛书）
ISBN 978-7-115-56087-2

Ⅰ. ①新… Ⅱ. ①宁… ②刘… ③陈… Ⅲ. ①多媒体技术 Ⅳ. ①TP37

中国版本图书馆CIP数据核字(2021)第039331号

内 容 提 要

随着新媒体行业的发展，社会对新媒体领域相关人才的需求量也越来越大，本书从新媒体技术的角度出发，结合理论与案例，介绍了新媒体行业常用的相关软件和操作。全书共分为7章，主要讲解了新媒体技术的相关基础知识，以及图像处理、音频处理、视频处理、动画制作和自媒体工具的使用等知识，涉及Photoshop CC、Audition CC、Premiere CC、Animate CC等软件，以及135编辑器、人人秀、草料二维码及快站等自媒体工具。

本书可作为院校新媒体相关课程的教材，也可供有志于或者正在从事新媒体相关岗位的人员学习和参考。

◆ 主　　编　宁光芳　刘露露　陈怡桉
副 主 编　曾　乐　曾丽娟
责任编辑　侯潇雨
责任印制　王　郁　焦志炜
◆ 人民邮电出版社出版发行　　北京市丰台区成寿寺路 11 号
邮编　100164　　电子邮件　315@ptpress.com.cn
网址　https://www.ptpress.com.cn
临西县阅读时光印刷有限公司印刷
◆ 开本：700×1000　1/16
印张：12.5　　2021 年 7 月第 1 版
字数：280 千字　　2024 年 7 月河北第 7 次印刷

定价：59.80 元

读者服务热线：(010)81055256　印装质量热线：(010)81055316
反盗版热线：(010)81055315
广告经营许可证：京东市监广登字 20170147 号

前　言

一、编写目的

党的二十大报告指出："加快发展数字经济，促进数字经济和实体经济深度融合，打造具有国际竞争力的数字产业集群。"表明未来经济中数字经济、电子商务、网络经济、新媒体等新业态的重要地位和作用。随着互联网的高速发展和智能终端的迅速普及，新媒体与人们日常生活的联系越来越紧密，成了人们日常生活中不可分割的一部分。因此，新媒体相关专业的学生为了在以后日新月异的社会中发展得更好，了解并掌握一定的新媒体技术是必要的。

本书从基础知识出发对新媒体和新媒体技术进行了简单介绍；并结合新媒体常用软件讲解了图像、音频、视频、动画等的制作、处理方法，同时结合自媒体常用工具讲解了图文排版、H5 制作、二维码制作和建站等知识；最后，对现今较为流行的新媒体新技术进行了介绍，让读者能够更好地了解、学习和掌握新媒体技术相关的知识。

二、本书内容

本书对新媒体和新媒体技术进行了详细讲解，主要内容分为新媒体与新媒体技术概述、新媒体常用应用软件和工具、新媒体新技术 3 个部分。

- **新媒体与新媒体技术概述（第 1 章）**。主要对新媒体和新媒体技术的基础知识进行介绍，包括新媒体的概念、组成要素、类型和特征，以及新媒体技术的定义、组成、常见技术和发展趋势。
- **新媒体常用应用软件和工具（第 2 章～第 6 章）**。主要从图像、音频、视频、动画的制作及自媒体常用工具的使用的角度，对 Photoshop CC、Audition CC、Premiere CC、Animate CC、135 编辑器、人人秀、草料二维码和快站进行了介绍。
- **新媒体新技术（第 7 章）**。主要对人工智能、大数据和云计算 3 种新媒体新技术进行了介绍。

三、本书特点

1. 内容翔实，结构完整

本书以当下常见的新媒体技术的应用领域与操作软件为主，分别从图像、音频、视频、动画和自媒体工具 5 个领域，全面介绍了新媒体技术涉及的知识和技能，使读者能够更好地将理论与实际结合，快速理解新媒体技术的使用方法。

2. 案例丰富，实操性强

本书在讲解新媒体常用应用软件和工具时，主要以案例的形式，结合新媒体技术的应用，如视频封面图处理、海报制作、开屏广告图制作、音频录制与编辑、手机录音合成、短视频制作、表情包制作、动画制作、图文排版、H5 制作、二维码制作、网站建立等，介绍了新媒体技术的操作方法，帮助读者更好地将学到的技能运用到实际工作中。

此外，本书每章设有“经验之谈”小栏目，结尾还设有“拓展知识”“课后练习”，补充与理论、操作相关的知识，加深读者对知识的理解，让读者能够在案例的基础上进行扩展练习，以便更快、更好地掌握新媒体技术的相关技能，做到学以致用、举一反三。

3. 资源丰富，附加值高

本书配备二维码，读者在学习过程中，可直接扫描对应二维码观看视频，并查看相关学习资源，学习新媒体技术的相关知识或操作。同时本书还提供素材文件和效果文件、PPT、教学大纲、教学教案、练习题库等资源，读者可以登录人邮教育社区（www.ryjiaoyu.com）免费下载使用。

编 者

2023 年 6 月

目 录

1 新媒体与新媒体技术概述

2 使用 Photoshop CC 处理图像

3 使用 Audition CC 处理音频

4 使用 Premiere CC 处理视频

5 使用 Animate CC 制作动画

6 使用自媒体工具

7 新媒体新技术

第 1 章

新媒体与新媒体技术概述

互联网的发展带动了新媒体行业的发展，使新媒体逐渐成为当下热门的媒体形态。为更好地利用新媒体，新媒体从业人员应了解新媒体及新媒体技术，灵活地使用不同的新媒体技术。

1

1.1 新媒体基础知识

新媒体是随着计算机技术的发展而逐渐演变出来的，是一个不断变化的概念，与传统媒体相比，新媒体拥有独特的特点，下面将从新媒体的概念、组成要素、类型和特征 4 个方面进行介绍。

1.1.1 新媒体的概念

新媒体虽然使用广泛，但很少有人能够将其标准含义解释出来，为更好地对这个概念进行定义，可以从不同的角度进行理解，如传播介质、传播形式和方法、传播机构、平台等。

① 传播介质角度。在现代社会中，“新媒体”是常用的进行信息传播的介质。

② 传播形式和方法角度。自互联网诞生以来，其传播形式和方法就在不断地变化和进步，从早期的新闻组和电子公告牌系统（Bulletin Board System，BBS），到后来的电子邮件、万维网（World Wide Web，WWW，也称 3W、Web）、搜索引擎等，再到博客、微博、微信、应用程序（Application，App）、社会性网络服务（Social Networking Services，SNS）。因此，从传播形式和方法角度出发，与互联网紧密相连的新媒体也处于不断变化和进步中。

③ 传播机构角度。对传统媒体来说，要想适应社会发展，在和新媒体的竞争中获得生存机会，就需要利用新媒体传播渠道与平台，如设计传统报刊的网络版等。因此，从传播机构的角度出发，可以把新媒体看成基于新媒体的渠道和平台，向用户提供信息和服务的机构，如企业网站、微信公众号等传播机构。

④ 平台角度。平台是指一种基础的、可用于衍生其他商品的环境，这种环境可能只用于产生其他的商品，也可能在产生其他商品之后成为这些衍生商品生存的环境。随着互联网的发展，新媒体不仅具有“媒体”属性，也逐渐具备了“平台”的属性。因为很多新媒体不仅能够进行信息传播，还能作为经营平台满足人们的各种物质和精神需求，或作为交换平台帮助人们交换各种物品。因此，从平台的角度出发，可以将新媒体看成一个综合性的平台，人们可以通过这个平台，来完成现实和虚拟社会之间的转换。

结合上述内容可知，新媒体是一个宽泛的概念，它是利用数字技术、网络技术，通过互联网、宽带局域网、无线通信网等渠道，以及计算机、手机、数字电视机等终端，向用户提供信息和娱乐服务的传播形态。

1.1.2 新媒体的组成要素

虽然目前新媒体已经广泛应用于不同的领域，并因为领域的不同，其表现形式有所不同，但其表象之下的基本组成要素却是相同的，如技术基础、呈现方式、传播范围、创新性和媒介融合。

① 技术基础。新媒体是一种主要以计算机信息处理技术为基础创建的媒体形态，以互联网、卫星网络、移动通信等作为运作渠道，并使用有线与无线通道的传送方式，如互联网、手机媒体、移动电视和电子报纸等。

② 呈现方式。新媒体中的信息通常以声音、影像、图片和文字等复合形式呈现，这得

益于新媒体不断发展的先进技术，这种信息的呈现方式被称为多媒体。多媒体可以进行跨媒体、跨时空的信息传播，具有传统媒体无法比拟的互动性和实时性等特点。

③ 传播范围。新媒体向人们传播信息时，大多不受时间和地点场所的限制，人们可以通过新媒体在互联网或电子信号覆盖的区域实时发送或接收信息，所以，新媒体具有全天候和全覆盖的传播范围。

④ 创新性。新媒体的创新性主要体现在技术、运营、商品和服务等方面。此外，为了获取经济收益，新媒体也需要在商业模式上进行创新。

⑤ 媒介融合。很多新媒体都是多种媒介形态的融合和创新，如手机电视是无线网络、手机和电视等媒介的融合。在媒介融合的形式下，新媒体的边界正在不断变化，很多称谓相互重叠。另外，在媒介融合的形式下，传统媒体也可以借助先进的数字技术和网络技术转变成新媒体，如传统的报纸、广播、电视可以升级为数字报纸、数字广播和数字电视。

1.1.3 新媒体的类型

根据新媒体的传播途径、传播媒介和传播形态的不同，新媒体的类型也有所不同，下面分别进行介绍。

1. 按传播途径进行分类

按传播途径的不同，新媒体可分为以下 4 种类型。

● 基于互联网的新媒体。基于互联网的新媒体包括博客、电子杂志、网络视频、播客、群组和网络社区等。

● 基于数字广播网络的新媒体。基于数字广播网络的新媒体包括数字电视和移动电视等。

● 基于无线网络的新媒体。基于无线网络的新媒体包括手机电视、手机报、手机视频、手机无线应用协议（Wireless Application Protocol，WAP）、手机短信 / 彩信等。

● 基于融合网络的新媒体。基于融合网络的新媒体包括基于网际互连协议（Internet Protocol, IP）的电视广播服务、楼宇电视等。

2. 按传播媒介进行分类

按传播媒介的不同，新媒体可分为以下 4 种类型。

● 网络新媒体。网络新媒体包括门户网站、搜索引擎、虚拟社区、简易信息聚合（Really Simple Syndication，RSS）、电子邮件、微博、网络文学、网络动画、网络游戏、网络杂志、网络广播、网络电视等。

● 手机新媒体。手机新媒体包括手机短信 / 彩信、手机报纸、手机电视 / 广播、手机游戏、手机 App 及各种手机移动网络客户端等。

● 新型电视媒体。新型电视媒体包括数字电视、交互式网络电视（IPTV）、移动电视、楼宇电视等。

● 其他新媒体。其他新媒体包括隧道媒体、路边新媒体、信息查询媒体及其他跨时代的新媒体等。

3. 按传播形态进行分类

按具体的传播形态对新媒体进行分类是日常生活中人们常用的分类方式，其划分出的新媒体类型也最多，比较常见且使用较为广泛的新媒体类型主要包括以下7种。

（1）微博

微博即微型博客，是国内非常受欢迎、使用较多的博客形式。博客是一种由个人管理、不定期张贴新文章的网站，文章由新到旧按张贴时间排列，内容主要是个人日记，也有很大一部分是对特定课题的评论。博客通常结合了文字、图像、其他博客或网站的链接及其他与主题相关的媒体等，能够让用户以互动的方式留下意见或进行评论，是新媒体中的第一代自媒体，也是新媒体的重要代表。而微博则注重时效性和随意性，更能表达出用户每时每刻的想法和新动态。微博是博客的微型化，其类型和博客相同，常见的微博有新浪微博、腾讯微博、网易微博和搜狐微博等，图1-1所示为新浪微博的首页。

图1-1 新浪微博的首页

（2）社交工具

目前，我国常用的社交工具是腾讯公司旗下的QQ和微信。

① QQ。QQ是腾讯公司推出的一款即时通信软件，支持在线聊天、视频通话、面对面传文件、共享文件和QQ邮箱等多种功能，可与多种通信终端相连，如计算机、手机等。除基本的即时信息通信功能外，还可以建QQ群，讨论问题并发表见解，类似于小型社群；或通过QQ空间书写日志、说说，上传个人图片、听音乐等，从多个方面展现自己，类似于微博。此外，QQ还有许多衍生产品，如QQ游戏、QQ音乐等，能满足人们工作和生活的多种需求。

② 微信。微信是腾讯公司推出的一款社交工具，可以通过网络快速发送文字、图片、语音、视频，支持群聊、分享、扫一扫等功能，跨越了运营商、硬件和软件、社交网络等多种壁垒，实现了现实与虚拟世界的无缝连接。微信使个人移动终端的功能得到发挥，将人际传播和大众传播融为一体，成就了一种全新的传播类型。此外，微信还有一项重要的传播手段——微信公众平台，政府、单位、机构、企业、个人等都可以通过注册微信公众号、订阅号或服务号，进行宣传或营销推广。例如，商家通过微信公众平台对接的微信

会员云营销系统展示商家微官网、微会员、微活动，各地方政府或单位建立微信公众号进行与政务和服务相关的业务查询和办理。图 1-2 所示为微信公众号消息的示例。

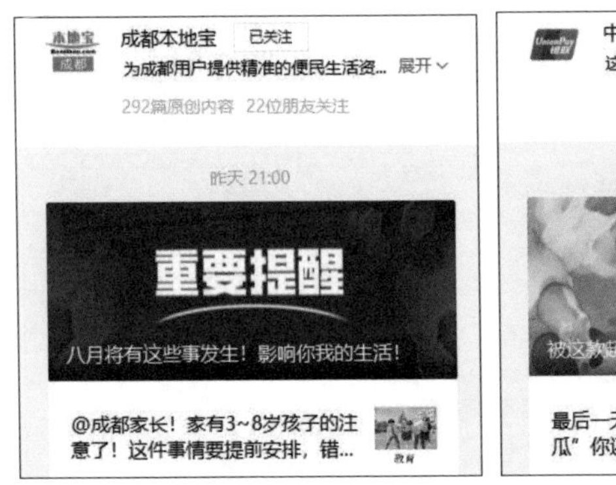

图1-2 微信公众号消息的示例

（3）网络直播

网络直播能借助互联网优势，利用相关直播软件将即时的现场环境发布到互联网上，再借由互联网技术快速、清晰地呈现在用户面前。网络直播是新媒体的一种传播方式，具有时效性强、传播快捷、互动性强的独特优势，也是一种新兴的网络社交方式，因此进行网络直播的平台也成了一种新媒体。

一般来说，网络直播包括电视节目的网络直播和网络视频直播，电视节目的网络直播基于互联网的技术优势，利用视讯的方式进行，其直播渠道包括 PC 端和手机等移动设备端；网络视频直播则是直播网站自给自足的节目内容，基于现场架设独立的信号，上传至网络供用户观看。目前，网络直播已经发展得较为成熟，成为新媒体中发展迅猛的新媒体类型。

（4）短视频

短视频是一种以秒计数的视频，依托移动智能终端实现快速拍摄与美化编辑，可在各种新媒体平台上实时分享。短视频既可以代替图文作为信息的传播介质，如新闻时事短视频，也可以单独作为一种娱乐内容，如个人秀或分享生活片段的短视频。短视频包含了丰富的视听信息，但不需要占用用户太多时间，是目前比较便捷的传播形式。另外，短视频还能够创造诸多热门话题，甚至成为社会现象，打破了视频传播的常规思维，逐步占据新媒体行业的一角。

目前，短视频社区类应用程序越来越多，如微视、秒拍、美拍、火山、快手和抖音等，甚至一些新闻资讯类平台和各大社交平台也通过设置短视频频道来吸引用户。

（5）移动新闻客户端

移动新闻客户端是一种传统报业与移动互联网紧密结合的媒体形式，移动新闻客户端通常定义为依靠移动互联网，以文字、图像、影像、声音等多种符号为内容，以智能手机、平板电脑等移动终端。

（6）自媒体

自媒体是一种以现代化、电子化的手段，向不特定的大多数人或特定的个人传递规范性及非规范性信息的新媒体总称。简单地说，就是个人用于发布自己亲眼所见、亲耳所闻事件及所思所感的载体，很多新媒体的类型都可以归类到自媒体范围，如微博和微信等，目前常见的自媒体平台有简书、豆瓣和知乎等，图 1-3 所示为知乎首页。

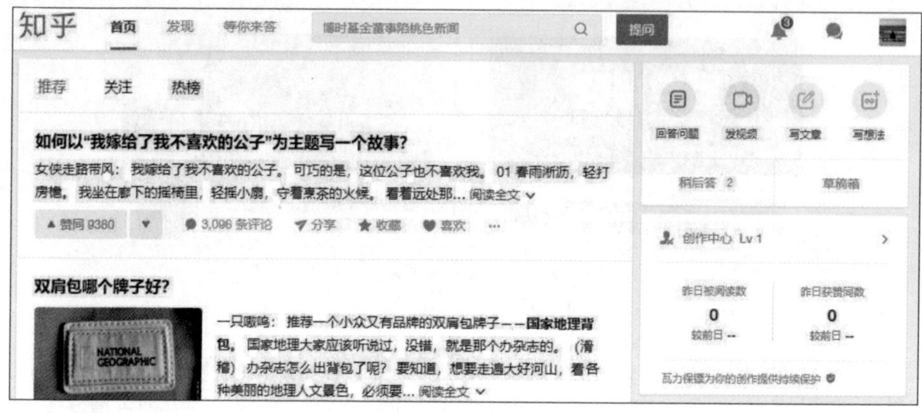

图1-3　知乎首页

自媒体的“自”主要有两个方面的意思：一是“自己”，指人人都可以通过网络平台发布信息和言论；二是“自由”，是指自媒体相对于其他新媒体，具有更自由的语言空间和自主权。在自媒体中，人人都是信息的生产者和消费者。

（7）数字电视

新媒体中的数字电视是指基于网络技术的数字电视系统，包括 IPTV、车载移动电视、楼宇电视、户外显示屏系统等。数字电视实现了边走边看、随时随地收看等功能，极大地满足了快节奏社会中人们对于信息的需求。数字电视除了具有传统媒体的宣传和欣赏功能外，还可以承担城市应急预警、交通、食品卫生、商品质量等政府安全信息发布的重任。

1.1.4　新媒体的特征

如今，新媒体与人们的日常生活息息相关，影响着人们的娱乐、购物等多个方面，具有传播、产业、舆论和文化 4 个方面的特征。

1. 传播特征

从传播角度来看，新媒体具有数字化、交互性、个性化、成本低、速度快、融合性、限制小、内容丰富和效应性等传播特征。

- 数字化。数字化是指新媒体是以信息科学和数字技术为主导，以大众传播理论为依据进行传播的，能够渗透到与人们工作、生活相关的方方面面。
- 交互性。交互性是指新媒体的传播是双向的，传播者与接收者之间能够进行信息的相互传递，使交流更顺畅、更及时、更深入。其次，新媒体中信息的控制权掌握在参与传播的个体手中，接收者可以根据自己的需求选择自己感兴趣的内容进行接收。

- 个性化。个性化是指新媒体可以通过网络，基于用户的使用习惯、偏好和特点等，为用户提供满足其个性化需求的服务。而且，用户可以自由地表达自己的观点，传播自己关注的信息，并对信息具有完整的操控权，能选择信息、搜索信息甚至定制信息。
- 成本低。信息在网络上跨国传播与本地传播的成本与速度差别不大，新媒体传播突破了地域和边疆的界限，可以轻松实现低成本的跨国传播，而传统媒体虽然在理论上也能进行全球传播，但传播距离越远，其传播的成本就越高。
- 速度快。新媒体传播的更新周期快，能以分秒计算，而电视等传统媒体的更新周期则以小时或天计算，报纸的出版周期以天甚至以周计算，杂志或图书的更新周期则更长。
- 融合性。新媒体传播是多种技术和途径的融合，其突出表现为高度的融合性。新媒体打破了传统媒体的单一分工和界限，催生了媒体之间的融合，使传递的信息更加全面、翔实。例如，现在的电视和广播节目均可在网络新媒体上进行实时接收，甚至重大公共事件在传统媒体上报道的同时，也会在微博或网站等新媒体平台中同步报道。
- 限制小。限制小是指新媒体传播不受时间、空间的限制，可以做到实时加工发布，并且发布信息和接收信息可以不同步进行，可在信息发布之后的任意时间接收信息。
- 内容丰富。新媒体是建立在互联网基础上的，能够为用户提供多种多样的信息数据库，方便用户随时检索信息，且不受时间、数量限制。
- 效应性。效应是指新媒体在传播时，必须具备能够形成效应的能力，以影响特定时间、特定区域内用户的视觉或听觉反应等，从而产生相应的效果。例如，智能手机这种新型的信息载体，在新媒体传播过程中形成了巨大的扩散效应，能在极短的时间内被广泛应用于人们的生活中产生效应。

2. 产业特征

从萌芽之初到如今，新媒体已经形成了较为完善的产业，具备多样化、兼容性、扁平化和互利共赢的产业特征。

- 多样化。与传统产业不同，新媒体产业可以提供更为多样化的产业方式，如微信、微博、社群和论坛等直接在创新的媒体技术基础上产生的新媒体；网络电视、手机电视和手机报等传统媒体利用网络和信息技术产生的新媒体，以及集多个媒体或两项以上创新的媒体技术于一体的重组型新媒体等。
- 兼容性。新媒体在数字化技术的基础上，兼容了其他相关技术，且任何新媒体都至少兼容了两项先进的技术。例如，手机银行兼容了移动网络技术、在线交易技术和网络安全技术等；网络直播兼容了移动网络技术、数字传输技术和数字多媒体技术等。
- 扁平化。扁平化是指新媒体在信息传播过程中简化了中间环节，信息由信息传播的源头直接连接到用户。扁平化能够促进新产业链的诞生，使信息传播向深度上和广度上扩展。例如，新传播媒体产业除了有信息内容的提供商、软件技术的提供商、营销推广机构外，还有数据统计机构、物流和售后服务机构等。
- 互利共赢。新媒体的迅速发展给传统媒体造成了一定的冲击，但随着网络媒体的快速发展，传统媒体与新媒体之间开始呈现出竞争局势。并且，新媒体与传统媒体之间能够在内容生产与传播手段上进行优劣互补、相互融合。例如，传统媒体可以借助新媒体渠道维护和拓展用户，新媒体则可以学习传统媒体的生存法则，提升品牌的影响力和认同感，增加信息内容的曝光率，形成可持续的口碑效应。

3. 舆论特征

广义的新媒体舆论泛指一切在新媒体中传播的社会舆论，而狭义的新媒体舆论则是指网络舆论，即人们对所关注的某一问题在网络平台中发表并传播的一致性意见。新媒体所具有的传播特征导致新媒体舆论呈现出如下特征。

● 自发性。自发性是指在新媒体中，舆论话题会由网络用户的个人议题自动产生并扩散成为公众议题或社会议题，且往往无法像传统媒体一样能够提前预见。

● 扩展性。扩展性是指舆论话题会随着传播范围和社会空间的扩展而扩展，进而发展为地区性舆论、全国性舆论，甚至是世界性舆论。

● 周期短。由于新媒体的传播特征，一个舆论话题的产生往往只需较短的时间，且人们可以利用手机快速地收集到该话题的相关信息，并对信息进行传播，以吸引更多的关注和参与者，使其迅速成为舆论热点。

● 批评性。具有极高自由度的新媒体可以为不同的社会群体提供平等的表达机会，在面对一些社会不良事件时，人们也会对事件进行评判，甚至形成批判和讨伐的舆论。但是，很多新媒体舆论大多是“批判”，却不“理性”，甚至出现“为否定而否定”的偏激形态，因此，目前新媒体的批判性舆论质量仍需提高。

4. 文化特征

文化是随着人类生存发展形成的，需要通过一定的媒介进行传播，因此，媒介的发展与文化的发展密不可分。其中，在新媒体环境下的文化特征如下。

● 更新了内容和形式。新媒体文化的核心与传统媒体是一样的，其“新”主要表现在媒介形式等方面，实现了内容与形式的更新换代。

● 兼容性。新媒体可以支持不同国家、不同地区的不同文化进行传播，这些文化之间可以相互影响和融合，最后形成大家都能接受的文化形态。

● 规则性。随着新媒体的高速发展和日渐成熟，使用新媒体的人也越来越多，这就要求人们必须掌握并遵守一定的规则，从而规范行为，而新媒体文化自然也需要在遵守规则的前提下进行传播。

● 大众娱乐化。随着社会的发展，人们的生活节奏加快，新媒体则抓住了人们对娱乐的需求，提供了一个娱乐的空间和途径，使大众化的娱乐精神成为新媒体用户的主要状态。

● 双面性。文化的双面性是新媒体的重要特征，主要表现在以下两个方面：一是网络虚拟世界中的文化相互影响，被文化影响的用户则关系紧密、交流频繁；二是现实中人们交往也依赖新媒体，其他交流方式往往被影响、减弱。

1.2 新媒体技术基础知识

新媒体的发展由不同新媒体技术作为基础，要想更好地掌握新媒体有关内容，就需要了解与之相关的新媒体技术基础知识，包括新媒体技术的定义、新媒体技术的组成、常见的新媒体技术和新媒体技术的发展趋势。

1.2.1 新媒体技术的定义

如果把新媒体理解为新技术支撑下出现的媒体形态，那么，新媒体技术就是在新媒体环境下出现的用于支撑新媒体形态的所有新技术，涵盖了信息采集和生产技术、处理和传播技术、存储和播放技术、显示和管理技术，以及互联网和移动通信的输入、处理、传播和输出全过程的各项技术。

新媒体技术广泛应用于信息传播、电子商务、新闻出版、广播影视、广告创作、网络营销和教育等领域，具有传播先进文化和获取经济效益两个方面的社会和经济双重属性，是一种先进性和综合性非常强的技术。

1.2.2 新媒体技术的组成

新媒体技术有很多种，根据新媒体技术的自身特点，以及新媒体技术的信息流动方式和功能，可以将新媒体技术分为不同的构成情况，下面分别进行介绍。

1. 按照新媒体技术的自身特点划分

新媒体技术最基本的特点是数字化、非线性方式传播和交互式通信，依据这些特点可以将新媒体技术划分为网络媒体技术、移动媒体技术和互动媒体技术。

（1）网络媒体技术

网络媒体技术是一种建立在计算机网络技术基础上的综合性媒体技术，其硬件技术是建立在网络和计算机的普及基础上的。网络媒体技术在网络媒体传播信息过程中体现出了新媒体在传播速度、效率和范围上的优势，可以让本地和远程用户迅速地采集、编辑、浏览和输出各种形式的信息内容，如文字、图片、音频、视频等。而且这些信息都存在于磁盘或网络资料库中，能够通过网络直接被用户接收、查询或调用。

（2）移动媒体技术

移动媒体技术包含手机媒体技术和移动电视技术。手机媒体技术的核心是移动通信技术和无线网络技术。随着无线网络功能的开发和应用，游戏、娱乐、购物等功能的使用频率越来越高，使得手机在人们的生活和工作中越来越重要。移动电视技术则由数字电视技术和网络技术构成，能够使用户参与电视节目的播出，甚至能制定和规划电视节目，使电视同时兼备数字化和互动化的新特性。

（3）互动媒体技术

互动媒体技术是使用计算机交互式综合技术、数字通信技术和网络技术处理多种文本、图像、视频和声音的交互技术，可以理解为通过先进的视频动作捕捉系统和成熟的三维互动引擎等，将传统空间转换为互动空间的一种技术。互动媒体技术可以通过触控互动技术、手势互动技术、声音互动技术、投影互动技术和视频互动技术等来实现。

2. 按照新媒体技术的信息流动方式和功能划分

从新媒体技术的信息流动方式和功能来看，新媒体技术主要由以下 6 种技术构成。

（1）新媒体信息采集技术

新媒体信息采集技术是指利用软件技术，针对定制的目标数据源，实时进行信息采集、抽取、挖掘、处理，将信息从网络中抽取出来并保存到数据库中，从而为各种新媒体信息服务系统提供数据输入的技术。新媒体信息采集技术是新媒体获取信息内容的重要方式，现在常见的网络爬虫技术就是新媒体信息采集技术的主要应用之一。

（2）新媒体信息处理及编辑技术

新媒体信息处理及编辑技术是将新媒体中的各种信息表现形式和具体内容进行处理，并根据需要进行转换的技术，包括新媒体的文字与图片处理以及编辑技术、计算机图形与动画技术、数字音频与视频的处理与编辑技术等。

（3）新媒体信息传输技术

新媒体信息传输技术是以网络技术为基础，并借助通信技术将各种新媒体信息内容传输至各种终端，为用户提供信息服务的技术，包括计算机网络技术、移动网络技术和无线通信技术等。

（4）新媒体信息显示技术

新媒体信息显示技术主要应用在信息内容的接收和展示阶段，是用户获得新媒体内容最直观的阶段。新媒体信息显示技术是指在新媒体平台中展示信息内容的相关技术，其中，比较先进的技术有立体眼镜、自动立体智能显示、三维显示和全息技术。图 1-4 所示为立体智能显示和全息投影技术。

图1-4　立体智能显示和全息投影技术

（5）新媒体信息安全技术

新媒体信息安全技术是指以新媒体的安全服务为核心，能够防范和发现信息安全威胁，完成信息风险的感知识别和预警防护，在面对信息破坏、有害程序、网络攻击、灾害性事件、设备设施故障和其他信息安全事件时，都能提供基于软硬件应急反应与信息安全保障的技术，主要包括信息加密技术、数字签名技术、信息隐藏技术、数字水印技术、数字版权管理技术、安全审计技术和检测监控技术等。

（6）新媒体信息存储技术

新媒体信息存储技术是指长时间保存信息内容的技术，主要包括磁存储技术、光盘存储技术和网络存储技术等，新媒体从业人员通常将新媒体信息存储技术看成是建立在信息存储技术基础上的一种新媒体应用。

1.2.3　常见的新媒体技术

在现今的日常生活、工作中，常用的新媒体技术包括信息存储技术、数字视听技术、信息安全技术、移动终端数字技术、移动通信技术、爬虫技术和计算机软件操作技术。

1. 信息存储技术

信息存储技术是新媒体技术中基础且重要的技术，要求能够在不同的应用环境中，采取安全、有效、合理的方式，将用户需要的数据保存到特定媒介上，并保证用户能够顺利访问。常用的信息存储技术有磁存储技术、光盘存储技术、网络存储技术和其他网络存储技术。

（1）磁存储技术

磁存储技术是一种利用磁介质存储信息的存储技术，现在各种计算机系统中主要的信息存储设备几乎都是运用磁存储技术制造的硬磁盘存储系统。磁介质是在带状或盘状的带基上涂上磁性薄膜制成的，常用的磁介质主要是计算机硬盘，能存储声音、图像等可以转换成电信号的信息，存储频带宽广；能长久保持信息，并在需要的时候重放；能同时进行多路信息的存储。磁存储技术为各种新媒体平台建立较大的数据库或信息管理系统提供了技术基础。

（2）光盘存储技术

光盘存储技术是用激光束在光记录介质（光盘）中写入高密度数据的信息存储技术。在光盘存储技术中，作为数据存储载体的光盘可以存储新媒体中所有类型的信息。由于光盘制作材料和本身技术水平的限制，光盘存储技术在存储容量、存储密度、存取时间和更新难易程度等方面都落后于磁存储技术。

（3）网络存储技术

网络存储技术是一种有利于信息整合与数据共享，且易于管理的、安全的新型存储结构和技术，适合新媒体交互式传播的特点，是一种新的信息存储技术。常见的网络存储技术包括 DAS 技术、NAS 技术和 SAN 技术。

常见的网络存储技术

（4）其他网络存储技术

随着互联网技术的不断进步，新媒体平台将使用一些更加先进的信息存储技术，如集群存储技术、对等存储技术和云存储技术等。其中，集群存储是将每个存储设备作为一个存储节点，通过互联网的连接，将数据分散存储在多台独立设备中进行存储的技术，具有易于维护、性价比高、可靠性高等优势；对等存储技术是用户间互相提供、获取信息，通过合作完成信息获取和存储工作的技术，具有易于维护、可扩展性好、自配置功能强等优势；云存储技术是将信息资源放到云（网络中的集群存储系统）上供用户存取的技术，具有不限时间、地点、设备存取等优势。

2. 数字视听技术

新媒体中常见的信息表现形式包括文字、图片、音频、视频、动画等，而数字视听技术就是对这些不同表现形式进行创作、编辑和开发的技术，包括数字图像技术、数字动画技术、数字音频技术和数字视频技术。

（1）数字图像技术

数字图像技术是通过计算机对图像进行画质增强、图形复原、特征提取、编码压缩和画面分割等图像处理的方法和技术，也被称为数字图像处理技术。在新媒体领域，图像是普通用户比较容易接受的信息内容表现形式，运用数字图像技术对信息内容进行编辑和处理是一种必要且常见的工作，能够提高图像的质量与用户的视觉体验。

（2）数字动画技术

动画是通过在连续多格的胶片上拍摄一系列单个画面，从而产生动态视觉的技术和艺术，这种动态视觉可通过按照一定的速率放映胶片来体现。数字动画则是运用数字媒体制作的，可以清楚地表现一个事件的过程，或展现一个真实事物的计算机动画。

数字动画技术就是使抽象的信息变成可感知、可管理和可交互的数字动画的一种技术，包含两个方面的内容：一方面是指在动画制作过程中运用计算机技术生成的动态画面；另一方面是指与传统动画相对应的通过数字化的方式创作的具有一定故事情节、结构和任务关系的动画作品，如动画电影和动画广告。

（3）数字音频技术

数字音频技术是一种利用数字化手段对声音进行录制、存放、编辑、压缩或播放的技术，是一种随着数字信号处理技术、计算机技术和多媒体技术的发展而形成的全新声音处理技术，具有音质真实、编辑简单、抗干扰性强等优点。在新媒体中应用数字音频技术能提升用户信息的感知体验，音频制作者还能通过信息付费系统获得足够的经济收益。

（4）数字视频技术

数字视频技术是指将动态影像以数字信号的方式加以捕捉、记录、处理、存储等一系列相关技术。在新媒体领域，数字视频技术的主要表现形式是信息的视频传播方式，包括影视剧、短视频、商业视频和视频直播等。数字化视频可以在计算机网络或移动通信网络中传输图像数据，且不受距离限制，信号不易受干扰，能大幅度提高视频的品质和稳定性。另外，经过压缩的视频信息数据可以通过网络信息存储技术进行存储，使视频信息的数字化存储成为可能。

3. 信息安全技术

新媒体中的信息内容多种多样，但这些信息十分容易被他人搜索、查看，甚至受到恶意攻击、篡改等。为避免这种情况，就需要采用一定的信息安全技术，保障信息所有者自身的权益，提高信息内容的安全性。常用的信息安全技术包括防火墙技术、病毒防护技术、安全扫描技术、数字密码技术和数字认证技术。

（1）防火墙技术

防火墙技术主要用于加强网络中的访问控制，防止网络的非注册用户访问内部网络的信息资源，保护内部网络的操作环境。通常按照软硬件形式将防火墙技术分为软件防火墙技术、硬件防火墙技术和芯片级防火墙技术 3 种类型。

软件防火墙技术是利用编辑的软件程序，安装并配置到计算机或智能终端设备中，保护网络安全的软件技术。硬件防火墙技术是一种利用计算机或智能终端设备作为网络外部和内部之间的“关口”来保护网络的防火墙技术，通常运行在一些经过功能简化的操作系统中，能保证内部网络的安全。芯片级防火墙技术则是一种建立在专门的硬件平台上的防火墙技术，没有操作系统，但比其他类型的防火墙技术速度更快、处理能力更强、性能更高，且自身漏洞少，但价格相对高昂。

（2）病毒防护技术

病毒在网络中的传播途径多、速度快，能够威胁网络安全。在应用领域广阔的新媒体中，往往有很多涉及商业机密、知识产权和安全信息等的内容，与个人、企业和单位息息相关。因此，为了加强计算机网络的安全防护，保护新媒体中各种信息的安全，就必须加强病毒防护技术的应用，减少病毒入侵，甚至彻底清除病毒。

常见的病毒防护技术主要包括阻止病毒的传播技术、检查和清除病毒技术、病毒数据库升级技术。阻止病毒的传播技术主要是通过在网络防火墙、代理服务器、网络服务器、信息服务器等计算机或网络硬件设备上安装病毒过滤软件，并在所有的计算机或智能终端设备中安装病毒监控软件，实时监控并阻止病毒对网络和智能终端设备的破坏。检查和清除病毒技术主要是指在计算机或智能终端设备中安装并使用防病毒软件（如360杀毒软件界面，如图1-5所示）来检查和清除病毒，并阻止病毒传播、进行病毒数据库升级等。病毒数据库升级技术是一种升级杀毒软件病毒库内的数据，以抵御最新病毒，让杀毒软件更好地查找和清除病毒的技术手段。

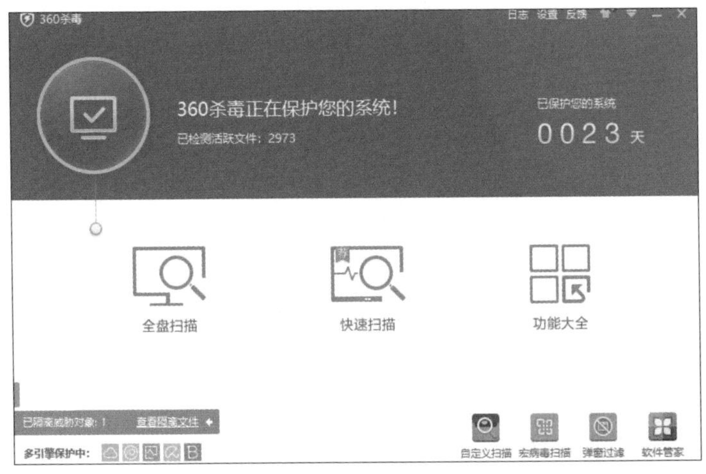

图1-5　360杀毒软件界面

（3）安全扫描技术

安全扫描技术是一种主动性很强的信息安全技术，能够与防火墙技术、病毒防护技术互相配合，向用户提供安全性较高的网络信息。利用安全扫描技术研制的安全防护和管理软件可以主动发现、分析网络中的各种安全漏洞，如密码文件、共享文件系统、敏感服务和系统漏洞等，给出相应的解决办法和建议，并通过专门的软件来修复漏洞。

（4）数字密码技术

新媒体中的信息传递其实是一种无形的信息表达方式，为了保证这些虚拟信息能够安全地相互传递，通常需要对其进行电子加密，或对信息进行密码伪装，即使用数字密码技术。这种技术主要包括明文、密文、加密、解密、密钥和算法 6 个方面的内容。

（5）数字认证技术

数字认证技术是用数字电子手段证明信息发送者和接收者身份，以及信息文件完整性的技术，即确认双方的身份在信息传送或存储过程中未被篡改。在新媒体领域，数字认证技术常用于用户登录、身份确认和货币交易等操作。

常见的数字认证技术包括密码技术、二维码技术、九宫格图案技术、指纹识别技术和人脸生物特征识别技术等。密码技术是利用一组特别编辑过的符号进行认证的技术，如输入密码登录。二维码技术是利用二维码进行编码认证的方式，如扫码登录。九宫格图案技术也称为手势密码技术，是利用在手机、平板电脑等移动智能终端上设置的通过一笔连成九宫格图案进行认证的技术。指纹识别技术是一种将人与指纹对应起来，通过比较指纹和预先保存的指纹验证真实身份的技术手段，应用于电子商务、信息安全和理财支付等方面。人脸生物特征识别技术是基于人的脸部特征，对输入的人脸图像或视频流进行判断，依据人脸位置、大小和各个主要面部器官的位置信息提取人脸中的身份特征，并将其与已知的信息数据特征进行对比，从而识别用户身份的技术。

4. 移动终端数字技术

简单来说，移动终端是指可以在移动中使用的终端设备，如手机、平板电脑等，而移动终端技术就是在这些设备上使用的技术，其不仅融合了网络技术等多种技术，还具有触摸屏技术和智能语音技术。

（1）触摸屏技术

触摸屏技术是移动终端设备常用的技术，能够快速、方便地进行信息传播和处理，其工作原理为：将触摸检测部件安装在屏幕前，当手指或其他介质接触屏幕时，依据不同感应方式（如侦测电压、电流、声波或红外线等）侦测触压点的坐标位置，并将坐标位置传送给中央处理器，由中央处理器发出命令并加以执行。

以手机为代表的移动终端设备中，通常使用电容式触摸屏，即在屏幕玻璃表面贴上一层透明的特殊金属导电物质，当手指接触触摸屏时，触点的电容发生改变，与之相连的振荡器频率同步发生变化，通过测量频率变化确定触摸位置获得信息。

（2）智能语音技术

智能语音技术是以信息传播为主要内容的重要技术，可以理解为一种实现人机语言沟通的通信技术。随着信息技术的发展，智能语音技术已经成为人们信息获取和沟通最便捷、最有效的手段之一。

智能语音技术包括语音识别技术和语音合成技术。语音识别技术是智能语音技术研究的开端，也被称为自动语音识别，其目标是将人类语音中的词汇内容转换为计算机可读的输入信号，现已广泛应用到手机、平板电脑等移动终端设备中。语音合成技术是指通过机械的、电子的方法产生人造语音的技术，在移动终端数字技术中则指将移动终端中自己产生的或外部输入的文字信息转变为大多数用户都可以听懂的中文或其他语言输出的技术，如信息的语音朗读等。

5. 移动通信技术

移动通信是移动体之间的通信，需要通信双方至少有一方在运动中进行信息的交换，达成或实现这种信息交换的技术就是移动通信技术。到目前为止，移动通信技术大致经历了以下 5 个发展阶段。

（1）第一代移动通信技术

第一代移动通信技术（1th Generation，1G）制定于 20 世纪 90 年代初，是一种蜂窝电话通信标准，主要用于提供模拟语音业务。由于受到系统容量、安全性和干扰性的限制，具有容量不足、制式太多、兼容性和保密性差、通话质量不高、没有数据业务和自动漫游功能等缺点，无法进行普及和大规模应用。

（2）第二代移动通信技术

第二代移动通信技术（2nd Generation，2G）是为了解决第一代移动通信技术而制定的，其采用了全球移动通信系统（Global System for Mobile Communication，GSM）。而由于 GSM 传输速度最高限制为 8.6kbit/s，难以满足用户的业务需求，又推出了通用分组无线业务（General Packet Radio Service，GPRS）技术作为 2G 到 3G 的过渡，即 2.5G。该技术在 GSM 的基础上新增了高速分组数据的网络，以向用户提供 WAP 浏览、邮件接收等功能，是移动通信技术与数字通信技术的结合，推动了 GSM 向 3G 的发展。

与第一代移动通信技术相比，第二代移动通信技术以数字技术为主体，具有更高的网络容量、语音质量、保密性，还具有漫游功能。

（3）第三代移动通信技术

第三代移动通信技术（3rd Generation，3G）是一种支持高速数据传输的蜂窝移动通信技术，能够提供语音和多媒体数据通信、各种宽带信息业务和全球漫游等功能，是无线通信与国际互联网等多媒体通信结合的新一代移动通信系统，广泛应用于宽带上网、视频通话、电子商务、移动电视、无线搜索和移动办公等领域。

（4）第四代移动通信技术

第四代移动通信技术（4th Generation，4G）集 3G 与无线局域网（Wireless Local Area Networks，WLAN）于一体，能够提供高质量的音视频和图像，且传输质量和清晰度与电视不相上下。4G 的数据传输速率较快，可达到 100Mbit/s，是 3G 的 20 倍；具有较强的抗干扰能力，可进行多种增值服务；此外，4G 覆盖能力强，传输的过程中智能性也更强。

在 4G 技术时代，视频信息的应用十分常见，微信等很多新媒体平台都具备了视频信息的传播功能。同时，运用 4G 技术还能让新媒体平台利用视频、游戏、语音、图片等多媒体手段，更直观、全面地将信息传递给目标用户，为用户带来更好的体验。

（5）第五代移动通信技术

第五代移动通信技术（5th Generation，5G）是目前最新一代的移动通信技术，是 4G 和无线网（Wireless Fidelity，WiFi）等通信技术的延伸。5G 的主要优势在于数据传输速率快，可高达 10Gbit/s；此外，其网络延迟往往低于 1ms（4G 为 30 ～ 70ms）。

从网络应用角度来看，5G将不仅能为手机等移动终端提供服务，还能为家庭和办公提供服务，甚至能与有线网络进行竞争。从用户角度来看，使用5G只需要几秒即可下载一部高清电影，能够满足用户对虚拟现实、超高清视频等更高的网络体验的需求。从行业应用角度来看，5G的高可靠性和极低的网络延迟能够满足智能制造、自动驾驶、智能电网和远程同步医疗等行业应用的特定需求。

6. 爬虫技术

随着移动互联网和移动终端的飞速发展，新媒体已经成为信息共享和传播的主要平台，这也增加了收集和整理数据的难度。而爬虫技术则能很好地完成数据的收集和整理任务，爬虫能够将批量网页下载到指定位置进行保存，结合一些其他工具和算法，还能够实现收集同一类型网页或重复执行同一动作等操作。

爬虫的特性

（1）爬虫类型

根据具体应用的不同，爬虫可以分为以下3种类型。

● 批量型爬虫。批量型爬虫通常会设定比较明确的抓取范围和目标，如设定抓取网页的数量或抓取操作的时间范围，当爬虫达到这个设定的目标即停止抓取流程。

● 增量型爬虫。增量型爬虫是一种持续不断进行网页抓取的爬虫类型，特别是针对已过期的网页集合进行抓取，更新网页内容，通用的商业搜索引擎爬虫基本都属这种类型。

● 垂直型爬虫。垂直型爬虫设置了抓取网页的类型和范围，通常用于抓取特定主题内容或特定行业的网页，垂直搜索网站或垂直行业网站通常都采用这种类型的爬虫。

（2）爬虫在新媒体中的应用

爬虫在新媒体中的应用主要体现在个人和企业两方面。

● 个人。在新媒体领域，个人用户可以通过爬虫获取大量的信息和数据，在一定程度上节省收集数据的时间，能够提高工作效率。例如，新媒体文案写作者可以利用爬虫从新媒体平台中下载优秀的营销或宣传文案，进行竞品分析、行业研究、人群画像等信息的收集和分析工作，有针对性地编辑和优化文案内容。

● 企业。在新媒体领域，一些企业的商业模式就建立在爬虫技术之上。例如，搜索引擎、新闻资讯、社交媒体、专业信息查询和电子商务等。

7. 计算机软件操作技术

计算机软件操作技术主要是指新媒体中需要使用到的各种应用软件和网络应用的操作技术，一般来说，在新媒体领域需要掌握的软件应用包括信息内容查询软件、内容编辑与排版软件、图片编辑软件、动画设计制作软件、音频编辑软件、视频编辑软件和H5编辑软件等。

● 信息内容查询软件。信息内容查询软件包括百度风云榜、微指数、微博指数、百度指数、百度统计、搜狗指数、新浪微博热搜榜、淘宝指数和360趋势等。

● 内容编辑与排版软件。内容编辑与排版软件包括Microsoft Office系列和WPS系列中的 Word、Excel 和 PowerPoint 三大组件，以及 Adobe InDesign 等，另外还有一些支持移动终端的新媒体平台内容编辑软件，如秀米编辑器、i 排版、135 编辑器等。

- 图片编辑软件。图片编辑软件包括 Adobe Photoshop、美图秀秀和 Adobe Illustrator 等。
- 动画设计制作软件。动画设计制作软件包括 Adobe Animate、Adobe Director、Ulead GIF Animator、Autodesk 3ds Max、Autodesk Maya、AutoCAD Civil 3D、Inventor、Rhino 和 Mudbox 等。
- 音频编辑软件。音频编辑软件包括 Adobe Audition、GoldWave 和变音专家等。
- 视频编辑软件。视频编辑软件包括爱剪辑、快剪辑、会声会影和 Adobe Premiere 等。
- H5 编辑软件。H5 是一种集文字、图片、视频、音频、地图、导航和产品链接等多个模块于一身的微信营销广告或活动传播网页，其编辑软件有人人秀、MAKA、iH5 等。
- 其他新媒体软件和网络应用。其他新媒体软件和网络应用主要包括：在新媒体中需要使用或涉及的软件，如网络资源的下载工具软件、新媒体平台的 App；针对各新媒体平台内容的搜索引擎，如百度搜索、搜狗搜索、微博搜索和搜狗微信搜索等。

1.2.4 新媒体技术的发展趋势

随着移动通信技术的不断发展，新媒体技术的使用领域也会不断扩充，尤其是随着新媒体用户数量的激增，未来用户对新媒体技术的要求也会越来越细化，从当下环境来看，新媒体技术的发展主要有以下 5 种趋势。

1. 智能化趋势

随着社会发展，用户对人性化、补偿性服务的需求越来越大，这就要求新媒体技术不仅要具有强大的功能性，还要满足用户对操作简单快捷的要求，这也为新媒体技术的发展提供了思路，即智能化。通过智能化技术，新媒体能够帮助用户快速有效地实现信息的整合传播，使信息的传播范围更广。

2. 移动化趋势

手机、平板电脑等智能设备的普及和 5G 技术的应用，为“移动化”生活提供了更大的支持。新媒体技术可以更加方便、快捷地为用户提供理财（余额宝、网上银行等）、支付（支付宝、微信钱包、云闪付等）、出行（滴滴打车、共享单车、共享汽车等）、团购（美团等）、购物（淘宝网、京东商城等）等多种功能的智能助手和生活服务。在未来，新媒体技术甚至能够通过智能设备中安装的应用平台实现在线医疗、政务服务和全景生活助手等“移动化”生活服务。

3. 自媒体和媒介融合的趋势

自媒体往往依托于新媒体技术，以新媒体平台为载体，并在新媒体技术的支持下有了逐步形成联盟的趋势，逐渐成为新媒体发展的主流形式。从新媒体技术发展的角度来看，基于新媒体技术发展的媒介融合不仅能提升新媒体信息传播的公信力，以及新媒体在用户心中的地位，还能为新媒体技术的发展注入更多活力。

4. 万物互联趋势

5G时代下，人工智能算法、智能语音与计算机视觉、智能驾驶等领域的不断发展，使万物互联成为新媒体技术的发展趋势。万物互联通常被定义为“将人、流程、数据和事物结合在一起，使得网络连接变得更加相关、更有价值。”新媒体中的万物互联则是指在大数据、云计算等新媒体技术的支撑下，将用户和信息加入互联网中，形成更加宽泛的网络，衍生出新的新媒体应用类型和商业模式，为用户带来更加丰富的体验，为社会带来前所未有的经济发展机遇。

全球范围内低功率广域网、工业以太网、短距离通信等相关技术的发展，以及以窄带蜂窝物联网标准的确立和商用化等为代表的新媒体技术的实现，为万物互联的发展提供了重要的基础条件，使万物智能化成为可能。在未来，物理技术、数字技术和生物技术的融合，以及新材料、纳米技术、生物技术、可植入技术、3D打印、无人驾驶、大数据和人工智能等技术的应用，能够建立广泛意义上的智能、连接和协作，促进信息内容的创新和传播，达到万物互联，为新媒体技术的发展带来质的飞跃。

5. 时空互联趋势

时空互联是建立在6G（6th Generation）技术基础上的一种新媒体技术发展趋势。6G技术不仅能突破网络容量和传输速率的限制，还能在实现万物互联的基础上，利用卫星、航空平台、船舶和网络媒体平台一起搭建一张连接空、天、地、海的全连接通信网络，最终实现时空互联。

随着以时空互联为目标的新媒体技术的飞速发展，VR、AR和MR技术将进一步扩展和应用。应用这些技术的媒介会将网络与人类感官无缝连接，甚至替代智能手机成为人类娱乐、生活和工作的主要工具。

要实现时空互联，信息传播的峰值传输速度应达到100Gbit/s ～ 1Tbit/s，网络连接设备密度应达到每立方米过百个；在覆盖范围上，新媒体技术支持的网络不再局限于地面，而是应实现陆海空，甚至是海底、地下的无缝连接；在定位精度上，要实现时空互联，室内定位精度应为10cm、室外定位精度应为1m。同时，时空互联会将人工智能、机器学习深度融合，让信息传输的智能程度大幅度跃升。并且很多需要大容量信息数据传输支持的操作，如无人驾驶、无人机的操控等，都会因为时空互联而轻松实现，用户甚至感觉不到任何时延。

1.3 拓展知识——新媒体产业

新媒体产业就是以新媒体技术为依托，以新兴媒体和新型媒体为主要载体，按照工业化标准进行生产、再生产的产业类型，是现代社会发展的重要方向。下面将对新媒体产业的划分类型和特征进行介绍，帮助了解新媒体产业。

1. 新媒体产业的划分类型

根据媒体形态和盈利方式的不同，新媒体产业的类型也不同。

（1）媒体形态

按照新媒体形态的不同可以将新媒体产业划分为网络媒体产业、手机媒体产业及数字电视媒体产业。其中，网络媒体产业可分为门户网站产业、搜索引擎产业、博客 / 微博产业、网络视频产业（包括网络直播和短视频）、网络游戏产业、即时通信产业、网络出版产业（包括网络报纸和网络杂志）和网络广播产业等；手机媒体产业可细分为短信产业、彩信产业、彩铃产业、手机出版产业、手机广播产业、手机电视产业等；数字电视媒体产业可细分为车载移动电视产业、楼宇电视产业、户外显示屏产业和 IPTV 产业等。

（2）盈利方式

按照新媒体盈利方式的不同可以将新媒体产业划分为新媒体广告产业和内容产业。新媒体广告不但具备传统媒体广告向企业类广告主收取费用的一般性特征，还具备多元化、互动性和个性化等传统媒体广告所没有的特征。新媒体内容产业的盈利方式是通过新媒体平台向个人用户销售内容和服务，以收取相关费用。

2. 新媒体产业的特征

新媒体产业是文化创意产业的重要组成部分，是国民经济发展不可缺少的有机成分。因此，新媒体产业既具备各种产业化特征和产业经济属性，也具备意识形态属性和文化属性等与众不同的特征。

（1）经济特征

在经济学的范畴内，“产业”是指具有某些相同特征或共同属性的，或生产同一类产品的企业、组织、系统或行业的组合，新媒体产业具有所有产业共有的经济学属性，其经济特征主要表现在以下 3 个方面。

① 集群性。产业是由一系列相互联系的企业、组织、系统或行业，按照一定规律组合在一起形成的集合。新媒体产业是由信息收集、内容生产、硬件制造、信息平台、服务提供和运营推广等环节组成的信息传播产业链。这种汇集了大量企业的产业链，使新媒体产业形成了规模经济，降低了生产成本，并以集群性优势吸引了更多的企业。

② 生产性。新媒体产业生产的产品以无形的内容为主，通过对思想、文化和意识形态等具体内容的编辑、加工和重构，不断地生产出传递社会正确价值观的内容产品，在为无形的内容产品增加价值的同时，也为社会创造了价值，从而使新媒体产业成为国民经济的重要组成部分。

③ 增值性和循环性。新媒体产业形成了一个汇集了大量企业的产业链，构成了一个有机、统一的经济收益整体。在这个整体中，每一个价值产业链环节都由大量的同类型企业构成，上游企业在价值产业链环节中的功能通常以内容生产和服务集成为主，下游企业在价值产业链环节中的功能通常以平台运营和产品营销为主。价值产业链的各个环节紧密关联、相互制约、相互依存，整个价值产业链中的所有环节相互交换物质、信息和资金，共同推进新媒体产业的价值递增。

（2）特殊属性

与物质生产部门及传统媒体产业相区分，新媒体产业除了具备经济学的普遍属性之外，还具有以下 3 种特殊属性。

① 文化属性。从产业内容和生产产品的角度来说，新媒体产业具有鲜明的文化属性，不但产业的主导内容是文化、信息和教育等新型资源，所生产的内容产品也具有文化产品的基本特征（本质上就是一种文化产品）。

② 产业融合。媒介融合不但是新媒体的构成要素，也是新媒体产业最为典型的特征，而表现在新媒体产业中的“媒介融合”就是产业融合。产业融合是推动新媒体产业向前发展的核心力量，“融合”是指新媒体产业中的内容、技术和形态不断地交融和统一，推动新媒体产业价值链的有机整合，发现和催生新的业务方式和盈利方式，并促进信息传播产业新的生态环境和新的产业结构的形成。所以，产业融合是新媒体产生、存在和发展的必备条件，也是新媒体产业生存和发展的主要方式。

③ 不稳定性。不稳定性也是新媒体产业区别于传统媒体产业的特性，虽然传统媒体和新媒体的本质都是进行信息传播，但新媒体产业通常会表现出明显的融合性、竞争性和变动性，这 3 个特性也是新媒体产业不稳定性的主要表现形式。首先，融合性是由“媒介融合”所决定的，新媒体产业在诞生之初就表现出明显的融合性。其次，所有的产业形态都具备竞争性这一基本特征，而在新媒体产业的产业价值链的整合和渗透过程中，上下游企业和各个环节之间的激烈竞争和重组，使得竞争性体现得尤为突出。最后，在融合性和竞争性的相互作用下，新媒体产业具备了与时俱进的变动性，而且这种变动性大多表现为一种良性的、积极的变动，对新媒体产业的发展起到了一定的促进作用。

受不稳定性的影响，新媒体产业为了适应不断发展变化的新媒体产业结构的要求，适应整合后的产业价值链的要求，寻找能够使产业价值链各环节趋向平衡的作用机制，只能不断调整和完善新媒体产业的模式。

1.4 课后练习

（1）新媒体的演变过程是怎么样的？说说自己理解的新媒体是怎样的。

（2）选择一种新媒体平台，从网上收集相关的信息，分析其具备哪些新媒体特征。

（3）简述新媒体技术有哪些类型。

（4）举例说明手机和计算机中常用的信息安全技术。

（5）任意选择一个新媒体平台，研究其主要使用的数字认证技术有哪些。

（6）通过上网搜索的方式，分析自己的手机使用了哪些触摸屏技术和智能语音技术。

（7）从网上下载一些具体的参考资料，对比4G和5G的主要区别和应用范围，将其制作成一张表格。

（8）在自己的计算机或手机中查看应用软件和App，看看哪些和新媒体技术相关。

第 2 章
使用Photoshop CC 处理图像

在新媒体中，图像是最常用到的一种内容表现形式。因此新媒体从业人员需要掌握简单的图像处理技术，而 Photoshop 是一款常用且功能全面的图像处理软件。本章将对使用 Photoshop CC 2019 处理图像的方法进行介绍。

2.1 图像基础知识

图像被广泛用于各大新媒体平台中，具有直观、生动、形象的特点，是吸引用户注意的有效手段。在对图像进行处理前，新媒体从业人员必须掌握图像的基础知识，包括图像分辨率、图像色彩模式和图像文件格式。

2.1.1 图像分辨率

图像分辨率是指图像中存储的信息量，其表达方式为“水平像素数 × 垂直像素数”，单位为像素每英寸（Pixels Per Inch，ppi），一般在 Photoshop 中，也可称为图像大小、图像尺寸或像素尺寸。

图像分辨率表示的是图片在长和宽上所占点数的单位，和图像像素有直接的关系。例如，一张图像分辨率为 640 像素 ×480 像素的图片，其图像像素数目为 307200 像素，也就是常说的 30 万像素；而一张图像分辨率为 1600 像素 ×1200 像素的图片，其图像像素数目为 200 万像素。图像分辨率决定了图像质量，同样尺寸的图像，其图像分辨率越高，组成该图的图像像素数目越多，像素点就越小，图像也越清晰、真实。

2.1.2 图像色彩模式

图像色彩模式是对颜色进行定量的方法。Photoshop CC 2019 软件中有位图、灰度、双色调、索引颜色、RGB 颜色、CMYK 颜色、Lab 颜色和多通道等色彩模式。在 Photoshop CC 2019 中，选择【图像】/【模式】菜单命令，即可查看所有色彩模式，选择相应命令可对图像的色彩模式进行转换。

1. 位图模式

位图模式使用两种颜色值（黑、白）来表示图像中的像素。位图模式的图像也叫黑白图像，其中的每一个像素都是用 1bit 的位分辨率来记录的，所需的磁盘空间最小。只有处于灰度模式或多通道模式下的图像才能转化为位图模式。

2. 灰度模式

灰度模式中的图像只有灰度颜色而没有彩色颜色。在灰度模式的图像中，每个像素都有一个 0（黑色）～ 255（白色）的亮度值。当一个彩色图像转换为灰度模式时，图像中的色相及饱和度等有关色彩的信息消失，只留下亮度。该色彩模式在“颜色”和“通道”面板中显示的颜色和通道信息如图 2-1 所示。

3. 双色调模式

双色调模式是用一种灰度油墨或彩色油墨来渲染一个灰度图像的模式。双色调模式采用两种彩色油墨来创建由双色调、三色调和四色调混合色阶组成的图像。

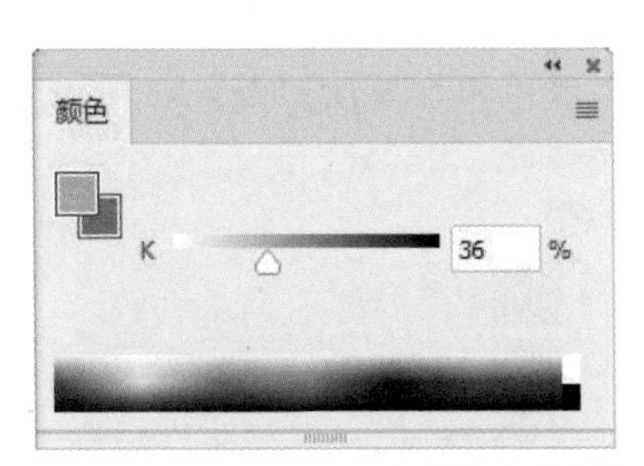

图2-1 灰度模式对应的“颜色”和“通道”面板

4. 索引颜色模式

索引颜色模式是系统预先定义好的一个含有 256 种典型颜色的颜色对照表，当图像转换为索引颜色模式时，系统会将图像的所有色彩映射到颜色对照表中，图像的所有颜色都将在它的图像文件中被定义。当打开该文件时，构成该图像的具体颜色的索引值将被装载，然后根据颜色对照表呈现最终的颜色值。

5. RGB 颜色模式

RGB 是 Red（红）、Green（绿）和 Blue（蓝）3 个英文单词的首字母缩写。RGB 模式中的图像由红色、绿色和蓝色这 3 个颜色的通道组成，是 Photoshop 默认的色彩模式。其中，每个通道使用 8 位颜色信息，该信息在亮度值 0 ～ 255 中变化，可以产生 1670 余万种不同的颜色。该模式在“颜色”和“通道”面板中显示的颜色和通道信息如图 2-2 所示。

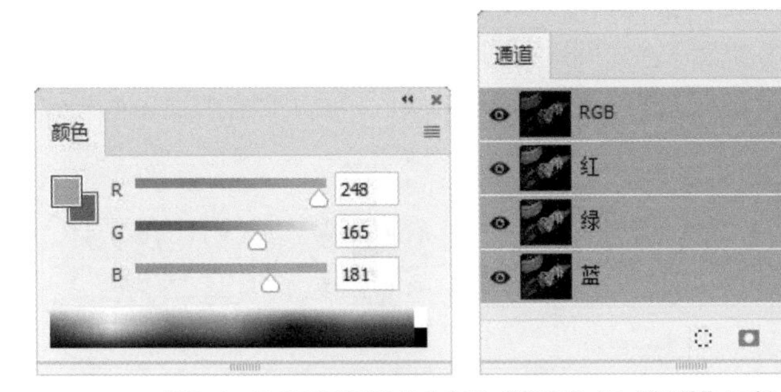

图2-2 RGB颜色模式对应的“颜色”和“通道”面板

6. CMYK 颜色模式

CMYK 是 Cyan（青色）、Magenta（洋红色）、Yellow（黄色）和 Black（黑色）的首字母缩写，其中，为了便于区分黑色与蓝色，使用了 K 字母进行替代来表示黑色。

CMYK 模式是最佳的打印模式。CMYK 模式与 RGB 模式在本质上区别不大，只是产生色彩的原理不同。RGB 产生颜色的方法称为加色法，CMYK 产生颜色的方法称为减色法。

由于 CMYK 模式的图像文件占用存储空间较大，且在该模式下，Photoshop 提供的很多滤镜都不能使用。因此，该模式一般不用于处理图像，而只用于印刷。

该模式在“颜色”和“通道”面板中显示的颜色和通道信息如图 2-3 所示。

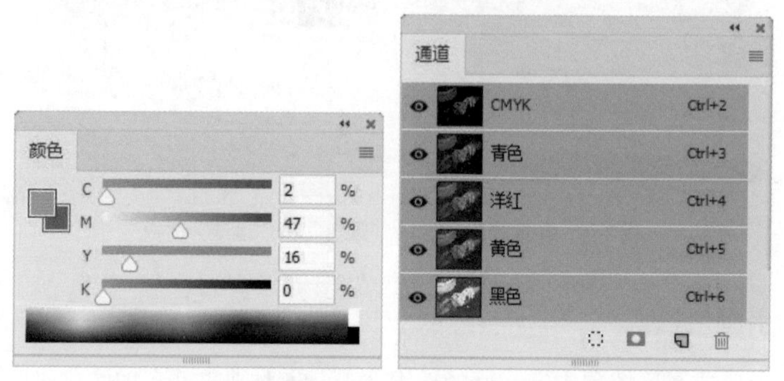

图2-3　CMYK颜色模式对应的“颜色”和“通道”面板

7. Lab 颜色模式

Lab 模式是由国际照明委员会（Commission International DelEclairage，CIE）在 1976 年公布的一种颜色模式。Lab 模式由 3 个通道组成，其中，亮度分量 L 的取值范围为 0 ～ 100，a 分量代表了由绿色到红色的光谱变化，而 b 分量代表由蓝色到黄色的光谱变化，a 和 b 分量的取值范围均为 -120 ～ 120。

Lab 颜色模式是 Photoshop 内部的颜色模式。例如，要将 RGB 模式的图像转换为 CMYK 模式的图像，Photoshop 会先在内部将其转换为 Lab 模式，再将 Lab 模式转换为 CMYK 模式。因此，Lab 模式是目前所有模式中包含色彩范围（色域）最广的颜色模式，能毫无偏差地在不同系统和平台之间进行转换。

该模式在“颜色”和“通道”面板中显示的颜色和通道信息如图 2-4 所示。

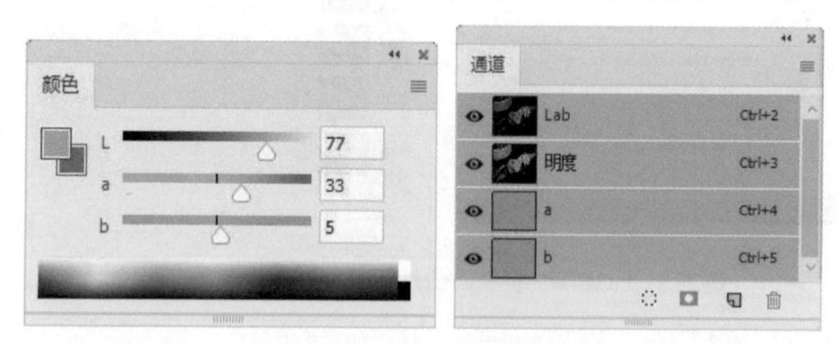

图2-4　Lab颜色模式对应的“颜色”和“通道”面板

经验之谈

在表达颜色范围上，处于第一位的是Lab模式，第二位是RGB模式，第三位是CMYK模式。Lab模式所定义的颜色最多，且与光线及设备无关，其处理速度相较于其他两种模式更快。

8. 多通道模式

多通道模式图像包含了多种灰阶通道。将图像转换为多通道模式后，系统将根据原图像产生相同数目的新通道，每个通道均由 256 级灰阶组成，常用于特殊打印。

当 RGB 颜色模式或 CMYK 颜色模式图像中的任何一个通道被删除时，图像模式会自动转换为多通道模式。

2.1.3 图像文件格式

在对图像进行存储、处理、传播时，需要采用一定的图像格式，即将图像像素按照一定方式进行组织和存储，从而得到图像文件。图像文件的格式决定了文件中存储的信息类型，决定了文件与不同软件之间的兼容状态，决定了文件与其他文件交换数据的方法。常见的图像文件格式有 BMP 格式、TIFF 格式、GIF 格式、JPEG 格式、PNG 格式和 PSD 格式。

1. BMP 格式

BMP（*.bmp）格式是 DOS 和 Windows 计算机系统的图像格式。BMP 格式支持 RGB、索引颜色、灰度和位图颜色模式，但不支持 Alpha 通道。

2. TIFF 格式

TIFF（*.tif，*.tiff）格式是一种无损压缩格式，用于在应用程序之间和计算机平台之间交换文件，支持带 Alpha 通道的 CMYK 颜色、RGB 颜色和灰度模式文件，支持不带 Alpha 通道的 Lab 颜色、索引颜色和位图模式文件。另外，它还支持 LZW 压缩（一种无损压缩方法），是一种非常灵活的图像格式，被所有绘画、图像编辑和页面排版应用程序支持。几乎所有的桌面扫描仪都可以生成 TIFF 图像。而且 TIFF 格式还可加入作者、版权、备注以及自定义信息，存放多幅图像。

3. GIF 格式

GIF（*.gif）格式是一种 LZW 压缩格式，用来压缩文件大小和电子传递时间。在万维网和其他网上服务的 HTML（超文本标记语言）文档中，GIF 格式支持多图像文件和动画文件，常用于网络传输，能够保存动画效果。GIF 格式的缺点是存储色彩最高只能达到 256 种，不支持 Alpha 通道。

新媒体中的动态表情包、闪图、H5 中的动态图标等都采用了 GIF 格式。

4. JPEG 格式

JPEG（*.jpg，*.jpeg）格式是所有格式中压缩率最高的格式。大多数彩色和灰度图像都使用 JPEG 格式压缩图像，其压缩比很大，且支持多种压缩级别的格式，当对图像的精度要求不高而存储空间又有限时，JPEG 是一种理想的压缩方式。在万维网和其他网上服务的 HTML 文档中，JPEG 用于显示图片和其他连续色调的图像文档。JPEG 格式支持 CMYK、RGB 和灰度颜色模式，保留了 RGB 颜色模式图像中的所有颜色信息，能够选择性地去掉数据以压缩文件。该格式主要用于图像预览和制作 HTML 网页。

5. PNG 格式

PNG（*.png）格式是与平台无关的格式，支持高级别无损耗压缩、支持 Alpha 通道、支持较新的 Web 浏览器。但 PNG 文件可能无法在较旧的浏览器和程序中使用。与 JPEG 格式的有损耗压缩相比，PNG 格式提供的压缩量较少，且 PNG 格式不对多图像文件或动画文件提供任何支持。

PNG 格式可以使用无损压缩方式压缩文件，它支持 24 位图像，产生的透明背景没有锯齿边缘，所以可以产生质量较好的图像效果。

6. PSD 格式

PSD（*.psd）格式是由 Photoshop 软件自身生成的文件格式，是唯一能支持全部图像色彩模式的格式，以 PSD 格式保存的图像可以包含图层、通道、色彩模式等信息。

经验之谈

在存储图像时，新媒体从业人员可根据具体情况选择存储的格式。一般来说，可根据图像的质量、图像的灵活性、图像的存储效率以及应用程序是否支持这种图像格式等来考虑存储的图像文件格式。

2.2 实战——处理“端午节”视频封面图

视频封面是对视频内容的高度提炼，要求直观展示视频的主题或内容，以吸引用户观看视频，提升视频的点击量和浏览量。因此，美观且与视频内容或主题相符的视频封面非常重要，本例将对“端午节”视频封面进行处理，该视频主要介绍腊肉粽子的制作，因此使用了粽子图片作为视频封面背景。本例对图片进行亮度和尺寸的调整，使其符合设计要求，最后再将粽子种类以文字的形式展示在封面上，凸显视频内容。本例处理前后的对比效果如图 2-5 所示。

图2-5 效果对比图

2.2.1 打开图像文件

在对图像文件进行处理前，首先需要启动 Photoshop CC 2019 软件，并打开需要处理的图像文件，其具体步骤如下。

步骤 01 单击计算机桌面左下角“开始”按钮，在打开的“开始”菜单中选择“Photoshop CC 2019”命令，启动 Photoshop CC 2019 软件，在打开的界面中单击“打开...”按钮，如图 2-6 所示。

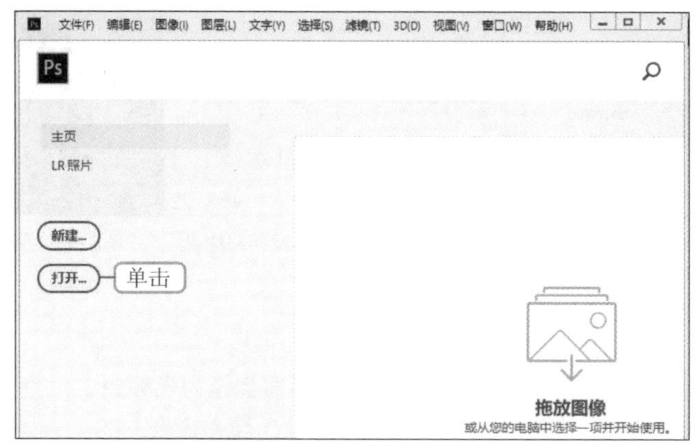

图2-6 单击“打开”按钮

步骤 02 打开“打开”对话框，选择“端午节素材”图像文件（配套资源 :\ 素材文件 \ 第 2 章 \ 端午节素材），单击“打开(O)”按钮，如图 2-7 所示。

步骤 03 在 Photoshop CC 2019 中将打开该图像文件，如图 2-8 所示。

图2-7 选择素材文件

图2-8 已打开的图像文件

2.2.2 调整图像亮度

根据观察可以看出，图像整体颜色较暗，亮度偏低，因此需要对图像亮度进行调整。下面在 Photoshop CC 2019 中通过“亮度 / 对比度”菜单命令调整图像亮度，其具体步骤如下。

步骤01 选择【图像】/【调整】/【亮度 / 对比度】菜单命令，如图 2-9 所示。

步骤02 打开“亮度 / 对比度”对话框，在“亮度”栏中输入“80”，在“对比度”栏中输入“20”，单击 确定 按钮，如图 2-10 所示。

步骤03 可看到调整图像亮度后的效果，如图 2-11 所示。

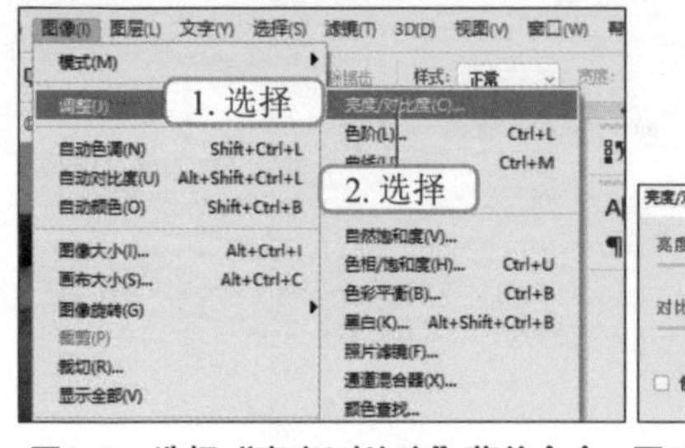

图2-9 选择“亮度/对比度”菜单命令

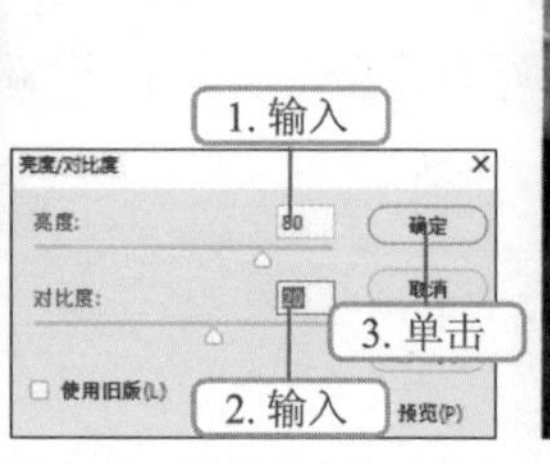

图2-10 调整亮度和对比度

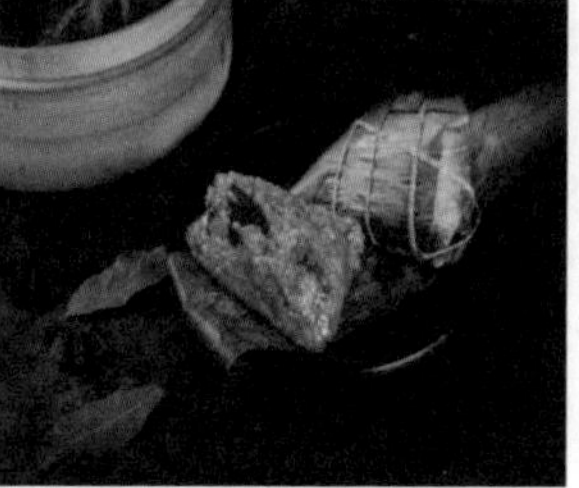

图2-11 完成后的效果

2.2.3 调整图像大小

该图像原始尺寸为 3285 像素 ×2782 像素，不适合作为视频封面，下面将在 Photoshop CC 2019 中通过“图像大小”菜单命令，将图像调整为 1024 像素 ×768 像素，通过裁剪工具将图像比例调整为 16 ：9，其具体步骤如下。

步骤01 选择【图像】/【图像大小】菜单命令，打开“图像大小”对话框，在“调整为”下拉列表框中选择“1024 像素 ×867 像素 72 像素 / 英寸”选项，单击 确定 按钮，如图 2-12 所示，完成对图像大小的调整。

步骤02 在工具箱中选择裁剪工具，进入裁剪状态，在工具属性栏的“比例”下拉列表框中选择“16 ：9”选项，如图 2-13 所示。

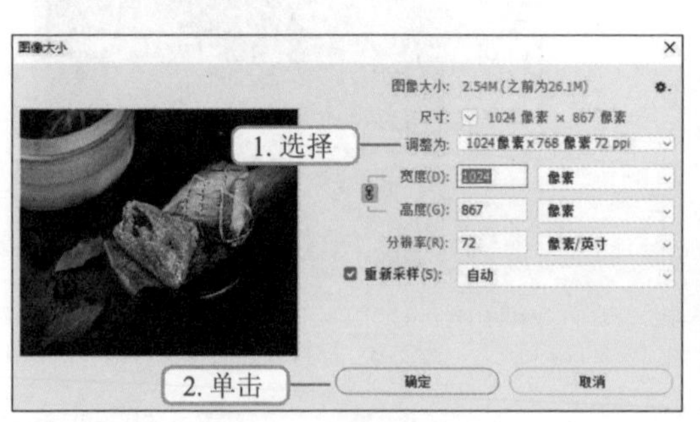

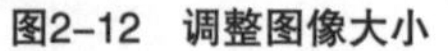

图2-12 调整图像大小

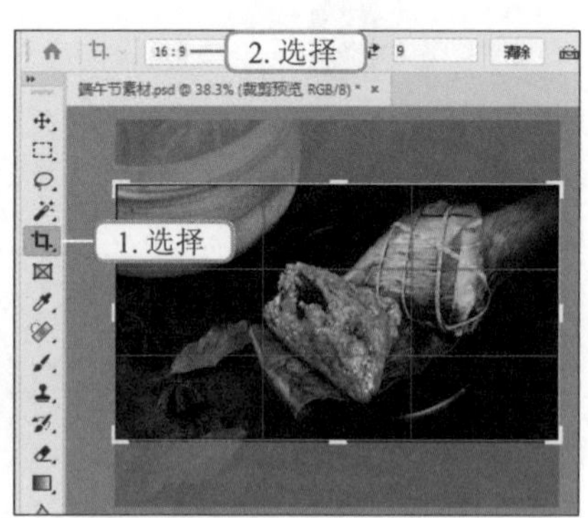

图2-13 裁剪图像

步骤03 单击✓按钮，完成裁剪，效果如图 2-14 所示。

图2-14　完成后的效果

2.2.4　输入并编辑直排文字

在视频封面中添加文字内容能够明确视频主题，提高视频点击率。下面将通过文字工具在该封面图像中输入“腊肉粽子”文字并进行编辑，其具体步骤如下。

步骤 01 在工具箱中选择横排文字工具 T，单击鼠标右键，在弹出的快捷菜单中选择“直排文字工具”命令，在工具属性栏中将“字体”“字号”“颜色”分别设置为“方正粗雅宋简体”“72 点”“#ffffff”，在图像左侧输入“腊肉粽子”文字，如图 2-15 所示。

步骤 02 选中直排文字，选择【窗口】/【字符】菜单命令，打开“字符”面板，设置“字间距”为“200”，如图 2-16 所示。

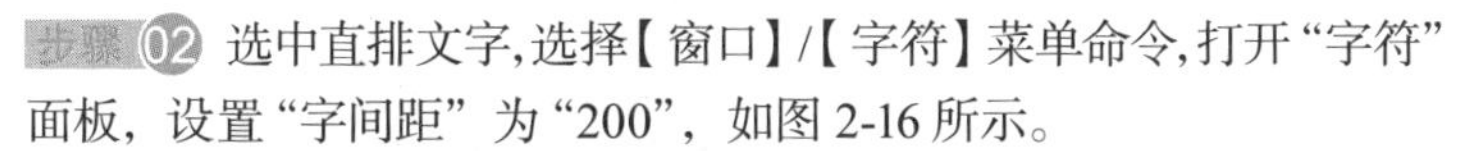

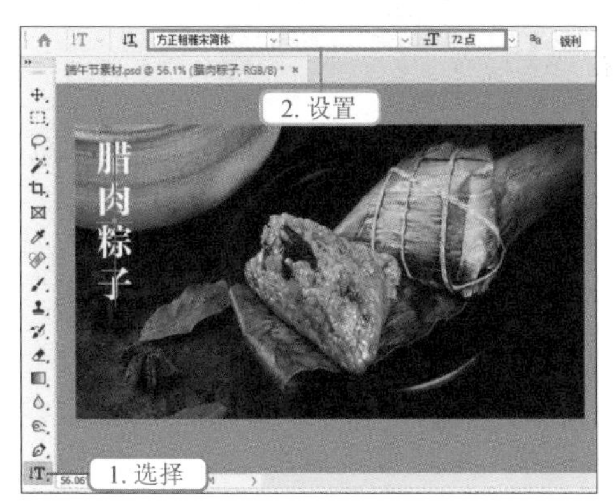

图2-15　输入文字

图2-16　设置文字格式

步骤 03 选择移动工具，使用鼠标拖曳文字移动文字位置，完成后的效果如图 2-17 所示。

图2-17　完成后的效果

2.2.5 保存图像

处理完图像后，新媒体从业人员还需要选择合适的格式，将处理完的图像保存到指定位置。下面将通过【文件】/【存储为】菜单命令保存图像文件，其具体步骤如下。

步骤 01 选择【文件】/【存储为】菜单命令，如图 2-18 所示。

步骤 02 打开“另存为”对话框，浏览并选择需要存储的文件夹，在“文件名”文本框中输入“端午节视频封面图”，在“保存类型”下拉列表框中选择“JPEG（*.JPG;*.JPEG;*JPE）”选项，单击 保存(S) 按钮，如图 2-19 所示。

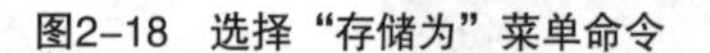

图2–18　选择“存储为”菜单命令

步骤 03 打开“JPEG 选项”对话框，单击 确定 按钮保存，如图 2-20 所示（配套资源 :\ 效果文件 \ 第 2 章 \ 端午节视频封面）。

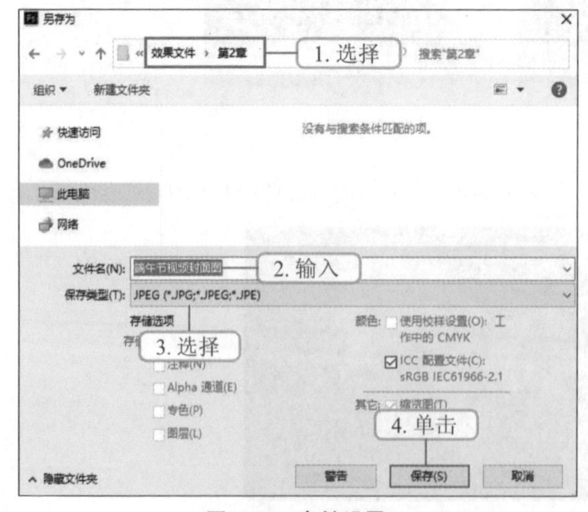

图2–19　存储设置

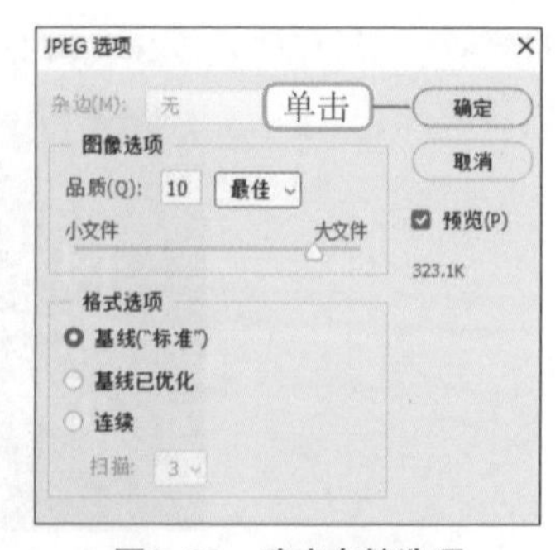

图2–20　确定存储选项

2.3 实战——制作“社群招新”海报图

海报图具有发布时间短、时效强、视觉冲击力强等优点，是新媒体中常见的宣传素材。海报图常由文字和图片组成，能够更好地吸引用户注意。本例将制作“社群招新”海报图，该海报图主题为古典舞舞蹈社群招新，在制作时采用了颜色为“#f2fcee ～ #e5f9ea”的渐变色作为背景色，然后绘制形状并添加“舞蹈”图像文件进行修饰；再输入相关文字，向用户传达招新标准，并设置文字的变形状态，丰富海报视觉效果；最后添加舞蹈社群二维码，吸引用户加入社群。本例制作效果图如图 2-21 所示。

图2-21 “社群招新海报”效果图

2.3.1 新建并保存图像文件

海报图有多种尺寸，其对应的输出分辨率也不同。下面新建一个名称为“社群招新海报”、大小为“640 像素 ×1120 像素”、分辨率为“72 像素 / 英寸”的图像文件，并将其以 JPEG 格式进行保存，其具体步骤如下。

步骤 01 启动 Photoshop CC 2019 软件，在打开的界面中单击 新建... 按钮，打开“新建文档”对话框，在“预设详细信息”栏下输入图像文件名称，此处输入“社群招新海报”，设置“宽度”为“640”，“高度”为“1120”，“分辨率”为“72”，如图 2-22 所示，单击 创建 按钮即可。

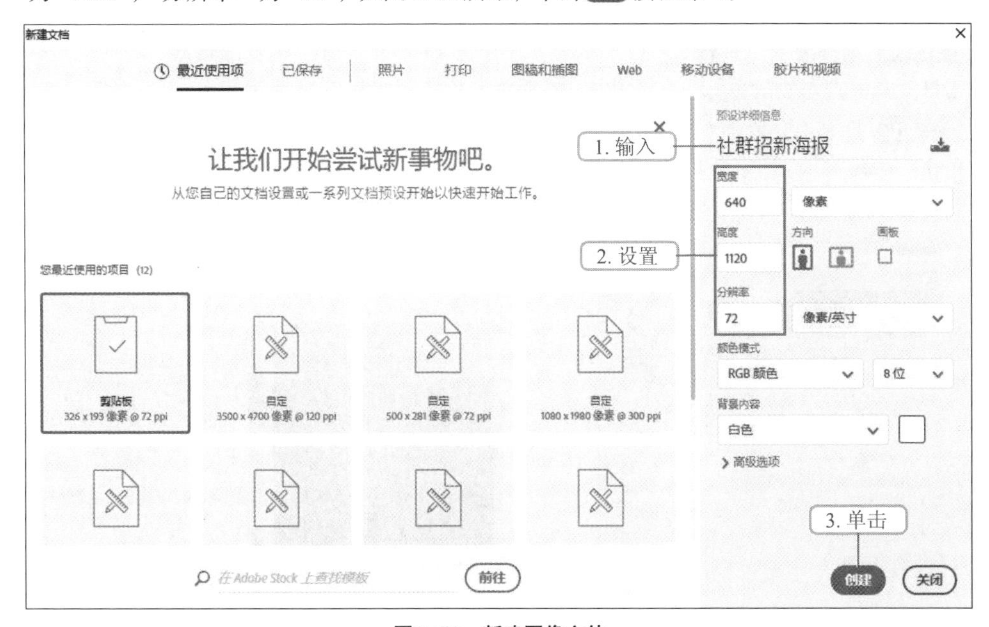

图2-22 新建图像文件

步骤 02 选择【文件】/【存储为】菜单命令，打开“另存为”对话框，浏览并选择需要存储的文件夹，在“保存类型”下拉列表框中选择“Photoshop (*.PSD;*.PDD;*PSDT)”选项，单击 保存(S) 按钮，如图 2-23 所示。

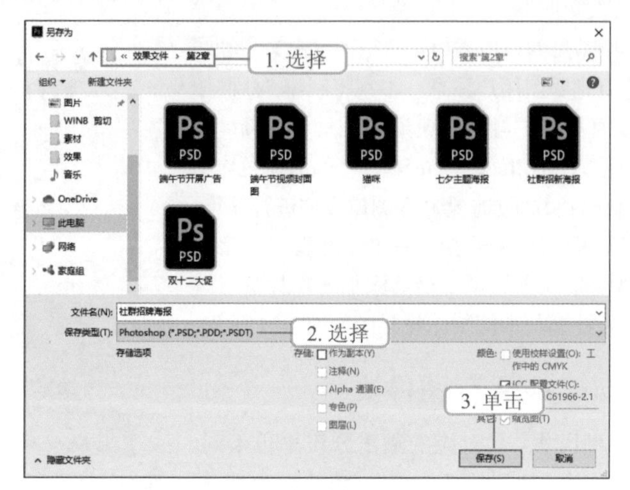

图2–23　保存图像文件

2.3.2　使用渐变工具设置背景颜色

海报图背景可以是图像，也可以是非图像的纯色背景。本例中，古典舞舞蹈社群海报图的背景色为“#f2fcee ～ #e5f9ea”的渐变色。下面将通过渐变工具为“社群招新海报”图像文件设置背景颜色，其具体步骤如下。

步骤 01 选择渐变工具，在工具属性栏中单击渐变条，打开“渐变编辑器”对话框，单击渐变条下方左侧的色标，在“颜色”栏后单击色块，如图 2-24 所示。

步骤 02 打开“拾色器（色标颜色）”对话框，设置颜色为“#f2fcee”，如图 2-25 所示，单击 确定 按钮；使用相同的方法设置渐变条下方右侧的颜色为“#e5f9ea”，并单击 确定 按钮，完成渐变背景的设置。

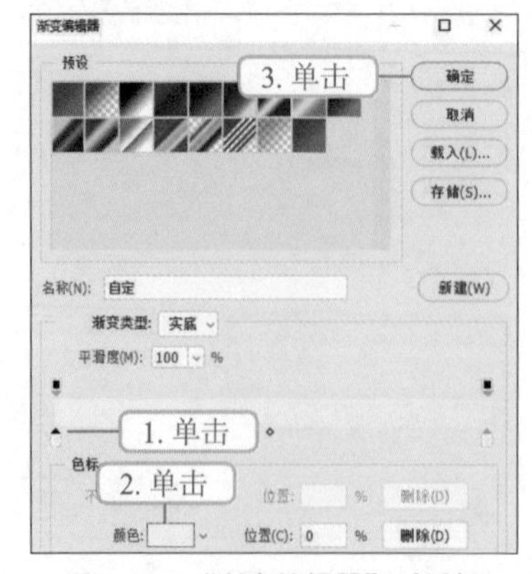

图2–24　“渐变编辑器”对话框

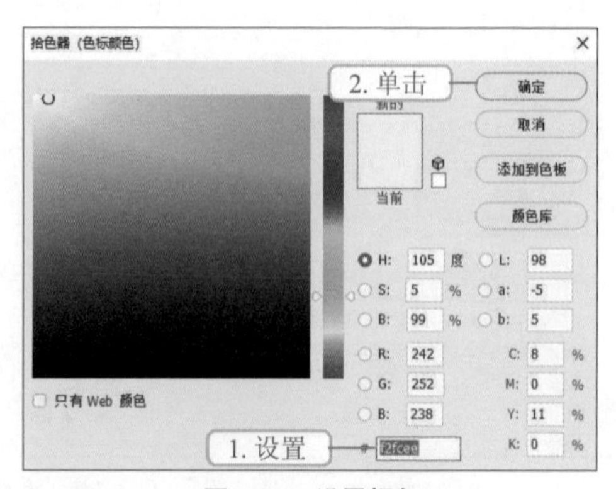

图2–25　设置颜色

步骤 03 返回图像编辑区，在背景上从左上角到右下角拖曳鼠标，如图 2-26 所示，填充渐变背景颜色，完成后的效果如图 2-27 所示。

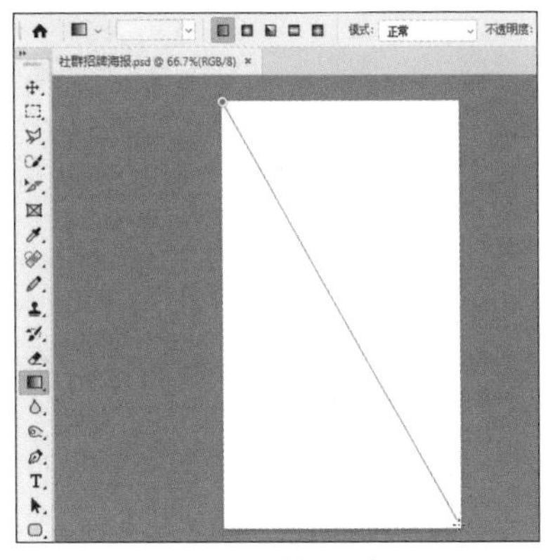

图2-26 拖曳鼠标

图2-27 完成后的效果

2.3.3 使用形状工具绘制形状

在制作招新海报图时，新媒体从业人员可根据实际需要，绘制不同形状作为背景，丰富海报的内容。下面将使用形状工具，绘制不同的背景形状，其具体步骤如下。

步骤 01 选择矩形工具，单击鼠标右键，在弹出的快捷菜单中选择“椭圆工具”命令，在工具属性栏中设置“填充”“描边”均为“7b9ed4”，在背景图上部绘制一个 100 像素 ×90 像素的椭圆，如图 2-28 所示。

步骤 02 选择移动工具，在图像编辑区选中“椭圆 1”图层，按“Ctrl+C”组合键复制该图层，按“Ctrl+V”组合键 9 次粘贴该图层，使用移动工具将粘贴后的椭圆按图 2-29 所示的位置进行摆放。

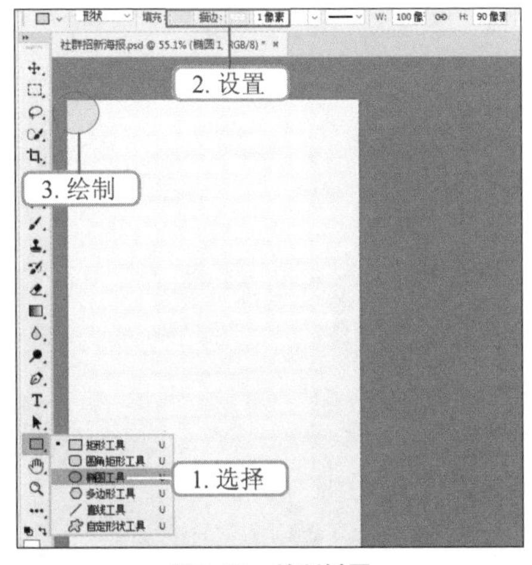

图2-28 绘制椭圆

图2-29 复制粘贴“椭圆1”图层

步骤 03 在“图层”面板中，选中第 2 个、第 5 个、第 8 个、第 10 个“椭圆 1”图层，在工具箱中选择椭圆工具◯，在工具属性栏中设置“填充”“描边”均为“#b9b7dc”，效果如图 2-30 所示。

步骤 04 在“图层”面板中，选中第 4 个、第 6 个、第 9 个“椭圆 1”图层，在工具属性栏中设置“填充”“描边”均为“#d3d8f5”，效果如图 2-31 所示。

步骤 05 在“图层”面板中，选中第 1 个“椭圆 1”图层，在工具属性栏中设置“填充”“描边”均为“#dfe3fe”，效果如图 2-32 所示。

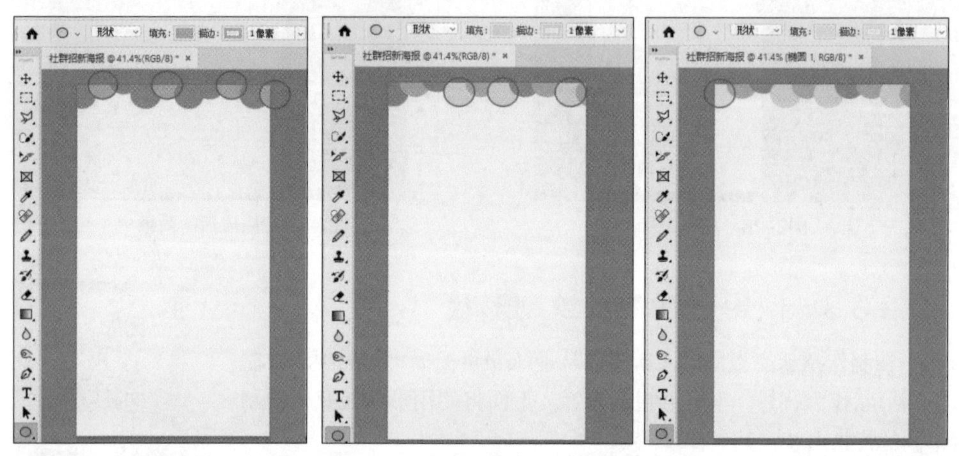

图2-30　设置部分椭圆的效果　图2-31　设置另一部分椭圆的效果　图2-32　设置“椭圆1的效果”

步骤 06 在“图层”面板中，单击按钮新建图层，在背景图底部绘制一个 140 像素 × 120 像素的椭圆，如图 2-33 所示。

步骤 07 选择移动工具，在图像编辑区选中“椭圆 2”图层，按“Ctrl+C”组合键复制该图层，按“Ctrl+V”组合键 6 次粘贴该图层，使用移动工具将粘贴后的椭圆按图 2-34 所示的位置进行摆放。

图2-33　绘制椭圆

图2-34　复制粘贴“椭圆2”图层

步骤08 在“图层”面板中，选中第2个、第4个、第6个“椭圆2”图层，在工具箱中选择椭圆工具◯，在工具属性栏中设置“填充”“描边”均为“#b9b7dc”，效果如图2-35所示。

步骤09 在“图层”面板中，选中第3个、第7个“椭圆2”图层，在工具属性栏中设置“填充”“描边”均为“#d3d8f5”，效果如图2-36所示。

图2-35 设置部分椭圆的效果

图2-36 设置另一部分椭圆的效果

2.3.4 使用“字符”面板编辑横排文字

文字是海报图的重要组成内容，下面将在“社群招新海报”图像文件中输入横排文字，并使用“字符”面板进行编辑，其具体步骤如下。

步骤01 选择横排文字工具**T**，在背景图上部输入“古韵舞蹈招新”文字。选中所有文字，选择【窗口】/【字符】菜单命令，打开“字符”面板，单击“字体”下拉列表框右侧的下拉按钮，选择“方正行楷简体”选项；单击“字号”下拉列表框右侧的下拉按钮，选择“72点”选项；单击“颜色”右侧的色块，设置“颜色”为“#1f1c54”；单击“仿粗体”按钮**T**，设置文字加粗，如图2-37所示。

步骤02 在“图层”面板中，单击◻按钮新建图层，在“古韵舞蹈招新”文字下方输入“加入我们，一起跳舞！”。选中所有文字，在“字符”面板中设置“字体”“字号”“颜色”分别为“方正美黑简体”“36点”“#423f7c”，单击“仿粗体”按钮**T**，取消文字加粗，如图2-38所示。

步骤03 在“图层”面板中再次单击◻按钮新建图层，在图像编辑区下方按住鼠标向右拖动，绘制一个文本框，在其中输入图2-39所示的段落文字。

步骤04 选中所有文字，在“字符”面板中设置“字体”“字号”“颜色”分别为“方正行楷简体”“36点”“#1f1c54”，如图2-40所示。

步骤05 依次选中“入社要求”和“入社方法”文字，在“字符”面板中设置“字号”为“48点”，并单击“仿粗体”按钮**T**，使其加粗显示，如图2-41所示。

步骤 06 再次选中所有文字，选择【窗口】/【段落】菜单命令，打开“段落”面板，单击 按钮将文字居中显示，如图 2-42 所示。

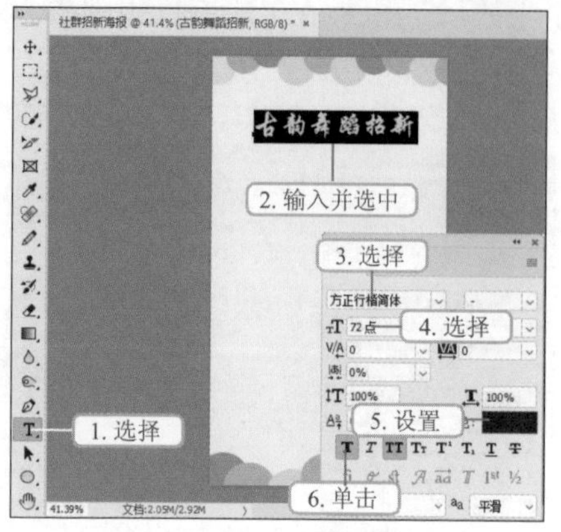

图2-37　输入并设置标题文字

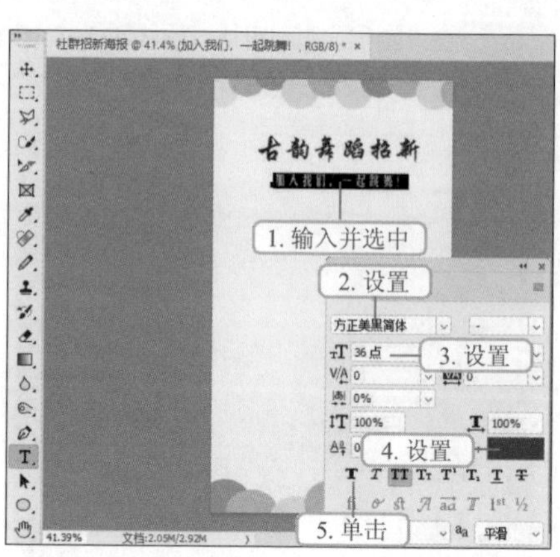

图2-38　输入并设置内容文字

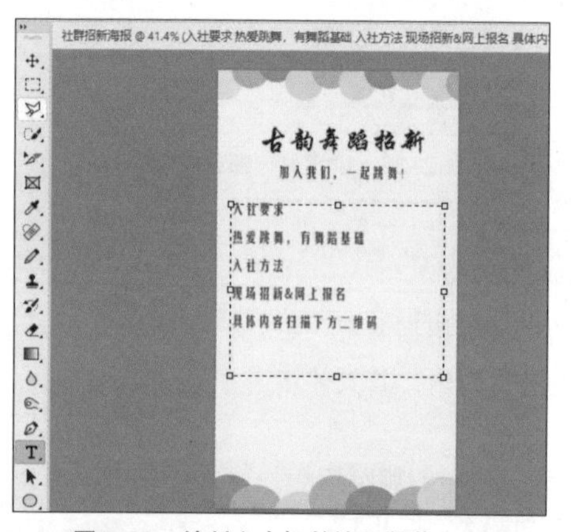

图2-39　绘制文本框并输入段落文字

图2-40　设置段落文字格式

图2-41　设置文字格式

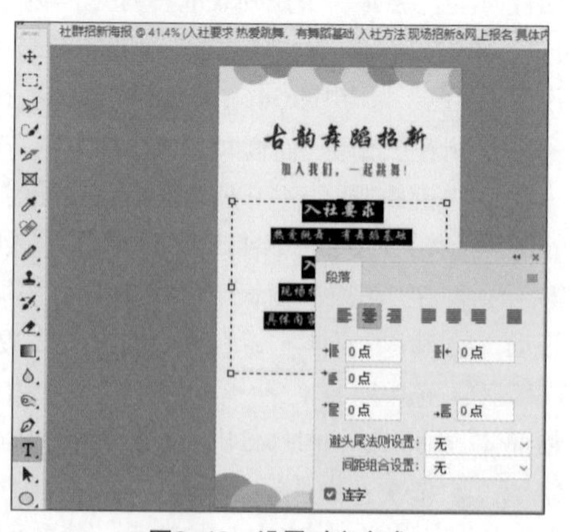

图2-42　设置对齐方式

2.3.5 设置文字变形状态

在制作海报图时，除常见的横排文字和直排文字外，往往还需用到文字的变形状态，下面将对“加入我们，一起跳舞！”文字设置变形状态，其具体步骤如下。

步骤01 选中“加入我们，一起跳舞！”文字，在工具属性栏中单击“创建文字变形”按钮，打开“变形文字”对话框，在“样式”下拉列表框中选择“下弧”选项，设置“弯曲”为“+35”，单击确定按钮，如图 2-43 所示。

步骤02 选择移动工具，拖曳文字，移动文字的位置，完成后的效果如图 2-44 所示。

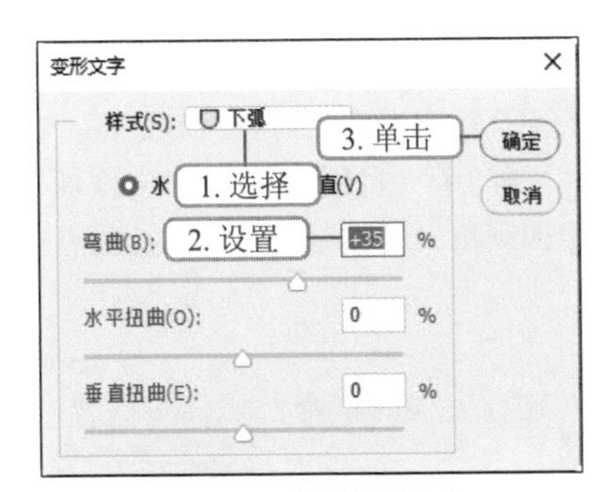

图2-43 设置变形文字

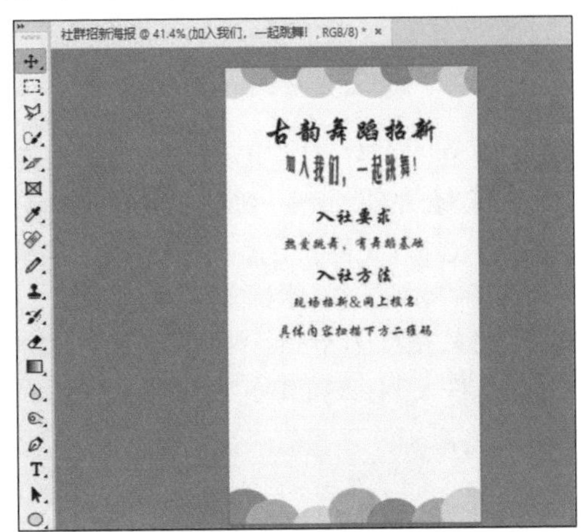

图2-44 完成后的效果

经验之谈

选中文字，选择【编辑】/【变换】/【斜切】菜单命令，文字上将出现变形框，此时拖曳变形框上的控制点可对文字进行变形。

2.3.6 添加并编辑素材

在海报图中，除了基础信息、背景颜色外，往往还会有图像、二维码等内容，下面将在“社群招新海报”图像文件中添加“二维码”“舞蹈图像”“舞蹈剪影”素材文件，并进行编辑，其具体步骤如下。

步骤01 在工具箱中选择图框工具，在段落文字下方绘制一个 6 厘米 ×6 厘米的图框，如图 2-45 所示。

步骤02 打开“二维码”素材文件（配套资源 :\ 素材文件 \ 第 2 章 \ 二维码），使用移动工具，将其置入图框，如图 2-46 所示。

图2-45 绘制图框

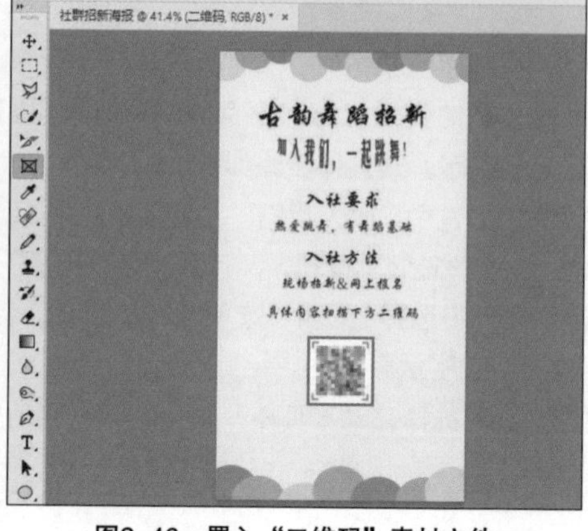

图2-46 置入“二维码”素材文件

步骤 03 在“图层”面板中，选择“二维码 画框”图层，单击鼠标右键，在弹出的快捷菜单中选择“合并组”命令，如图 2-47 所示，将画框与“二维码”图层合并。

步骤 04 选择【文件】/【置入嵌入对象】菜单命令，打开“置入嵌入的对象”对话框，在其中选择“舞蹈图像”素材文件（配套资源 :\ 素材文件 \ 第 2 章 \ 舞蹈图像），双击该素材文件可将其置入“社群招新海报”文件中，此时，图像四周将出现控制点，拖曳控制点调整素材文件大小，并将其移动到图 2-48 所示的位置。

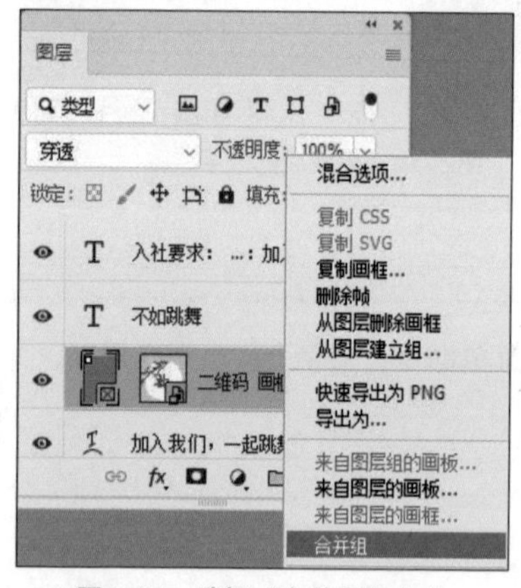

图2-47 选择“合并组”命令

图2-48 移动素材文件

步骤 05 在“舞蹈图像”素材文件上方单击鼠标右键，在弹出的快捷菜单中选择“置入”命令，如图 2-49 所示，将“舞蹈图像”素材文件置入“社群招新海报”图像文件中。

步骤 06 在“图层”面板中，双击“舞蹈图像”图层右侧的空白，打开“图层样式”对话框，单击选中“颜色叠加”复选框，打开“颜色叠加”界面，单击“混合模式”右侧的色块，设置“颜色”为“#a9a6d1”，单击 确定 按钮完成“舞蹈图像”图层的样式设置，如图 2-50 所示。

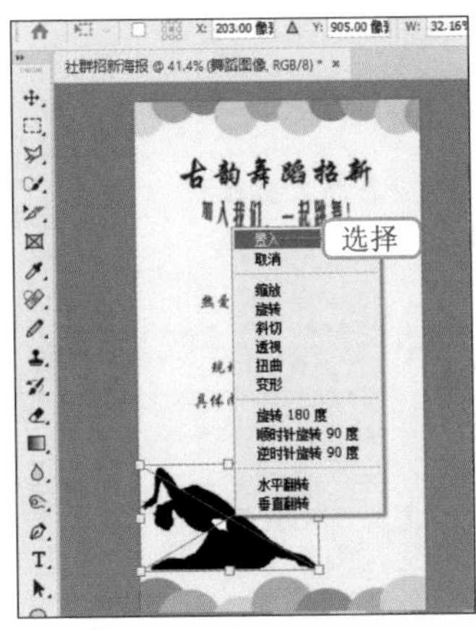

图2-49　置入素材文件

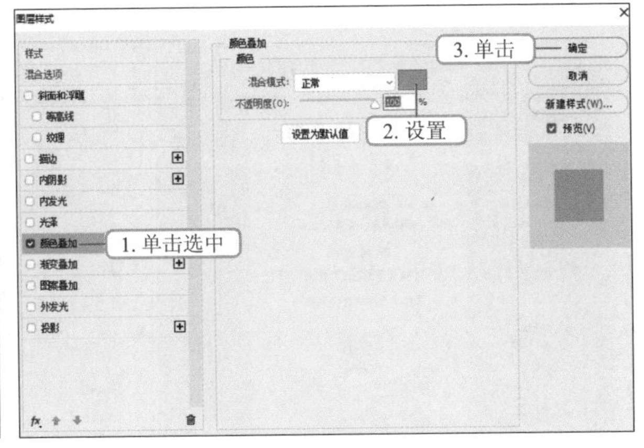

图2-50　设置图层样式

步骤 07 选择移动工具，选中“舞蹈图像”图层，复制并粘贴该图层，选中粘贴的图层，选择【编辑】/【变换】/【水平翻转】菜单命令，如图 2-51 所示。

步骤 08 按“Ctrl+T”组合键，进入“缩放”模式，在图像编辑区拖曳图像右上角的控制点，缩小该图层，如图 2-52 所示。

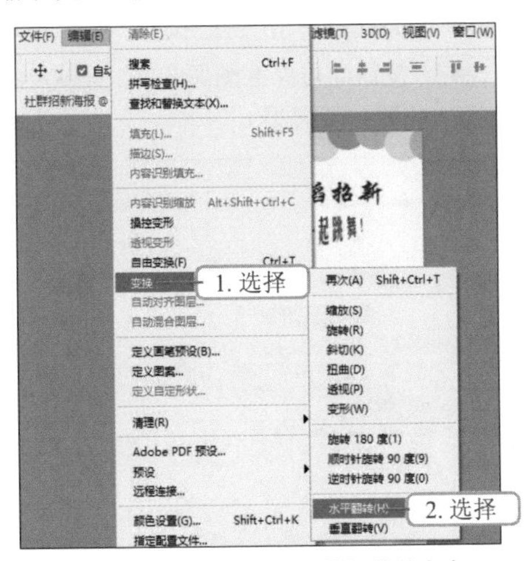

图2-51　选择“水平翻转”菜单命令

图2-52　缩小粘贴后的图层

步骤 09 在“图层”面板中，双击水平翻转后的“舞蹈图像”图层右侧空白处，打开“图层样式”对话框，设置“颜色叠加”为“#c3c1e6”，单击 确定 按钮完成该图层的样式设置，效果如图 2-53 所示。

步骤 10 使用步骤 04 相同的方法将“舞蹈剪影”素材文件（配套资源 :\ 素材文件 \ 第 2 章 \ 舞蹈剪影）置入“社群招新海报”图像文件中，并拖曳控制点调整素材文件大小，然后将其移动到图 2-54 所示的位置，最后按“Enter”键将其置入“社群招新海报”图像文件中。

图2-53 设置“图层样式”后的效果　　图2-54 置入“舞蹈剪影”素材文件

步骤 11 选中“舞蹈剪影”图层，复制粘贴该图层后，将粘贴的图层水平翻转，在工具箱中选择移动工具，移动图像在海报中的位置，效果如图 2-55 所示。

步骤 12 按“Ctrl+S”组合键，打开“另存为”对话框，选择“保存类型”为“JPEG（*.JPG;*.JPEG;*JPE)”，单击 保存(S) 按钮，打开“确认另存为”对话框，单击 是(Y) 按钮，如图 2-56 所示，再在打开的“JPEG 选项”对话框中单击 确定 按钮即可保存图像文件，完成“社群招新海报”的制作（配套资源 :\ 效果文件 \ 第 2 章 \ 社群招新海报）。

图2-55 完成后的效果

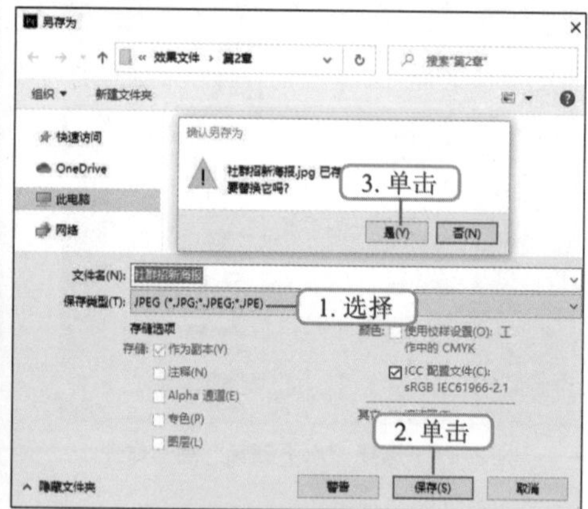

图2-56 保存图像文件

2.4 实战——制作“双十二大促”开屏广告图

开屏广告是指 App 启动时出现在页面中的广告，一般会展示 5 秒，展示完毕后用户即可进入 App 首页。开屏广告图可以快速吸引用户注意，其视觉冲击力强，是流量的主要来源途径之一。本例的“双十二大促”开屏广告图将分为上下两部分，上部分占整个广告图的

70%，用于主体部分的展示；下部分占整个广告图的30%，用于活动口号的展示。本例将首先借助钢笔工具绘制图像背景，然后添加素材并设置图层样式，再输入相关文字内容，展示开屏广告图的主题。本例制作效果如图 2-57 所示。

图2–57 “双十二大促”开屏广告图

2.4.1 新建图像文件并添加参考线

本例制作的“双十二大促”开屏广告图分为上下两部分，因此，在制作图像文件前，需要显示标尺，并添加参考线，以方便后续背景绘制与内容添加，其具体步骤如下。

步骤01 启动 Photoshop CC 2019 软件，在打开的页面中单击 新建... 按钮，打开“新建文档”对话框，设置“宽度”为“1080”、“高度”为“1980”、图像名称为“双十二大促”，如图 2-58 所示，单击 创建 按钮即可。

新建图像文件并添加参考线

步骤02 按“Shift+Ctrl+S”组合键，打开“另存为”对话框，将文件保存到目标文件夹，如图 2-59 所示。

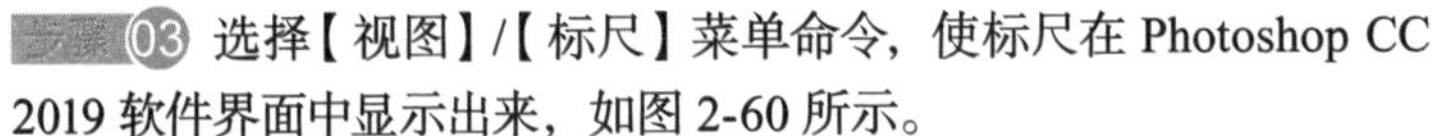

步骤03 选择【视图】/【标尺】菜单命令，使标尺在 Photoshop CC 2019 软件界面中显示出来，如图 2-60 所示。

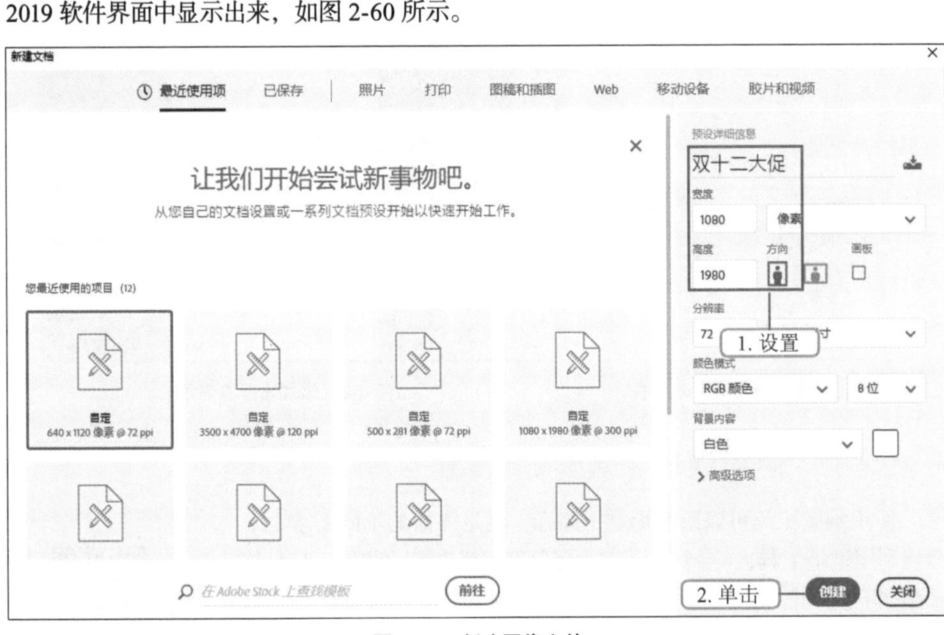

图2–58 新建图像文件

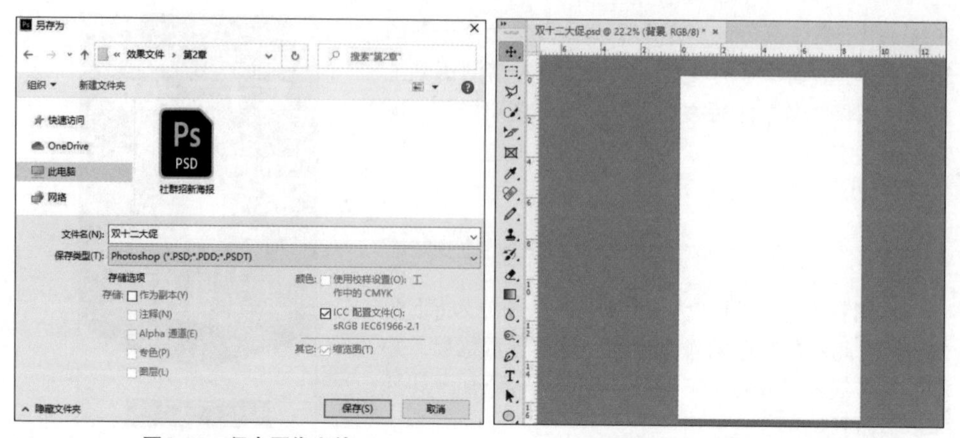

图2-59　保存图像文件　　　　图2-60　显示标尺后的界面

04 选择【视图】/【新建参考线】菜单命令，打开“新建参考线”对话框，单击选中“水平”单选项，在“位置”文本框中输入“48.9 厘米”，如图 2-61 所示，单击 确定 按钮。新建水平参考线后的效果如图 2-62 所示。

05 选择【视图】/【标尺】菜单命令，隐藏标尺。

图2-61　“新建参考线”对话框　　　　图2-62　添加水平参考线

2.4.2　使用钢笔工具绘制背景

使用钢笔工具可以绘制形状、路径，满足图像的不同需求，下面将利用钢笔工具，绘制“双十二大促”开屏广告图的背景，其具体步骤如下。

使用钢笔工具绘制背景

01 在工具箱中选择钢笔工具，单击鼠标右键，在打开的快捷菜单中选择“弯度钢笔工具”命令，设置“填充”“描边”为“#dd1d41”，在参考线下方绘制如图 2-63 所示的形状。

步骤 02 在“图层”面板中，单击“创建新图层”按钮，新建一个图层，选择钢笔工具，绘制图 2-64 所示形状，并填充“#d41337”颜色。

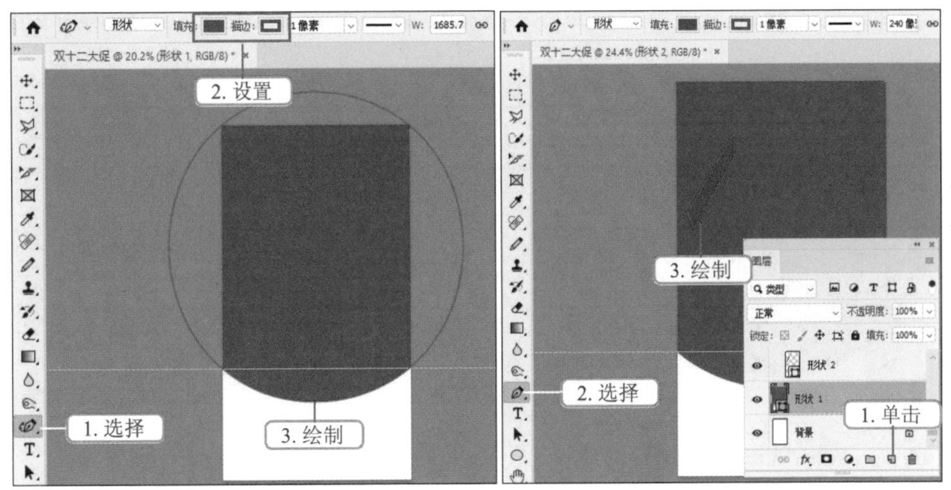

图2-63　绘制形状　　　　图2-64　绘制形状

步骤 03 复制并粘贴步骤 02 绘制的形状，选择移动工具，将粘贴的形状按图 2-65 所示放置。选择所有形状，选择【编辑】/【变换】/【水平翻转】菜单命令，完成后的效果如图 2-66 所示。

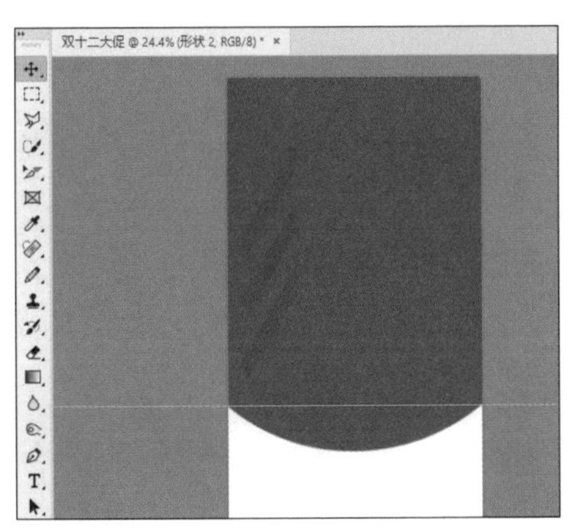

图2-65　粘贴形状

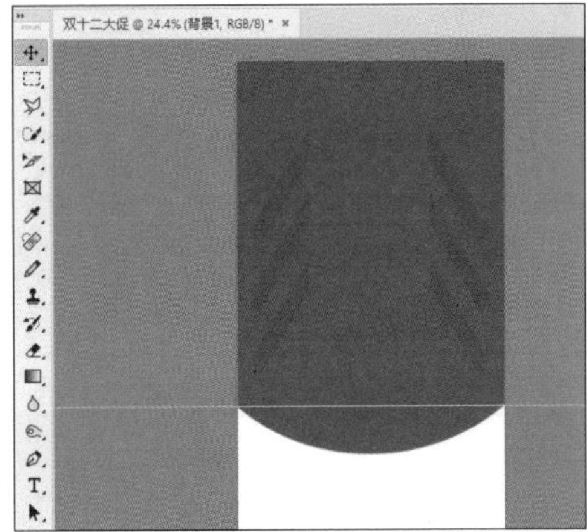

图2-66　完成后的效果

2.4.3　添加素材并设置图层样式

下面将为“双十二大促”开屏广告图添加素材文件，并设置图层样式，丰富开屏广告图的内容，其具体步骤如下。

步骤 01 打开“光源”素材文件（配套资源 :\ 素材文件 \ 第 2 章 \ 光源），将其拖动到图像上方，如图 2-67 所示。

步骤02 在“图层”面板中双击“光源”图层右侧的空白处，打开“图层样式”对话框，单击选中“渐变叠加”复选框，设置从“#ffffff”到“#f7de6b”的渐变，单击选中“反向”复选框，设置“缩放”为“150”，单击 确定 按钮，如图2-68所示，完成图层样式的设置。

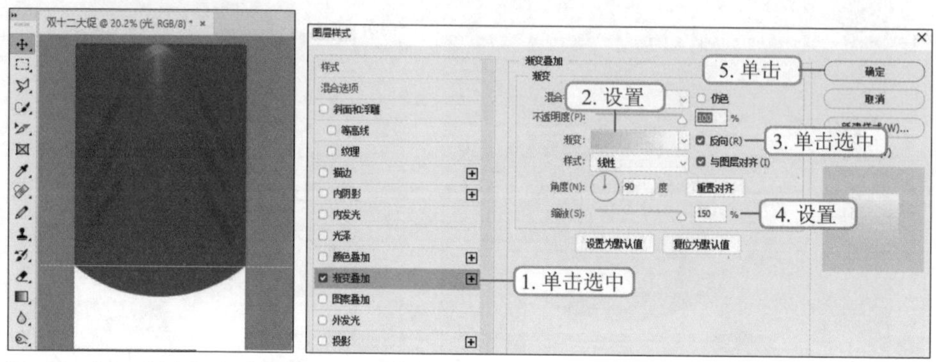

图2-67　添加“光源”素材文件　　　　图2-68　设置图层样式

步骤03 按“Ctrl+C”组合键复制该图层，再按“Ctrl+V”组合键粘贴该图层，选中粘贴后的图层，选择【编辑】/【变换】/【旋转】菜单命令，如图2-69所示，将该图层旋转。

步骤04 复制并粘贴旋转后的图层，选择【编辑】/【变换】/【水平翻转】菜单命令，使该图层水平翻转，效果如图2-70所示。

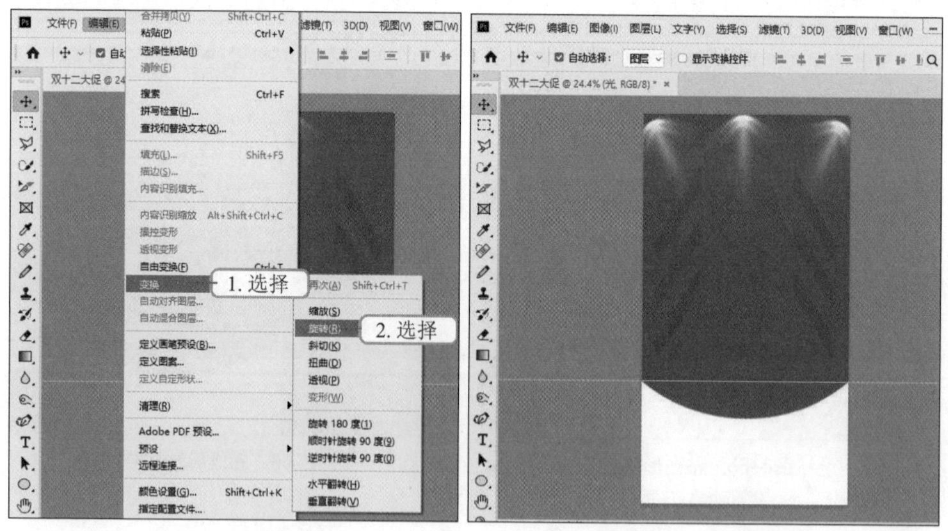

图2-69　旋转图层　　　　图2-70　水平翻转图层

步骤05 打开“光线1”素材文件（配套资源:\素材文件\第2章\光线1），将其拖动到“光源”图层下方，选择【滤镜】/【模糊】菜单命令，在弹出的子菜单中选择“动感模糊”子命令，打开“动感模糊”对话框，设置“角度”为“50”，“距离”为“100”，如图2-71所示，单击 确定 按钮。

步骤 06 复制并粘贴该图层，选择粘贴后的图层，将其水平翻转，效果如图 2-72 所示。

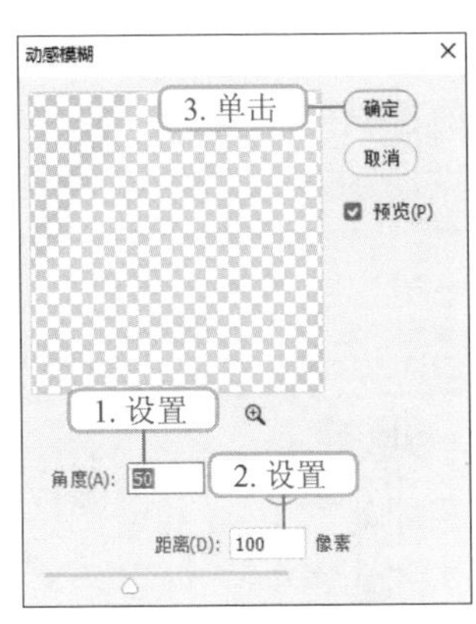

图2-71 设置动感模糊

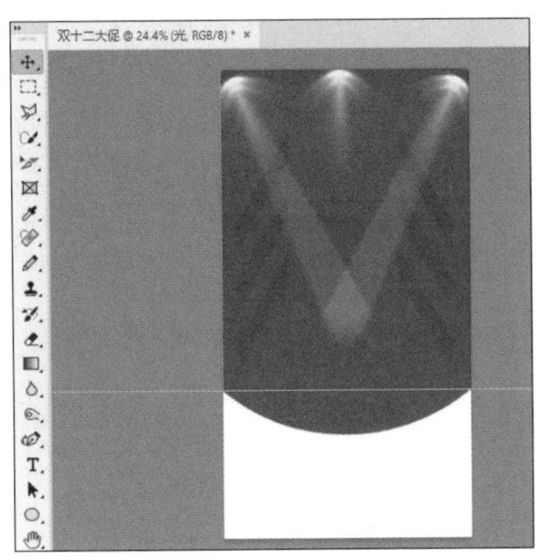

图2-72 水平翻转后的效果

步骤 07 打开“光线 2”素材文件（配套资源:\素材文件\第 2 章\光线 2），将其拖动到图像中部，使用步骤 05 同样的方法，为左侧“光线 2”图层，设置“角度”为“-50”，“距离”为“100”的动感模糊，效果如图 2-73 所示。

步骤 08 复制并粘贴该图层，选择粘贴后的图层，将其水平翻转，更改其动感模糊“角度”为“50”，效果如图 2-74 所示。

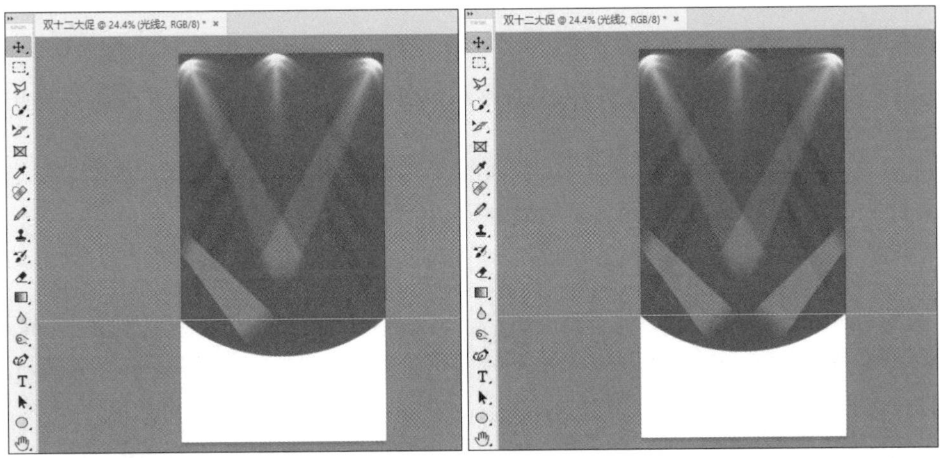

图2-73 设置动感模糊后的效果

图2-74 完成后的效果

2.4.4 图层分组与排列

当图像文件中图层数量较多时，可以根据设计需要对图层进行分组，也可以对图层的排列顺序进行设置。下面将对“形状 2”“光源”“光线 1”“光线 2”图层进行分组，再添加素材文件，对其进

行分组并排列，其具体步骤如下。

步骤 01 打开“图层”面板，单击“创建新组”按钮，创建新组，选择所有“形状 2”图层，将其拖曳到“组 1”中，并将组的名称修改为“背景 1”，如图 2-75 所示。

步骤 02 打开“图层”面板，单击“创建新组”按钮，创建新组，选择所有“光源”“光线 1”“光线 2”图层，将其拖曳到“组 1”中，并将组的名称修改为“光”，如图 2-76 所示。

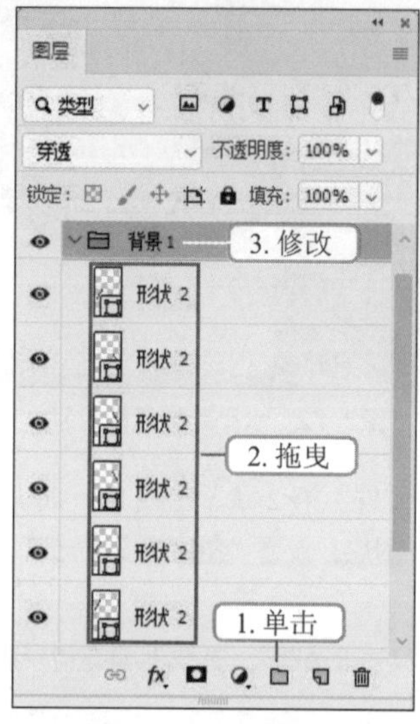

图2-75 创建“背景1”组

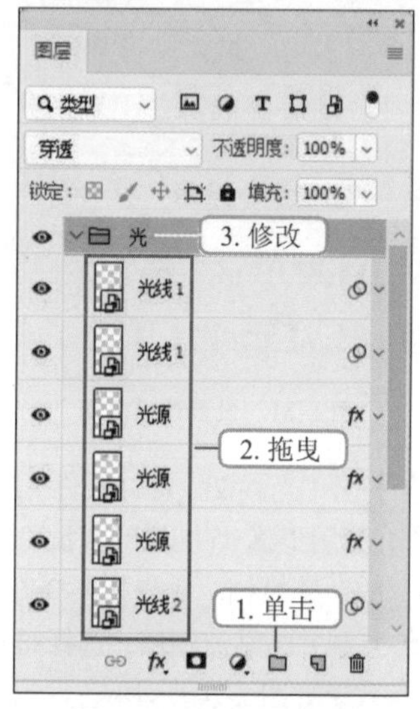

图2-76 创建“光”组

步骤 03 将“美妆”素材文件（配套资源 :\ 素材文件 \ 第 2 章 \ 美妆），拖动到“双十二大促”图像文件中，单击鼠标右键，在弹出的快捷菜单中选择“置入”命令，将图层置入图像文件中，如图 2-77 所示。

步骤 04 在“图层”面板中，选中“光”图层组，选择【图层】/【排列】/【置为顶层】菜单命令，将“光”图层组置为顶层，效果如图 2-78 所示。

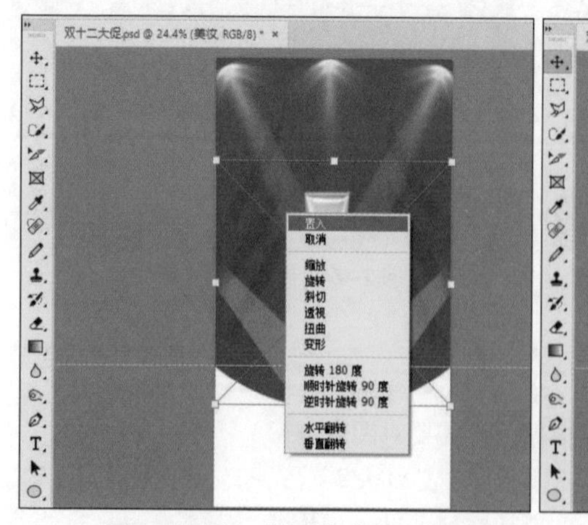

图2-77 置入“美妆”素材文件

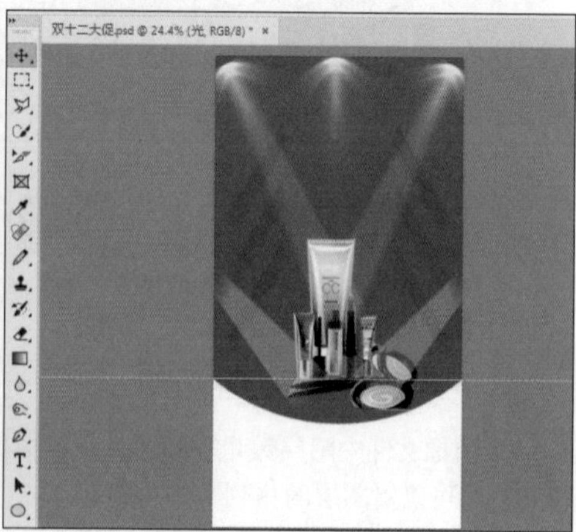

图2-78 完成后的效果

2.4.5 输入并编辑广告内容

下面将为“双十二大促”开屏广告图输入广告内容，包括活动名称、活动内容和活动时间，其具体步骤如下。

步骤 01 在工具箱中选择横排文字工具 T，设置“字体”“字号”“颜色”分别为“方正粗黑宋简体”“150 点”“#ffffff”，输入“双十二大促”标题文字，如图 2-79 所示。

步骤 02 在“字符”面板中设置“行间距”为“200 点”，“字间距”为“140 点”，并单击“仿粗体”按钮 T，使文字加粗显示，如图 2-80 所示。

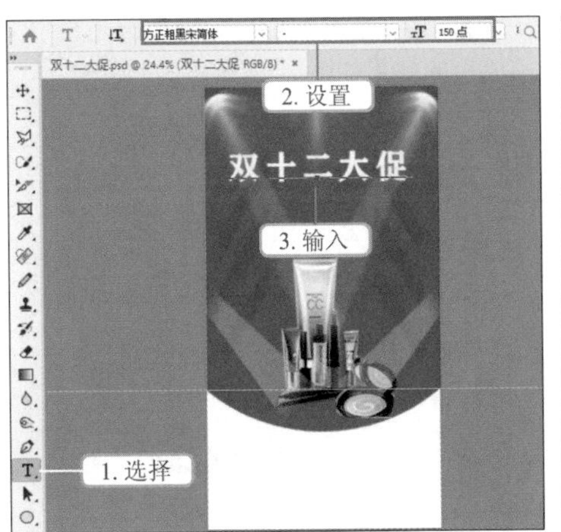

图2-79 输入标题文字

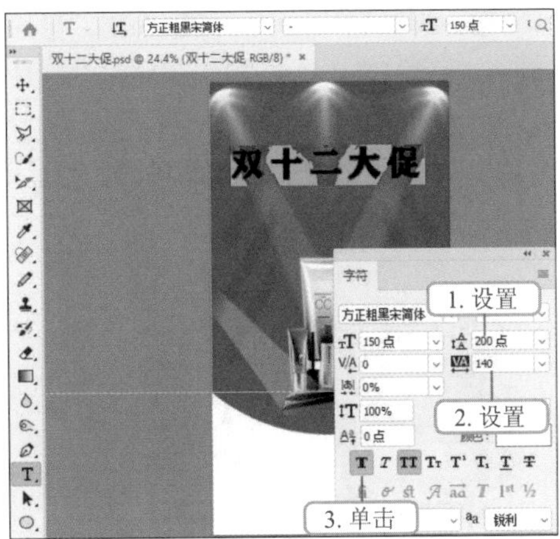

图2-80 设置文字格式

步骤 03 再次选择横排文字工具 T，设置“字体”“字号”分别为“方正黑体简体”“72 点”，在标题文字下方输入“全场商品 5 折起”，如图 2-81 所示。

步骤 04 再次选择横排文字工具 T，设置“字体”“字号”分别为“汉仪中黑简”“60 点”，在“全场商品 5 折起”文字下方输入“活动时间：2020.12.1—12.15”，如图 2-82 所示。

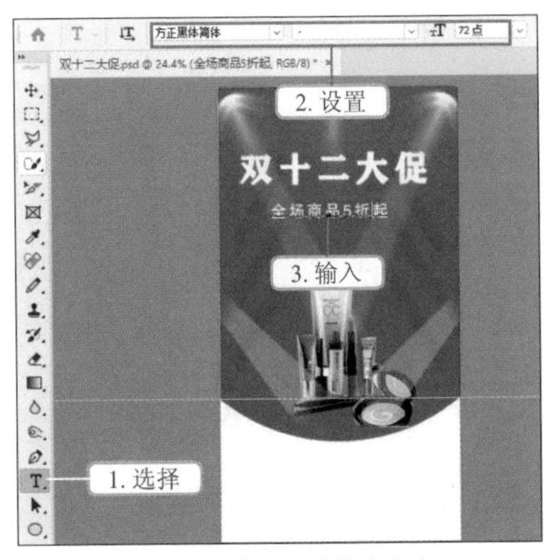

图2-81 输入活动优惠文字

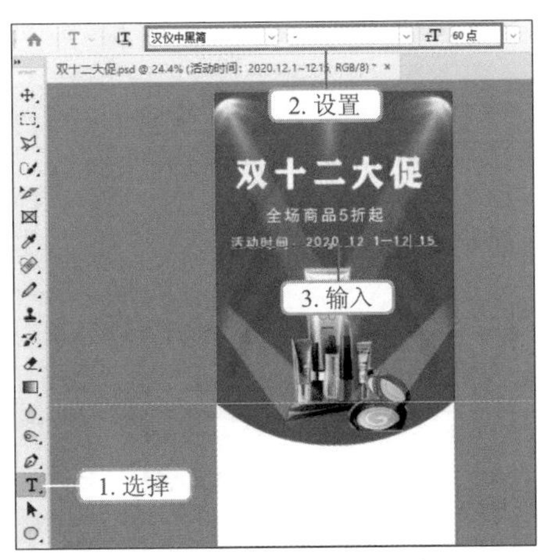

图2-82 输入活动时间文字

2.4.6 绘制引导按钮

在制作开屏广告图时，还可以绘制引导按钮，引导用户点击查看活动的具体信息。下面将在已制作的“双十二大促”开屏广告图下方空白部分，通过圆角矩形工具，绘制引导按钮，并输入引导文字，其具体步骤如下。

步骤 01 在工具箱中选择矩形工具□，单击鼠标右键，在弹出的快捷菜单中选择“圆角矩形工具”命令，设置“填充”和“描边”均为“#ed314f”，在参考线下方绘制一个 650 像素 ×120 像素的圆角矩形，如图 2-83 所示。

步骤 02 选择横排文字工具T，设置“字体”“字号”为“等线”“60 点”，在圆角矩形上方输入“年终狂欢，优惠不停”，调整其位置，完成后的效果如图 2-84 所示。

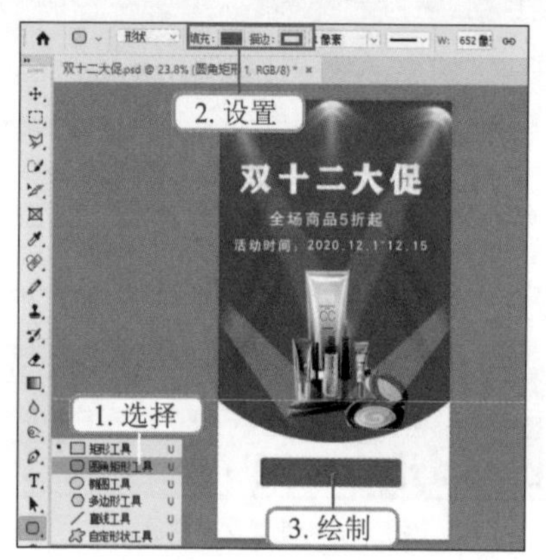

图2-83 绘制圆角矩形

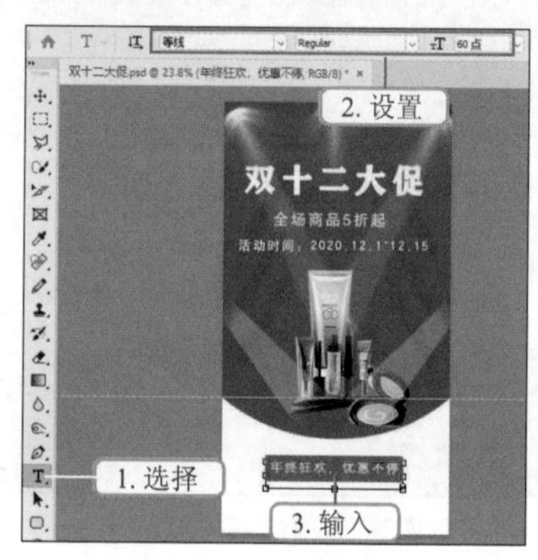

图2-84 输入文字内容

步骤 03 选择【视图】/【标尺】菜单命令显示标尺，再选择【视图】/【新建参考线】菜单命令，新建一条垂直方向、位置为“19”的参考线，如图 2-85 所示。

步骤 04 根据参考线的位置，调整图像编辑区中各元素的位置，美化视觉效果，效果如图 2-86 所示。

图2-85 新建垂直参考线

图2-86 完成后的效果

步骤 05 选择【视图】/【标尺】菜单命令取消显示标尺，选择【视图】/【清除参考线】菜单命令，去除参考线，按“Ctrl+S”组合键保存文件，完成“双十二大促”开屏广告图的制作（配套资源 :\ 效果文件 \ 第 2 章 \ 双十二大促）。

2.5 拓展知识——文字和图片的设计要求

文字能够帮助用户获取、了解信息，图片则能够将主题信息直观地展示给用户，这两种表现形式都是新媒体设计中十分重要的一部分，影响着最终的设计效果。因此，新媒体从业人员需要掌握文字和图片的设计要求，美化设计的视觉效果。

1. 文字设计要求

在对新媒体文字进行设计前，需要先确定文字是否易于识别、是否有层次感、是否美观，这不仅会影响用户对信息的获取，也会影响新媒体设计的最终效果，同时也是文字设计的基本要求。

（1）易于识别

随着移动端的发展，用户在手机上阅读的时间变得越来越长，这也促使用户对阅读体验感的要求越来越高。在新媒体设计中，文字的易识别性是影响用户阅读体验的关键因素。因此，如何让文字易于识别，是新媒体从业人员需要重点考虑的问题。

一般来说，要想文字易于识别需要注意以下两个方面。

● 在文字的组词上，应尽量使用用户熟悉的词汇与搭配方式，避免用户过多地思考其含义，防止用户对文字产生歧义，便于用户识别，如图 2-87 所示，用户对面试被拒就比对面试失利这个搭配让人更熟悉。

图2-87 词汇熟悉度比较

● 在文字的设计上，为了整个效果的美观性，新媒体从业人员往往会使用较为美观的字体。但是这些字体并不一定便于识别，此时应避免使用不常见的字体，因为这些缺乏识别性的字体可能会让用户难以理解其中的文字信息。图 2-88（b）的字体就比图 2-88（a）的字体更具有识别性，更容易让用户理解其中的信息。

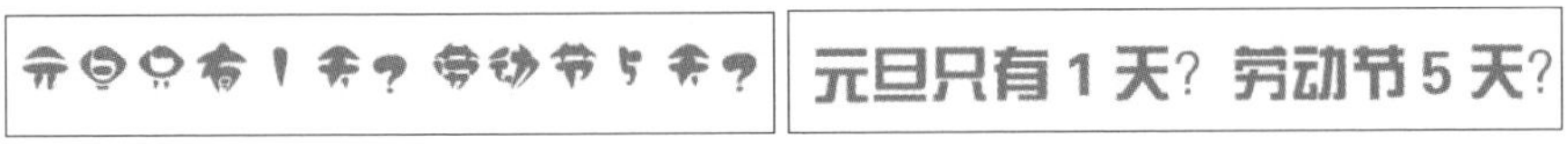

元旦只有 1 天？劳动节 5 天？

（a）　　（b）

图2-88 字体识别性比较

（2）有层次感

在新媒体的设计中，文字的设计并非简单的堆砌，而是有层次的，通常新媒体从业人员是按重要程度设置文字的显示级别，重点内容着重显示，其他内容则依次进行级别的划分。有层次感的文字可以引导用户按顺序浏览文字内容。在进行文字的编排时，新媒体从业人员可利用字体、粗细、大小与颜色的对比来设计文字的显示级别。

例如，图 2-89 仅使用了"方正综艺简体"这一字体，但由于字体粗细、大小和颜色的不同，文字的显示级别也不同，其突出显示了"放假"这一重点，同时，该图也引导用户先浏览"2020 放假安排"文字，再浏览其他文字的浏览顺序。

（3）美观

在设计时，新媒体从业人员一般会选择 2 ～ 3 种匹配度高的字体进行展现。字体过多会显得零乱而缺乏整体感，不但容易使用户产生视觉疲劳，还不具备美观性。因此，在文字的设计过程中，可考虑将文字加粗、变细、拉长、压扁等来变化文字，从而产生丰富的视觉效果；也可通过添加素材，提升美观度。

例如，图 2-90上方的文字经过倾斜变形更具有美观性，再加上美观的装饰素材，能吸引用户眼球；而下方的文字则使用较方正的字体，使促销信息文字易识别，更方便用户查看，同时，也提升了整体效果的美观度。

图2-89　有层次感的文字设计

图2-90　美观的文字设计

2. 图片设计要求

对图片进行设计时，需要按照以下 3 点要求进行。

（1）色彩搭配合理，且主次分明

色彩是刺激人类视觉神经的有力武器，有效利用色彩搭配能提升整个图片的美观度。色彩搭配的面积比例决定了整个画面的主次关系，例如，小面积的色彩在大面积的色彩背景烘托下更加易于识别。

新媒体从业人员在进行图片设计时，需要首先定义好统一的色调，使图片的主色调趋向明显，再利用小面积的色调做对比，这样完成后的效果才能既不失对比，也不失调和，更加美观。若是需要在效果中添加素材图片，可选择同一系列或同一色系的图片，或内在有一定相关性的图片，这样可以控制图片中色彩的数量，让整个画面更加和谐美观。

例如，图 2-91 所示的优惠日报图，该图以红色和黄色为主色调，再利用小面积的白色，突出展示了此次优惠的商品，明确了图片的主次关系，使用户第一眼就能看出该张图片要表达的内容。

（2）构图均衡，视觉导向清晰

在图片的设计过程中，构图是一种很好的视觉导向。新媒体从业人员在设计时要做到结构清晰、条例分明、构图均衡且稳定，这样完成后的图片才更具有美观性。在设计的过程中，可根据用户的阅读习惯，按照从上到下、从左到右、从大到小、从实到虚等视觉导向，进行合理的布局，让整个画面更具有吸引力。

例如，图 2-92 的某品牌海报图采用了左右对齐的构图方式，在左侧以文字展示了海报图中商品的卖点——细嫩好肤质，在右侧则直观地展示了商品，并使用与商品同色系的颜色作为背景色，增加了海报图的美观度。

图2-91　优惠日报图

图2-92　某品牌海报图

（3）适应短时间记忆

新媒体中图片的作用主要是推广和宣传，然而并不是所有人都愿意长时间地阅读和欣赏这些图片。因此，新媒体从业人员在进行图片设计时，要注意对图片内容进行压缩，突出宣传语，缩短用户的记忆时间，有效地达到推广和宣传的目的。

例如，图 2-93 所示的某冰箱产品的宣传图借助第一人称，分别向用户介绍了冰箱的优点——省电、安静和分区存储，并结合不同场景，以及简单的文字描述，进一步加深了用户的印象。

图2-93　某冰箱产品的宣传图

经验之谈

一个完整的设计作品，使用的素材图片既不能太少，也不能太多。配图太少可能无法充分发挥图片的作用，而配图太多则容易导致出现页面过长、加载速度慢等现象，影响用户的浏览体验。

2.6 课后练习

（1）调整“猫咪”图像文件（配套资源:\素材文件\第2章\猫咪）的亮度和大小，完成后的效果如图2-94所示（配套资源:\效果文件\第2章\猫咪）。

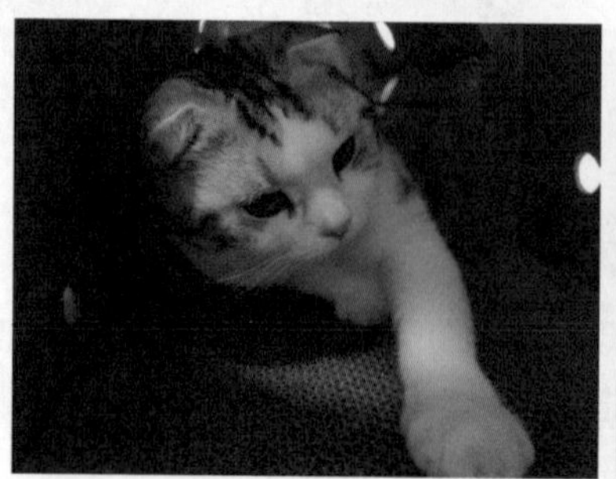

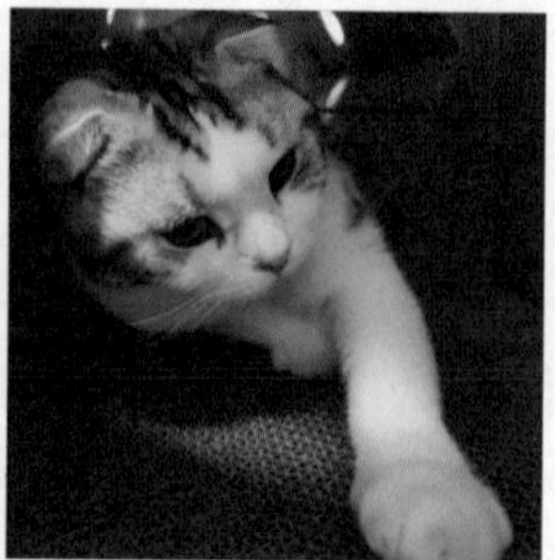

图2-94　处理前后的效果对比

（2）利用“主题海报背景”“主题海报素材”素材文件（配套资源:\素材文件\第2章\主题海报背景、主题海报素材），制作“七夕主题海报”图像文件，完成后的效果如图2-95所示（配套资源:\效果文件\第2章\七夕主题海报）。

提示： 首先可直接将“主题海报素材”拖动到“主题海报背景”素材文件中打开，通过复制粘贴“主题海报素材”中的图层，丰富“七夕主题海报”图像文件的内容，并通过横排文字工具输入文字内容，以及圆角矩形工具绘制圆角矩形，最终完成“七夕主题海报”图像文件的制作。

（3）制作“端午节开屏广告”，完成后的效果如图2-96所示（配套资源:\素材文件\第2章\端午节开屏广告素材、效果文件\第2章\端午节开屏广告）。

提示： 可直接打开“端午节开屏广告素材”素材文件，使用矩形工具绘制矩形，再使用横排文字工具、直排文字工具输入文字内容，然后使用钢笔工具绘制印章形状，并使用直排文字工具输入“传统”文字，最后再使用圆角矩形工具绘制圆角矩形，并使用横排文字工具输入“跳过”文字，完成“端午节开屏广告”图像文件的制作。

图2-95 七夕主题海报

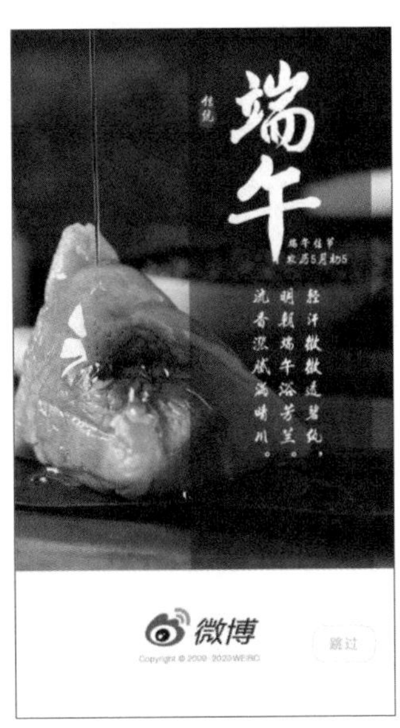

图2-96 端午节开屏广告

第 3 章

使用Audition CC 处理音频

在新媒体时代，仅仅给用户提供丰富的视觉效果是不够的，很多时候，还需要声音作为辅助，以提高用户的视听体验。Audition 是一款常用的音频处理软件，本章将对使用 Audition CC 2019 处理音频进行介绍。

3.1 音频基础知识

新媒体时代，音频不仅可以通过电台收听，也可以通过新媒体平台收听，还可以用于视频中，是较为重要的信息表现形式。新媒体从业人员要对音频的基础知识进行了解，包括音频文件类型、音频文件保存格式和音频设备——声卡。

3.1.1 音频文件类型

音频文件可以分为声音文件和乐器数字接口（Musical Instrument Digital Interface，MIDI）文件两类。其中，声音文件是通过声音录入设备录制的原始声音，直接记录了真实声音的二进制采样数据；MIDI 文件是一种音乐演奏指令序列，可利用声音输出设备或与计算机相连的电子乐器进行演奏。

3.1.2 音频文件格式

音频文件的格式有许多种，如 WAV 格式、AIFF 格式、APE 格式等，下面将介绍 7 种常见的音频文件格式。

● WAV 格式。WAV 格式是一种被 Windows 系统广泛支持的波形声音文件格式，WAV 格式来源于对声音模拟波形的采样。用不同的采样频率对声音的模拟波形进行采样，可以得到一系列离散的采样点，以不同的量化位数（8 位或 16 位）把这些采样点的值转换成二进制数，然后存入磁盘，就产生了声音的 WAV 格式文件，即波形文件。

经验之谈

WAV格式的声音文件的字节数/秒=采样频率（Hz）×量化位数（位）×声道数/8。如果对声音质量要求不高，则可以通过降低采样频率、采用较低的量化位数或利用单音来录制WAV文件。

● AIFF 格式。AIFF 格式是 Apple 公司开发的一种音频文件格式，被 Macintosh 平台及其应用程序所支持，Netscape 浏览器中的 LiveAudio 也支持 AIFF 格式。AIFF 是苹果电脑上面的标准音频格式，属于 QuickTime 技术的一部分。AIFF 虽然是一种很优秀的文件格式，但由于它是苹果电脑上的格式，因此在很多 PC 平台上并没有得到很大的推广。不过由于苹果电脑多用于多媒体制作及出版行业，因此大部分音频编辑软件和播放软件都支持 AIFF 格式。

● APE 格式。APE 格式是一种无损压缩音频格式。将音频文件压缩为 APE 后，文件大小要比 WAV 格式至少减少一半，在网络上传输时可以节约很多时间。更重要的是，APE 压缩格式只要还原，仍能毫无损失地保留原有的音质。

● MP3 格式。MP3 是指 MPEG 标准中的音频部分，也就是 MPEG 音频层。根据压缩质量和编码处理的不同可以分为 3 层，分别对应“*.mp1”“*.mp2”“*.mp3”。需要注意的是，MPEG 音频文件的压缩是一种有损压缩，MPEG3 音频编码具有 10：1～12：1 的高压缩率，基本保持了低音频部分不失真，但牺牲了声音文件中 12kHz ～ 16kHz 高音频部分的质量。相同长度的音频文件，用“*.mp3”格式来存储，一般只有“*.wav”文件的 1/10，音质要次于 CD 格式或 WAV 格式的音频文件。

● ASF、ASX、WAX、WMA 格式。ASF、ASX、WAX、WMA 格式都是 Microsoft 公司开发的、同时兼顾保真度和网络算术传输的新一代网上流式数字音频压缩技术。以 WMA 格式为例，它采用的压缩算法使音频文件比 MP3 文件小，但音质上却毫不逊色。它的压缩率一般可以达到 1∶18 左右，现有 Windows 操作系统中的媒体播放器或 Winamp 都支持 WMA 格式，Windows Media Player 7.0 还增加了把 CD 格式音频数据直接转换为 WMA 格式的功能。

● OGG 格式。OGG 格式是一种非常先进的音频文件格式，可以不断地进行大小和音质的改良，而不影响旧有的编码器或播放器。OGG 格式采用有损压缩，但使用了更加先进的声学模型减少了损失，因此，同样位速率（BitRate）编码的 OGG 格式文件比 MP3 格式文件听起来会更好一些，因而使用 OGG 格式文件的好处是可以用更小的文件获得更好的声音质量。

● MIDI 格式。MIDI 是由世界上主要的电子乐器制造厂商建立起来的一个通信标准，以规定计算机音乐程序、电子合成器、其他电子设备之间交换信息与控制信号的方法。MIDI 格式中包含音符、定时，以及多达 16 个通道的乐器定义，每个音符包括键、通道号、持续时间、音量、力度等信息。所以 MIDI 格式记录的不是乐曲本身，而是一些描述乐曲演奏过程的指令。

经验之谈

无损的音频格式压缩比大约是2∶1，解压时不会产生数据/质量上的损失，解压产生的数据与未压缩的数据完全相同。常见的无损压缩格式主要有WAV和AIFF。

有损压缩格式是基于心理声学的模型，除去人类很难或根本听不到的声音。有损压缩格式主要有MP3、WMA、OGG等。

3.1.3 音频设备——声卡

声卡也叫音频卡，用于将声波振幅信号采样转换成一串数字信号存储到计算机中，在需要收听时，再将数字信号以同样的采样速度还原成模拟波形，放大后送到扬声器发声，是实现声波和数字信号转换的硬件，能够帮助用户完成有关音频的创作、编辑等。下面将从声卡的功能、类型、组成和结构 4 个方面对声卡进行介绍。

1. 声卡的功能

声卡是计算机中录音、播音和声音合成的重要硬件设备，其主要有以下功能。

● 通过声卡及驱动程序的控制，采集音源信号，并在压缩后将其存放在计算机系统内存或硬盘中。

● 将激光盘压缩的数字化声音文件还原成高质量的声音信号，并在放大声音后通过扬声器播放。

● 对数字化的声音文件进行加工。

● 对各种音源进行组合，实现混响器的功能。

● 通过声卡的合成技术朗读文字信息，如英语单词、句子等。

● 识别音频，使操作者能够通过音频口令指挥计算机工作。

● 在驱动程序的作用下，将 MIDI 格式存放的文件输出到相应的电子乐器中，并发出声音，使电子乐器受声卡的指挥。

2. 声卡的类型

目前，声卡主要有板卡式、集成式和外置式 3 种类型。

（1）板卡式

板卡式涵盖了低、中、高各档次，售价从几十元至上千元不等。早期多为工业标准结构总线扩展接口（Industrial Standard Architecture Expansion Slot，ISA 接口），但其存在功能单一、占用系统资源过多等缺陷，已被外设部件互连标准（Peripheral Component Interconnect，PCI）接口取代。PCI 接口的性能及兼容性更好，可以随插随用，更加方便。

（2）集成式

集成式声卡相比板式卡声卡更为实惠、简便，具有不占用 PCI 接口、兼容性更好等优势，能够满足普通用户的大多数音频需求。现如今，随着技术的进步，集成式声卡也逐渐拥有了多声道、低中央处理器（Central Processing Unit，CPU）占有率等优势，逐渐占据了声卡市场的半壁江山。

集成式声卡可分为软声卡和硬声卡两种。其中，软声卡仅集成了一块信号采集编码的 Audio CODEC 芯片，其声音部分的数据处理运算由 CPU 来完成，对 CPU 的占有率较高。而硬声卡则将两块芯片集成在主板上。

（3）外置式

外置式声卡通过通用串行总线（Universal Serial Bus，USB）接口与计算机连接，具有使用方便、便于移动等优势。这种声卡主要用于特殊环境，市场上并不多见。

3. 声卡的组成

声卡由数字信号处理芯片、模数转换器（Analog to Digital Converter，A/D 转换器）和数模转换器（Digital to Analog Converter，D/A 转换器）、总线接口芯片、音乐合成器和混音器组成。

● 数字信号处理芯片。数字处理芯片能够记录、播放各种信号任务，完成处理工作，包括音频压缩与解压、改变采样频率、解释 MIDI 指令或符号，以及控制和协调直接存储器访问工作。

● A/D 和 D/A 转换器。A/D 转换器用于将模拟信号转化成数字信号，D/A 转换器用于将数字信号表示的声音转化成模拟信号输出。这两种转化器是声卡在计算机中顺利运行的重要部分。

● 总线接口芯片。总线接口芯片用于在声卡与系统总线之间传输命令与数据。

● 音乐合成器。音乐合成器能够将数字音频波形数据或 MIDI 消息合成为声音。

● 混音器。混音器可以将不同途径如话筒、线路输入或 CD 输入的声音信号进行混合，还能为用户提供控制软件音量的功能。

4. 声卡的结构

声卡一般包括声音控制芯片、音效处理芯片、波形合成表、波表合成器芯片和跳线。

（1）声音控制芯片

声音控制芯片能够将获取的声波信号通过模数转换器转换成数字信号，并存储到计算中，在播放时，声音控制芯片还能将这些数字信号通过数模转换器还原成模拟波形。

（2）音效处理芯片

音效处理芯片可以处理有关声音的命令，是声卡的核心芯片，决定了声卡的性能和品质。音效处理芯片能够完成采样、回放控制、处理 MIDI 指令集等工作。而低档声卡一般采用 FM 合成芯片合成声音，以降低成本，其作用是生成合成声音。

（3）波形合成表

波表只读存储器（Read-Only Memory，ROM）中存放了实际乐音的声音样本，即波形合成表，能够供播放 MIDI 使用。一般采用了波形合成表方式的声卡，其声音效果都比较逼真。

（4）波表合成器芯片

波表合成器芯片能够按照 MIDI 命令，读取波表 ROM 中的样本声音，合成并转换成实际的乐音。

（5）跳线

跳线用于设置声卡硬件设备，如 CD-ROM 的输入 / 输出（Input/Output，I/O）地址、声卡的 I/O 地址。

● I/O 口地址。计算机连接的外部设备的输入 / 输出地址就是 I/O 地址。在计算机中，每个设备都必须使用唯一的 I/O 地址，而声卡在出厂时通常设有默认的 I/O 地址，其地址范围为 220H ～ 260H。

● IRQ（中断请求）号。每个外部设备都有唯一的一个中断号。声卡 Sound Blaster 默认的 IRQ 号为 7，而 Sound Blaster PRO 默认的 IRQ 号则为 5。

● DMA 通道。声卡录制或播放数字音频时，使用的通道就是 DMA 通道，其本身能够与 RAM 之间传送音频数据，无须 CPU 干预，这能够提高数据传输率和 CPU 利用率。一般来说，16 位声卡有两个 DMA 通道，一个用于 8 位音频数据传输，另一个则用于 16 位音频数据传输。

● 游戏杆端口。声卡上有一个游戏杆连接器，若一个游戏杆已经连在机器上，则应使声卡上的游戏杆跳接器处于未选用状态，否则 2 个游戏杆会互相冲突。

需注意，声卡上游戏杆端口的设置、声卡的 IRQ 号和 DMA 通道的设置，不能与系统上其他设备的设置相冲突，否则，声卡就无法工作，甚至会使整个计算机死机。

3.2 实战——录制并编辑“测试”音频

在新媒体中，为更好地传达信息，需要利用专门的音频软件录制、编辑音频，或对已有音频进行处理，消去杂音，给用户更好的听觉体验。本例将通过录制并编辑“测试”音频，介绍 Audition CC 2019 软件的简单操作。

3.2.1 新建并保存音频文件

新建并保存音频文件

下面首先在 Audition CC 2019 软件中新建并保存音频文件，其具体步骤如下。

步骤 01 在计算机界面左下角单击“开始”按钮，在打开的“开始”菜单中选择“Audition CC 2019”命令，启动 Audition CC 2019 软件。

步骤 02 选择【文件】/【新建】/【音频文件】菜单命令，打开“新建音频文件”对话框，在“文件名”文本框中输入“测试”，单击确定按钮新建音频文件，如图 3-1 所示。

步骤 03 选择【文件】/【保存】命令，打开“另存为”对话框，单击浏览按钮，设置文件的保存位置，单击确定按钮，如图 3-2 所示，即可保存音频文件。

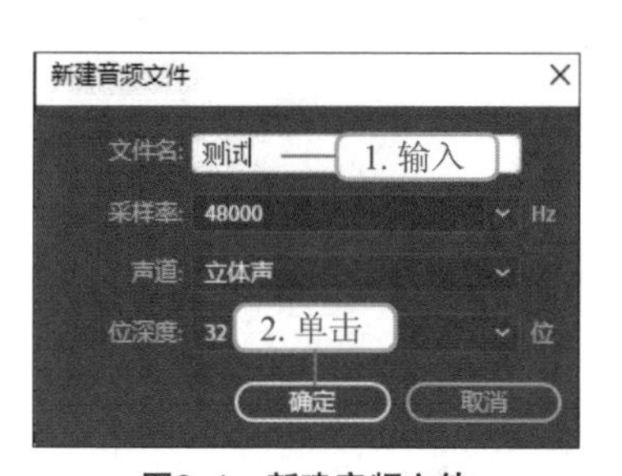

图3-1 新建音频文件

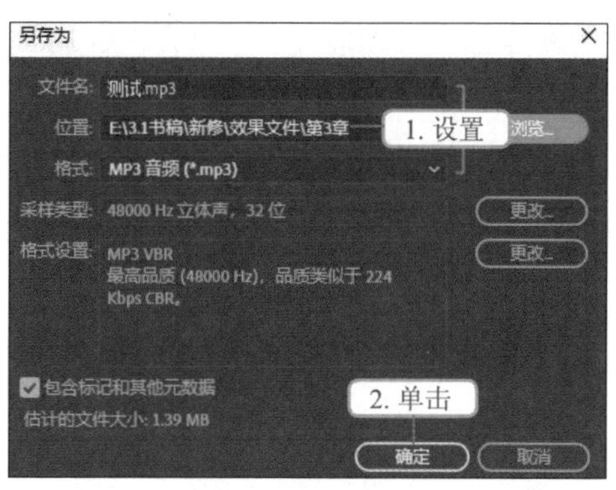

图3-2 保存音频文件

3.2.2 录制并播放音频文件

下面将在 Audition CC 2019 软件中录制“测试”音频文件，并播放该文件，其具体步骤如下。

录制并播放音频文件

步骤 01 在“编辑器”面板中，单击下方按钮，开始录制音频，当音频录制完毕后，再次单击按钮停止录制。录制完音频后的“编辑器”面板如图 3-3 所示。

步骤 02 单击按钮，即可播放录制好的音频文件，在播放过程中，“编辑器”面板下方的“电平”面板会显示实时的音频分贝，如图 3-4 所示。

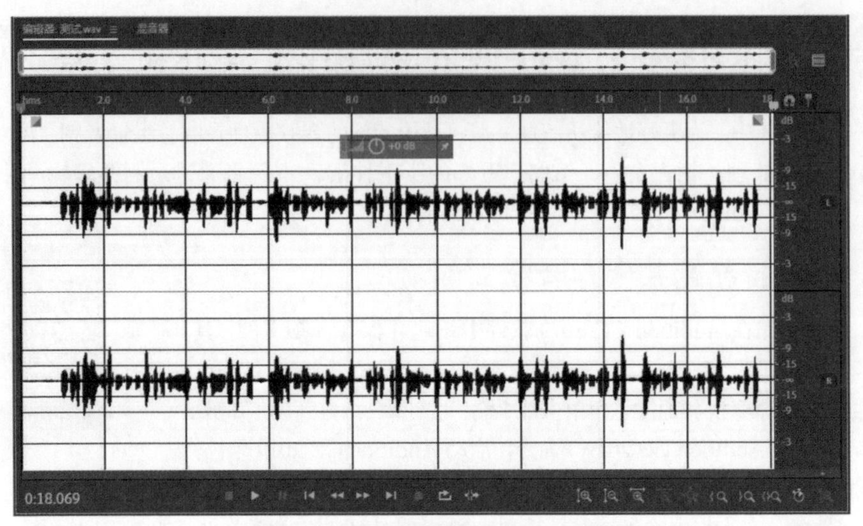

图3-3 录制完成后的“编辑器”面板

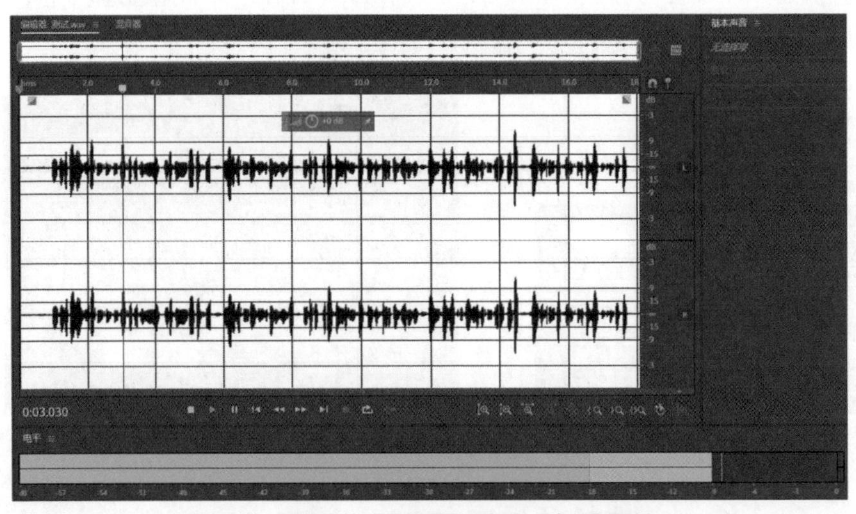

图3-4 播放中的“编辑器”面板和“电平”面板

3.2.3 调整音频音量

在播放音频文件后，可根据实际需要，调整音频的音量。下面将在 Audition CC 2019 软件中，通过按钮、按钮和“调节振幅”数值框调整“测试”音频文件的音量，其具体步骤如下。

调整音频音量

步骤 01 单击“编辑器”面板下方的按钮，可看到“编辑器”面板中声音振幅增大，如图 3-5 所示，此时，音频文件的音量已被放大。单击按钮，可播放已放大音量的音频文件。

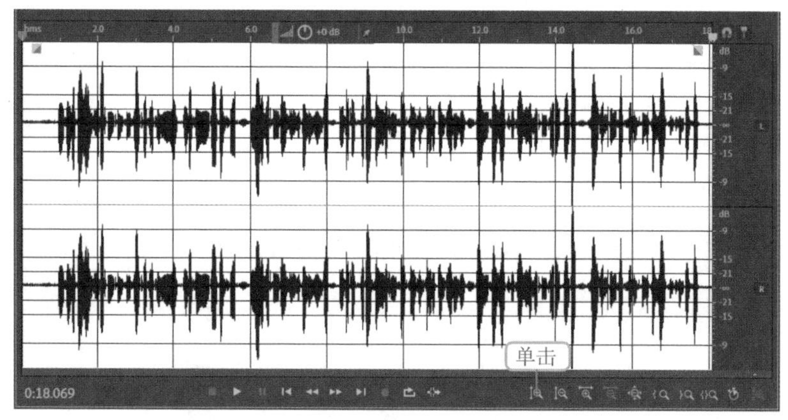

图3-5　声音振幅增大后的“编辑器”面板

步骤 02 当音频文件的音频音量过大时，则需要缩小音量，此时可单击“编辑器”面板下方按钮，缩小音频文件音量。

步骤 03 在“编辑器”面板中的“调节振幅”数值框中输入“1.2”，如图 3-6 所示，即可在现有音频文件音量的基础上，使音量增加 1.2db。

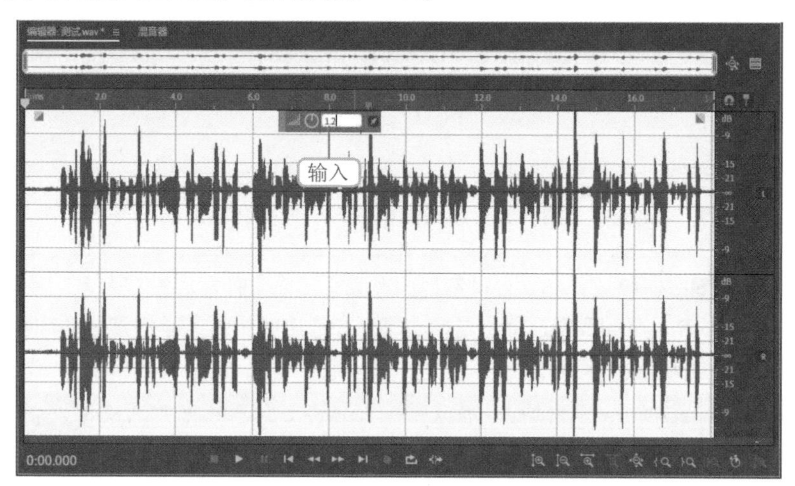

图3-6　在“调节振幅”数值框中输入数值

经验之谈

此外，直接在“调节振幅”数值框上拖曳鼠标也可调整音频文件的音量。

3.2.4　放大与缩小音频显示效果

在 Audition CC 2019 软件中，放大音频显示效果可以更方便地查看音频文件中的声线和音频轨道的音波，对特定时间段的音频文件进行编辑，而缩小音频显示效果，则可以将经过放大后编辑完毕的音频效果完整地展示出来。下面将放大“测试”音频文件显示效果，对其细节进行编辑，编辑完毕后再缩小音频显示效果，其具体步骤如下。

步骤 01 在“编辑器”面板下方，多次单击按钮即可放大音频显示效果，此处单击了 8 次按钮，如图 3-7 所示。

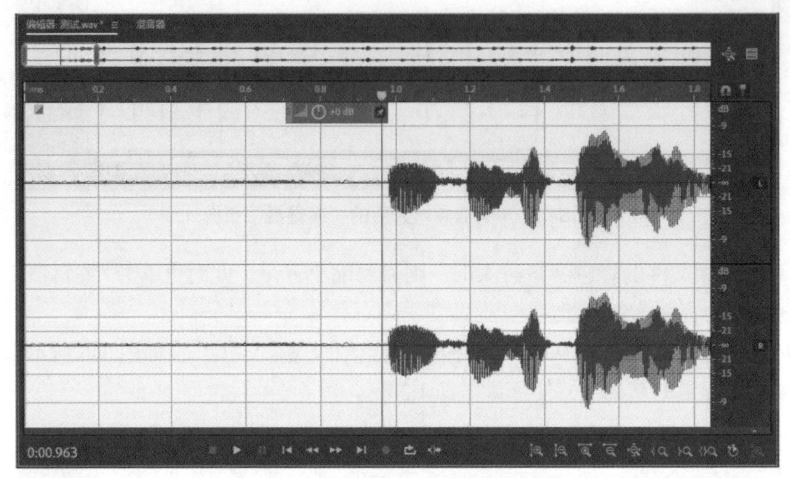

图3–7 放大8次后的“编辑器”面板

经验之谈

在“编辑器”面板中，滑动鼠标滚轮也可放大或缩小音频时间。

步骤 02 单击按钮播放音频文件可发现该音频文件前 1 秒左右没有人声，因此可拖曳鼠标选中该段不含人声的音频，单击鼠标右键，在弹出的快捷菜单中选择“删除”命令，如图 3-8 所示，删除该段音频。

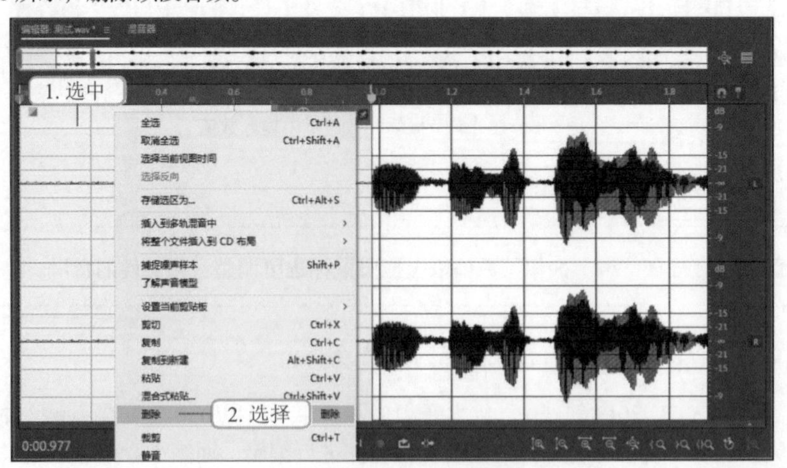

图3–8 删除不含人声的音频

步骤 03 在播放时，可发现最后一段音频也是不含人声的音频，因此，可选中该段音频，单击鼠标右键，在弹出的快捷菜单中选择“删除”命令，删除该段音频。

步骤 04 完成音频编辑后，多次单击按钮即可缩小音频显示效果，将音频完整地展示出来，此处单击 8 次，如图 3-9 所示。

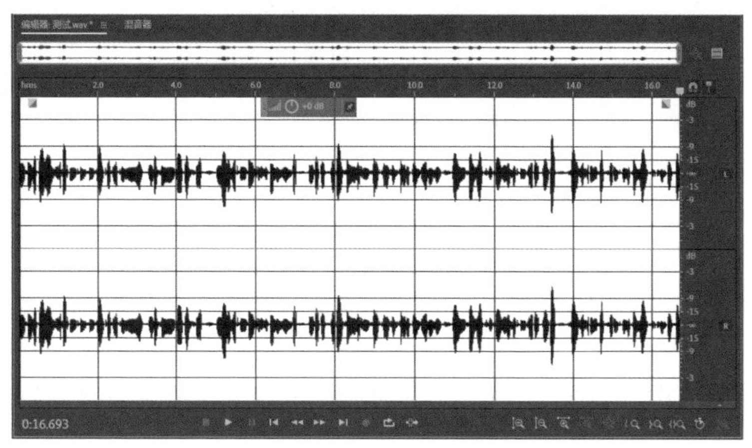

图3–9　完成后的效果

3.2.5　设置音频声道

在 Audition CC 2019 工作界面中，声道可以分为左声道和右声道，在编辑音频文件时，新媒体从业人员可以根据编辑需要进行选择。下面将依次编辑音频文件右声道和左声道的声音，其具体步骤如下。

步骤 01 单击“编辑器”面板右侧的按钮，关闭左声道声音，此时，左声道呈灰色状态。单击按钮即可单独播放音频文件中右声道的声音。图 3-10 所示为关闭左声道声音后的“编辑器”面板。

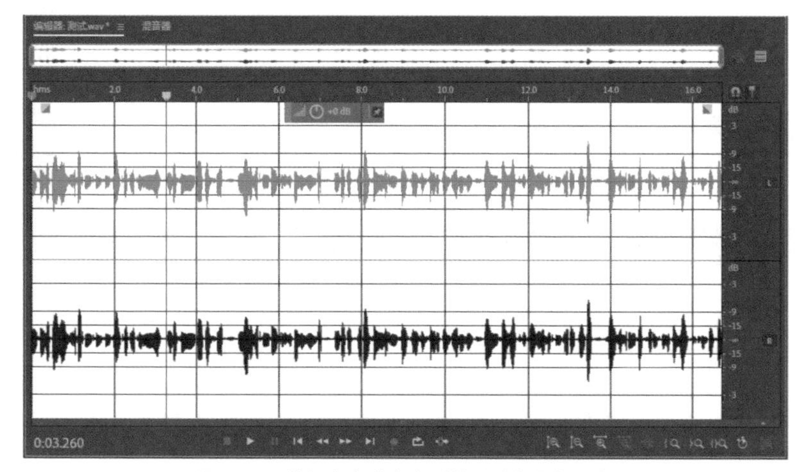

图3–10　关闭左声道声音后的“编辑器”面板

步骤 02 在“编辑器”面板的“调节振幅”数值框中，输入“1.2”，可使右声道音频音量增加1.2db，而左声道的音频音量不受该操作影响，如图3-11所示。

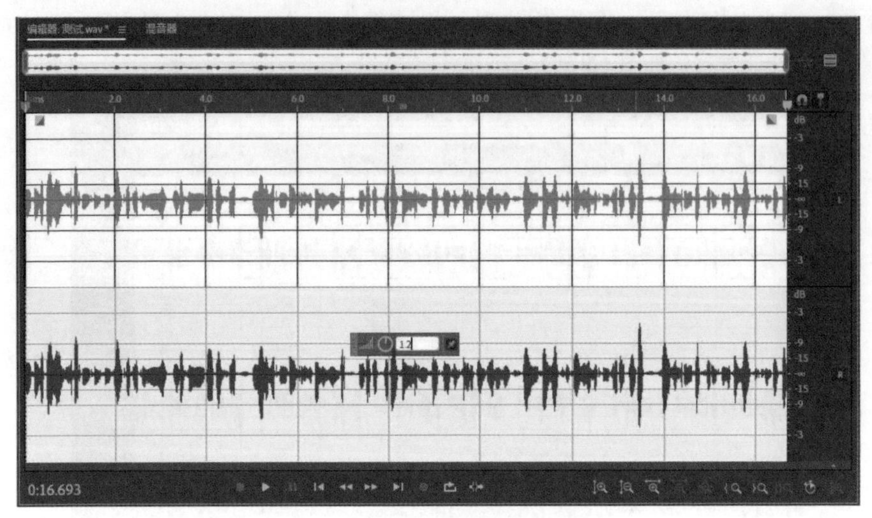

图3-11　放大右声道的音频音量

步骤 03 再次单击L按钮，开启左声道声音。单击R按钮，关闭右声道声音，单击▶按钮即可单独播放音频中左声道的声音。图3-12所示为关闭右声道声音后的“编辑器”面板。

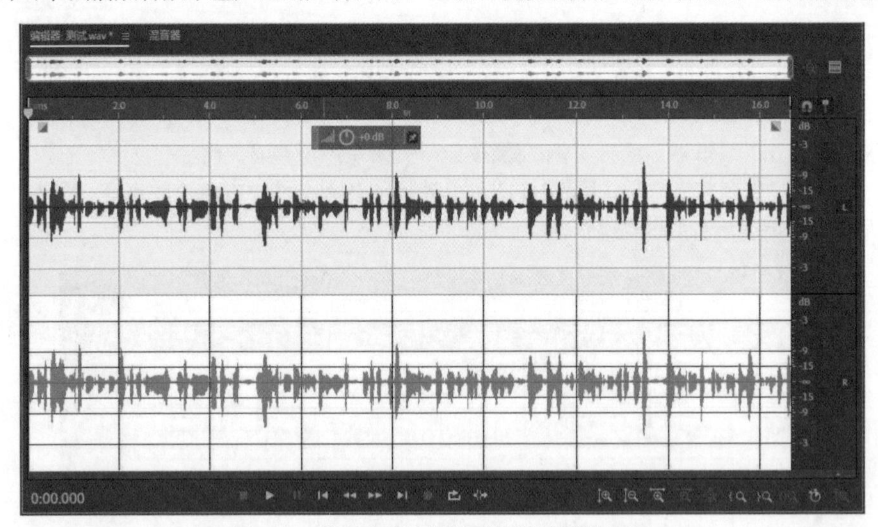

图3-12　关闭右声道声音后的“编辑器”面板

步骤 04 在“编辑器”面板的“调节振幅”数值框中，输入“1”，可使左声道音频音量增加1db，而右声道的音频振幅不受该操作影响，如图3-13所示。

步骤 05 按“Ctrl+S”组合键，即可保存“测试”音频文件（配套资源:\效果文件\第3章\测试）。

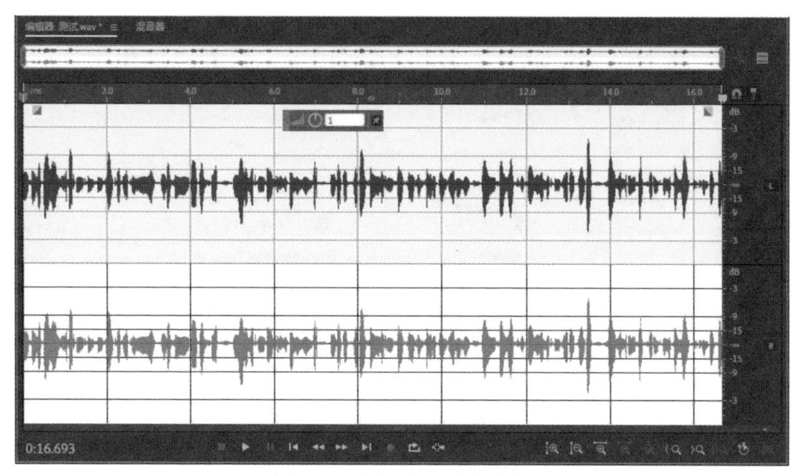

图3-13 放大左声道的音量

3.3 实战——合成手机中的录音

新媒体时代是一个快节奏的时代，不管是在工作还是生活中，音频都是一种十分重要的表现形式。有时候，为更好地记录消息，人们会通过手机录音记录一些重要事情，但音频文件存在获取信息耗时久、易丢失等问题。因此，新媒体从业人员可以导出并合成手机中的录音，然后对其设置音频效果，并以音频文件的形式导出，使音频文件更好地保存下来，本例将按上述步骤讲解手机录音的合成。

3.3.1 导出手机中的录音

在导出手机录音时，新媒体从业人员可利用数据线，将手机与计算机连接，然后通过计算机查找手机中的录音文件，并利用复制粘贴功能将其导出。此外，新媒体从业人员也可以通过社交账号，将手机录音以文件的形式直接发送到计算机中。下面将通过数据线，导出手机中的录音，以小米手机为例，其具体步骤如下。

步骤 01 利用数据线连接手机和计算机，在计算机中双击“此电脑”图标，打开“此电脑”界面，在“设备和驱动”栏中双击手机型号对应的选项，双击“内部存储器”选项，在打开的界面中选择手机录音机的存储文件夹，此处选择“MIUI”文件夹，双击打开“sound_recorder”文件夹，即可看到手机录音机中的音频文件，如图 3-14 所示。

步骤 02 选择需要导出的录音机音频文件，此处选择“辩证法”“劳动力商品”“实践”“真理与谬误”音频文件，单击鼠标右键，在弹出的快捷菜单中选择“复制”命令，如图 3-15 所示。

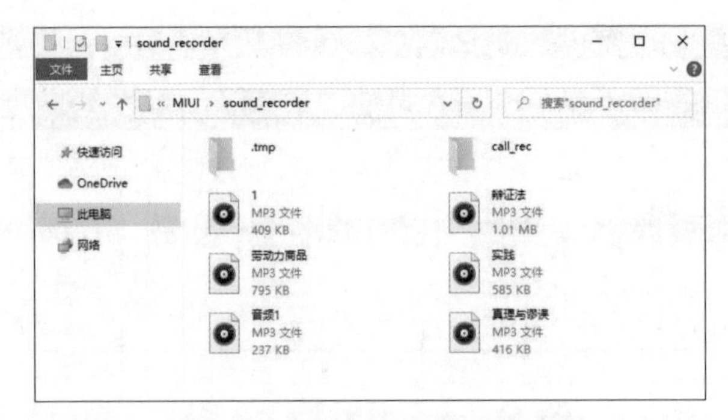

图3–14　手机录音机录制的音频文件

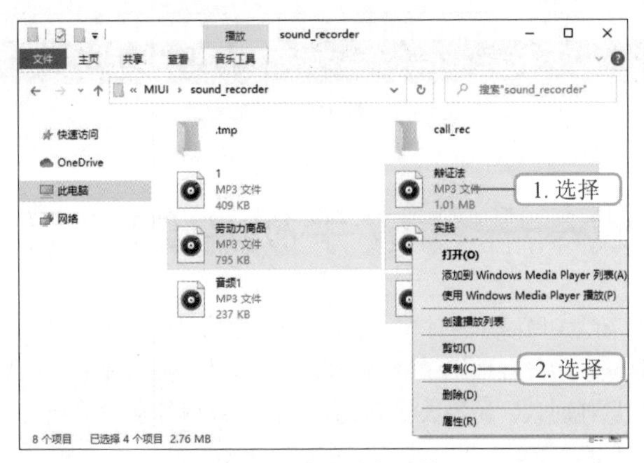

图3–15　复制音频文件

步骤 03 打开保存音频文件的文件夹（配套资源:\素材文件\第3章），单击鼠标右键，在弹出的快捷菜单中选择“粘贴”命令，将复制的4条音频文件粘贴到该文件夹中，如图3-16所示。

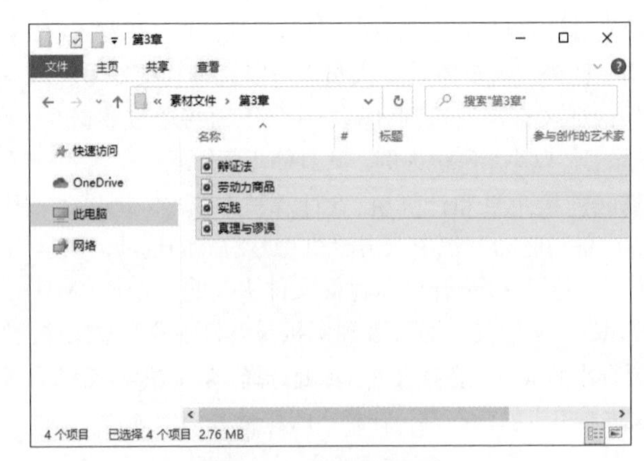

图3–16　粘贴音频文件

3.3.2 合成语音聊天记录

下面将在 Audition CC 2019 软件中，打开这 4 个音频文件合并成一个新音频文件，然后对其进行编辑，其具体步骤如下。

步骤 01 启动 Audition CC 2019 软件，选择【文件】/【打开并附加】/【到新建文件】菜单命令，打开“打开并附加到新建文件”对话框，选择“辩证法”“劳动力商品”“实践”“真理与谬误”音频文件，如图 3-17 所示，单击 打开(O) 按钮，将其打开并合成到 Audition CC 2019 软件中。

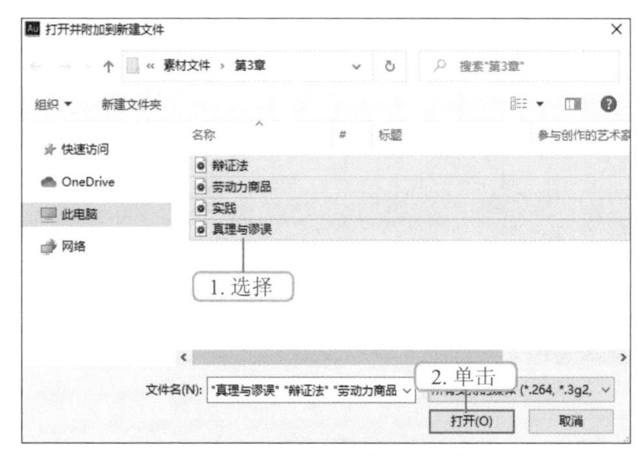

图3–17 打开并合成音频文件

步骤 02 此时，Audition CC 2019 软件的“编辑器”面板中将显示已合成的新建未命名音频文件，如图 3-18 所示。

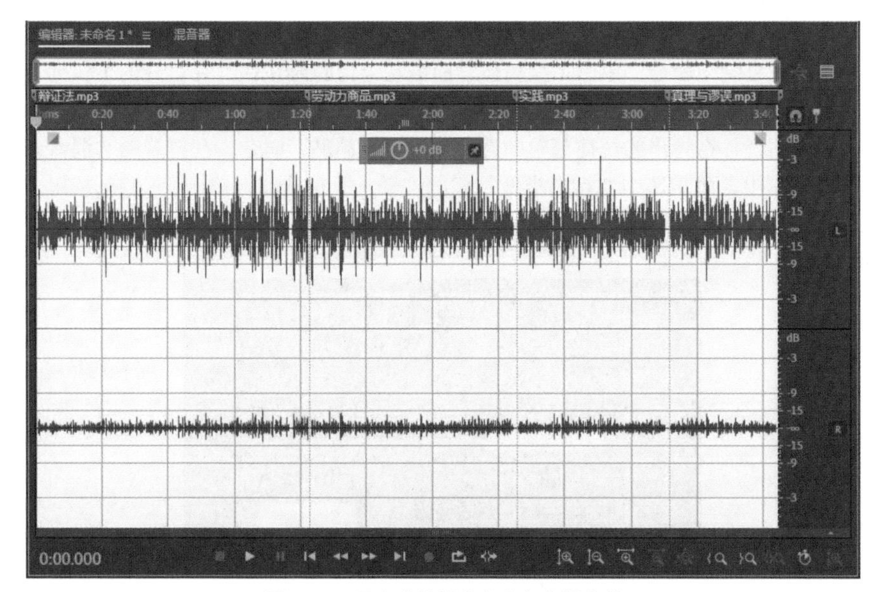

图3–18 已合成的新建未命名音频文件

步骤 03 从图 3-18 中可知，该音频文件右声道的音量较小，需要进行调整。单击“编辑器”面板右侧的 L 按钮，关闭左声道声音，在“调节振幅”数值框中输入“15”，可增加右声道音频音量 15db，效果如图 3-19 所示。

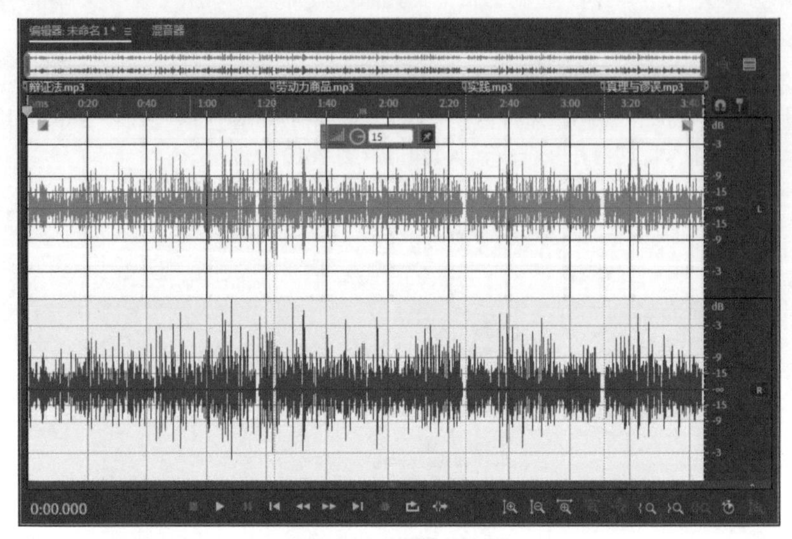

图3-19　完成后的效果

步骤 04 再次单击 L 按钮，开启左声道，单击 ▶ 按钮即可播放音频文件。

新媒体从业人员也可以通过复制与粘贴功能来合并音频。首先需要在音频文件中依次导入素材文件，并选中整个素材文件片段，然后单击鼠标右键，在弹出的快捷菜单中选择“复制”命令，单击“编辑器”面板左上角的 ☰ 按钮，在打开的下拉列表中选择需要合并的素材文件，在“编辑器”面板中将时间轴定位到素材文件最后，再次单击鼠标右键，在弹出的快捷菜单中选择“混合式粘贴”命令，在打开的“混合式粘贴”对话框中，单击选中“粘贴类型”栏的“插入”单选项，单击 确定 按钮，如图3-20所示，即可将不同的素材文件合成到同一文件中。

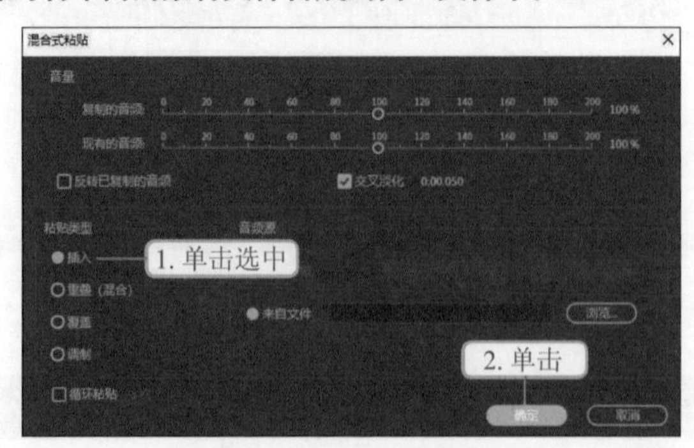

图3-20　“混合式粘贴”对话框

3.3.3 去除音频中的噪声

播放音频文件可听出，该文件中有较多的噪声，为使音频效果更佳，需要去除这些噪声。下面将采集音频文件中的噪声样本，然后对音频进行降噪处理，其具体步骤如下。

步骤 01 在“编辑器”面板中拖曳鼠标，选中整个音频文件，选择【效果】/【降噪 / 恢复】【捕捉噪声样本】菜单命令，如图 3-21 所示。

步骤 02 在打开的“捕捉噪声样本”提示框中，单击 确定 按钮，即可采集、捕捉人声中的噪声样本信息。

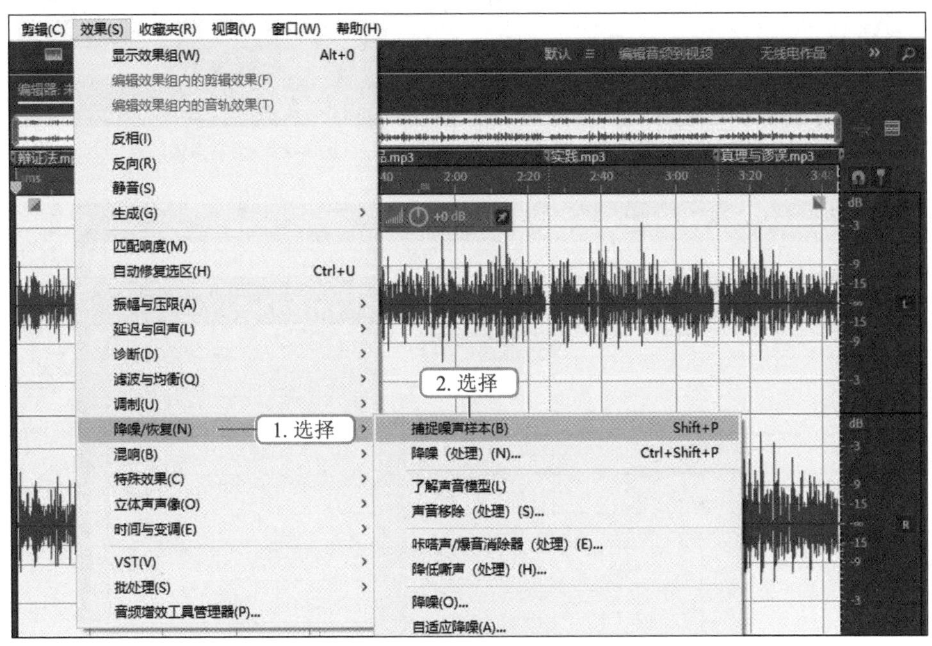

图3-21 捕捉噪声样本

经验之谈

此外，在选中音频文件后，还可直接单击鼠标右键，在弹出的快捷菜单中选择“捕捉噪声样本”命令，或按“Shift+P”组合键，快速采集噪声样本。

步骤 03 选择【效果】/【降噪 / 恢复】/【降噪（处理）】菜单命令，打开“效果 - 降噪”对话框，在下方拖曳“降噪”右侧的滑块到“40%”；再拖曳“降噪幅度”右侧的滑块到“10db”，单击 应用 按钮即可对左声道进行降噪处理，如图 3-22 所示。

步骤 04 再次打开“效果 - 降噪”对话框，在“声道”下拉列表框中选择“右侧”选项，单击 应用 按钮对右声道进行降噪处理，如图 3-23 所示。完成后的“编辑器”面板如图 3-24 所示。

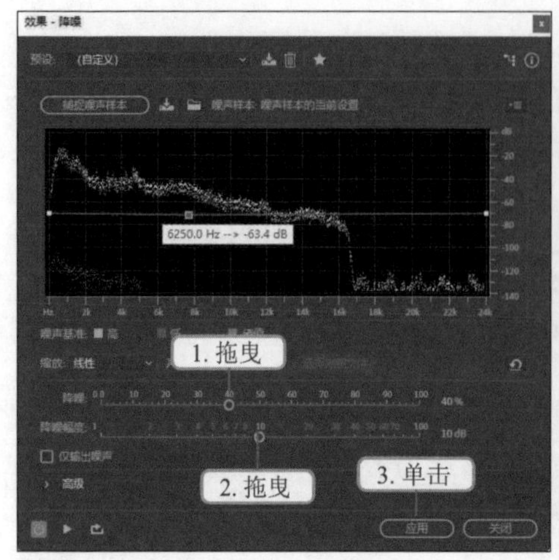

图3-22　为左声道降噪

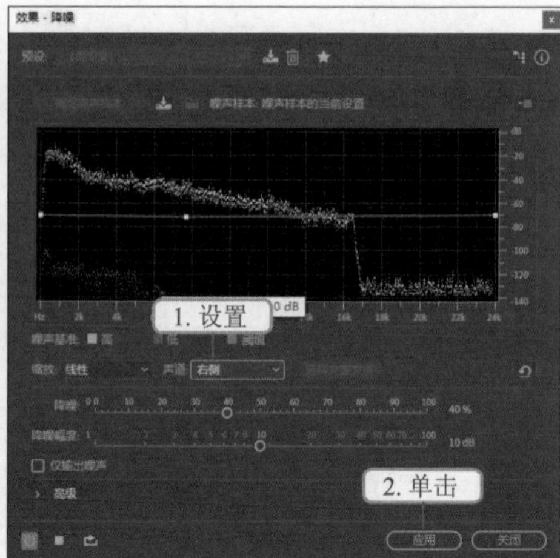

图3-23　为右声道降噪

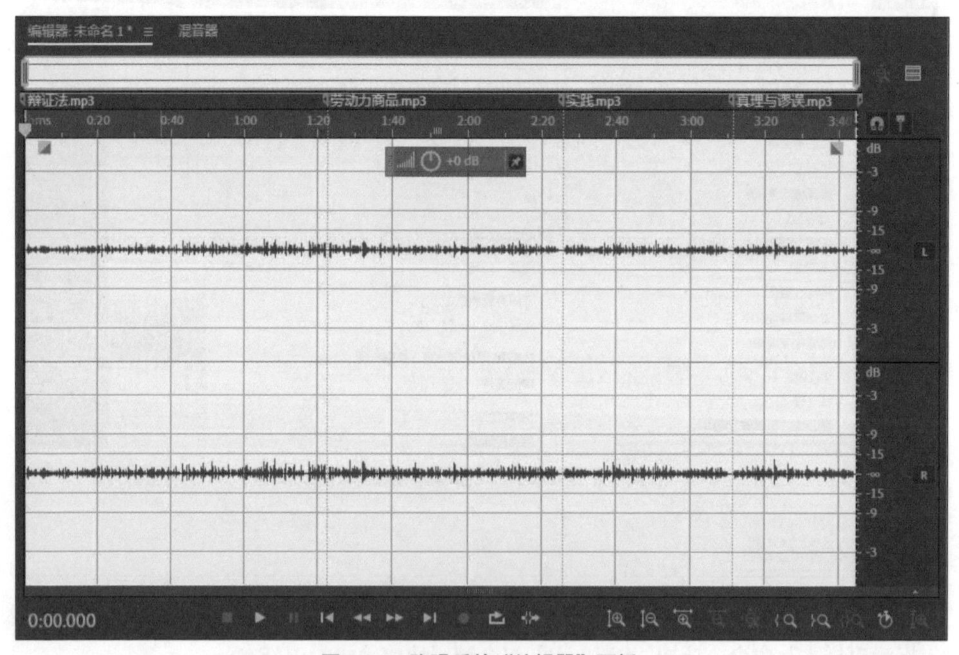

图3-24　降噪后的“编辑器”面板

05 从图 3-24 可知，降噪后的音频文件音量较小，因此，需要对其音量进行调整。单击“编辑器”面板下方的按钮，增大音频音量，图 3-25 所示为单击按钮两次后的“编辑器”面板。

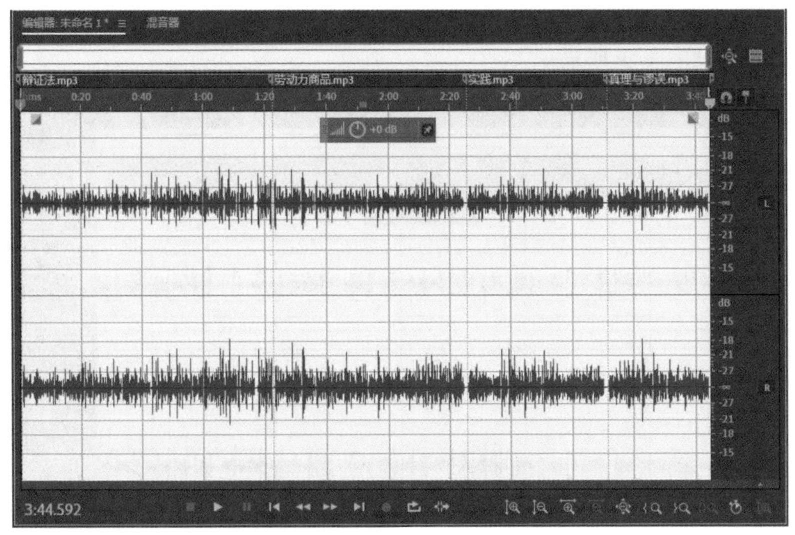

图3-25　增大音量后的“编辑器”面板

3.3.4　添加音频片段

有时同一个音频文件会由多个音频内容组成，且每一个音频内容都有所不同，为使用户收听时更容易分辨不同的内容，新媒体从业人员可以在每个录音文件前添加音频片段。下面将在一个音频中的不同录音文件前插入静音，然后通过录制替换静音，达到区分不同录音文件的目的，其具体步骤如下。

步骤 01 在“编辑器”面板中，将时间线定位到“辩证法”录音文件前的无人声片段处，选择【编辑】/【插入】/【静音】菜单命令，如图3-26所示。

步骤 02 打开“插入静音”对话框，在其中设置“持续时间”为“0:02.000”，单击 确定 按钮即可插入静音，如图3-27所示。

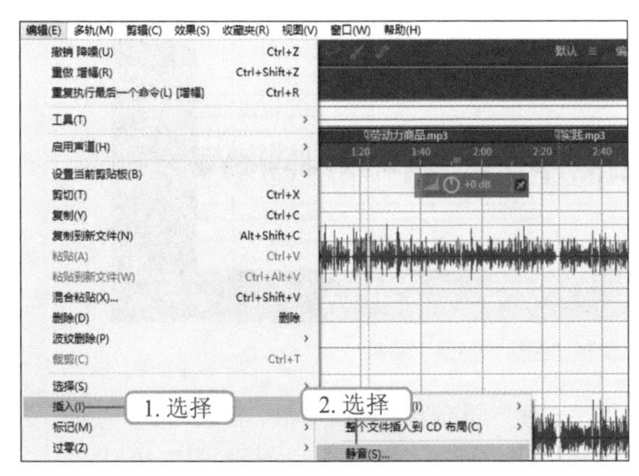

图3-26　插入静音

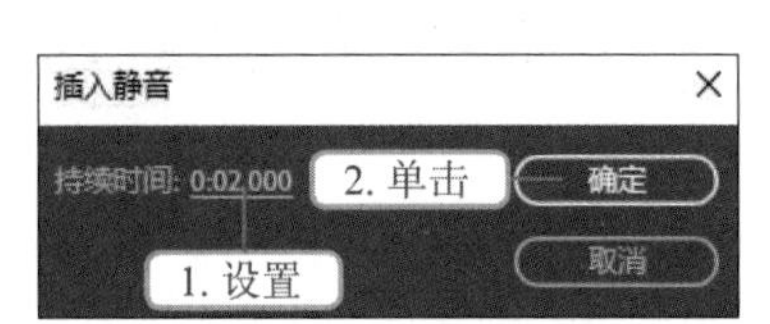

图3-27　设置静音时间

步骤 03 在“编辑器”面板中，单击下方■按钮，录制“辩证法”音频片段，完成后的“编辑器”面板如图 3-28 所示。

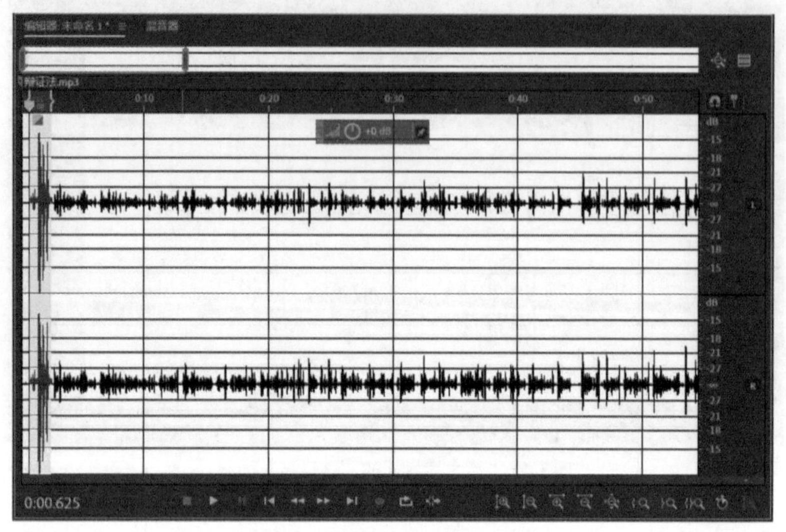

图3-28 录制“辩证法”音频

步骤 04 将时间线定位到“辩证法”与“劳动力商品”录音文件的交界处，插入“持续时间”为“0:03.000”的静音，录制“劳动力商品”音频片段，完成后的“编辑器”面板如图 3-29 所示。

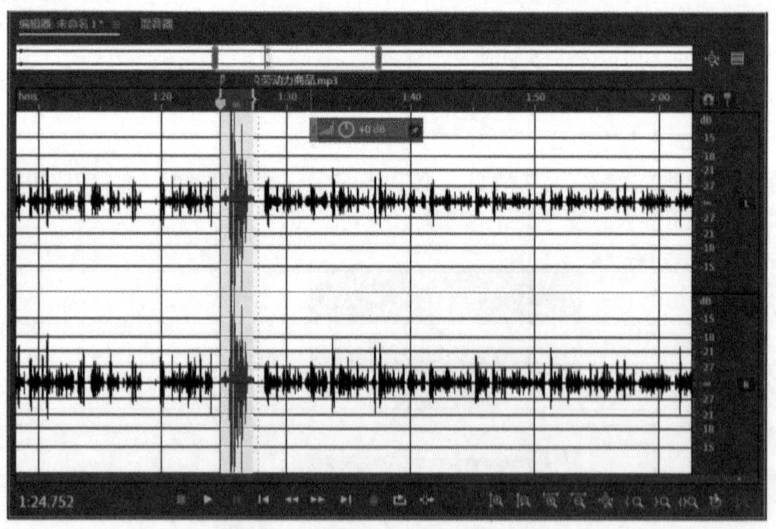

图3-29 录制“劳动力商品”音频

步骤 05 将时间定位到“劳动力商品”与“实践”录音文件的交界处，插入“持续时间”为“0:02.000”的静音，录制“实践”音频片段，完成后的“编辑器”面板如图 3-30 所示。

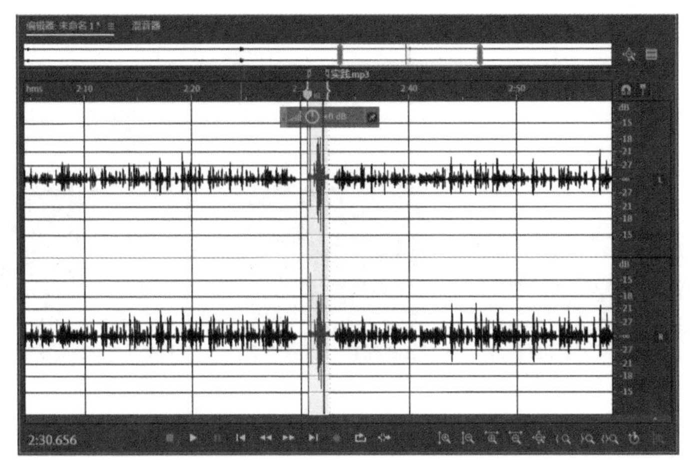
图3-30　录制“实践”音频

步骤 06 将时间线定位到“实践”与“真理与谬误”录音文件的交界处，插入“持续时间”为“0:03.000”的静音，录制“真理与谬误”音频片段，完成后的“编辑器”面板如图 3-31 所示。

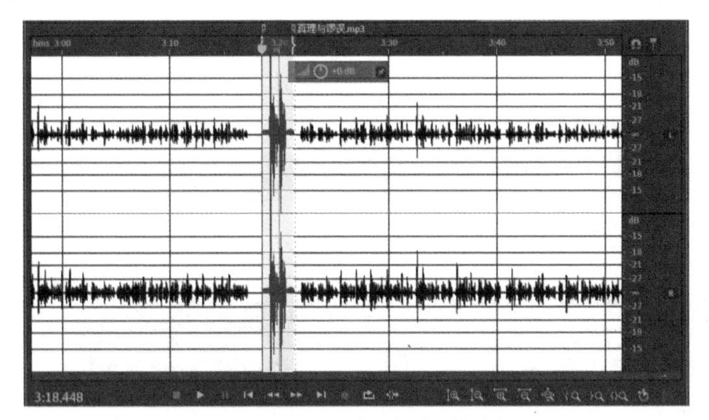
图3-31　录制“真理与谬误”音频

3.3.5　设置音频效果

设置音频效果可以提高音频的识别度，让用户更容易识别音频内容。下面将降低“劳动力商品”录音文件的音调，提高“真理与谬误”录音文件的音调，通过加深不同录音文件的区别来设置音频效果，其具体步骤如下。

步骤 01 在“编辑器”中拖曳鼠标选中“劳动力商品”录音文件，选择【效果】/【时间与变调】/【手动音调更正】菜单命令，打开“效果 - 手动音调更正”对话框，在“音调曲线分辨率”下拉列表框中选择“4096”选项，如图 3-32 所示。

步骤 02 在“编辑器”面板中，在“调节音高”数值框中输入“-200”，如图 3-33 所示，按

“Enter”键调节音高。

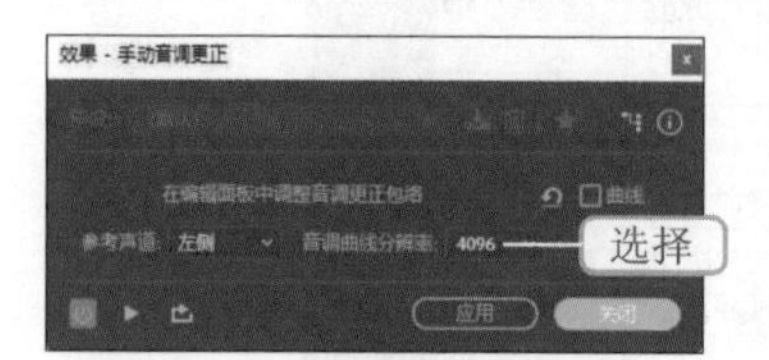

图3-32 调整音调曲线分辨率

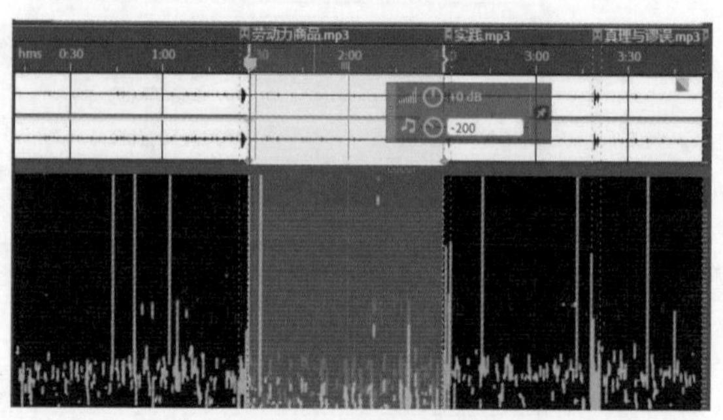

图3-33 调节音高

经验之谈

在设置音频效果时，需保持“效果-手动音调更正”对话框的打开状态，在最终设置完成后再单击 应用 按钮，否则将无法对音高等进行设置。

步骤 03 将时间线定位到“劳动力商品”录音文件开始的位置，将鼠标指针放在“编辑器”面板上方的曲线上，当鼠标指针变为形状时，单击曲线添加一个关键帧；将时间线定位到“1:45.000”的位置，再次单击曲线添加一个关键帧，按住关键帧向下拖曳至“-300cents”，加重声音的厚度，效果如图 3-34 所示。

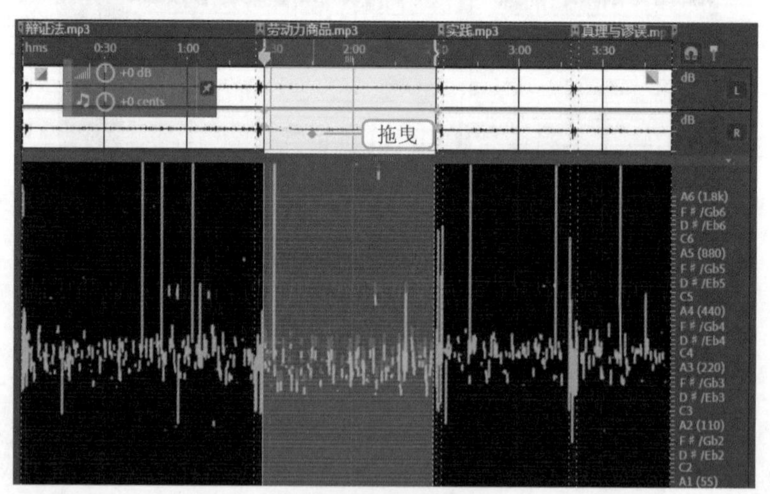

图3-34 加重声音的厚度

步骤 04 将时间线定位到“2:00.000”的位置，单击曲线添加一个关键帧，按住关键帧向上拖曳至“-198cents”，调整声音的柔和度，效果如图 3-35 所示。

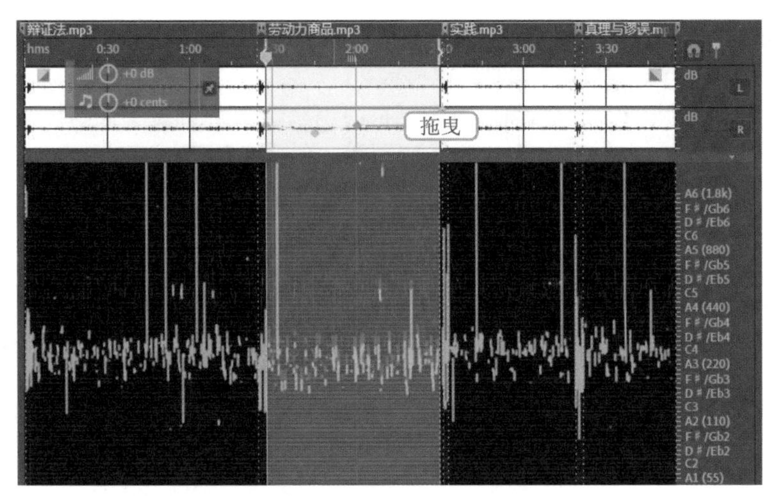

图3-35　调整声音的柔和度

05 在“效果 - 手动音调更正”对话框中，单击 应用 按钮，完成音调的设置。

06 在“编辑器”中拖曳鼠标选中“真理与谬误”录音文件，选择【效果】/【时间与变调】/【变调器】菜单命令，打开“效果 - 变调器”对话框，在“预设”下拉列表框中选择“古怪”选项，如图3-36所示。

07 依次单击曲线上的关键帧，将其拖曳到“6.0半音阶”的位置，如图3-37所示，完成后单击“效果 - 变调器”对话框中的 应用 按钮，完成音调的设置。

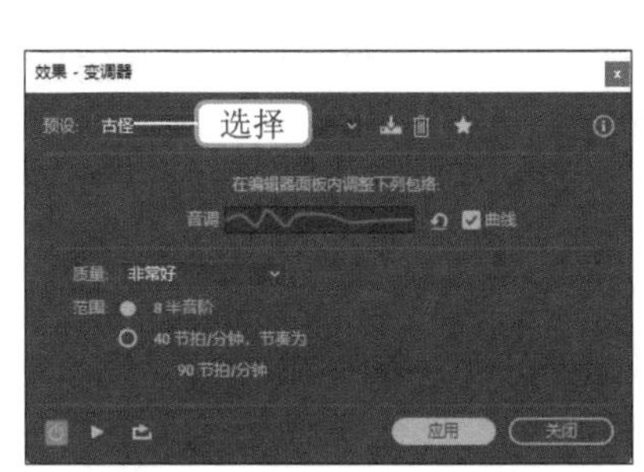

图3-36　“预设-变调器”对话框

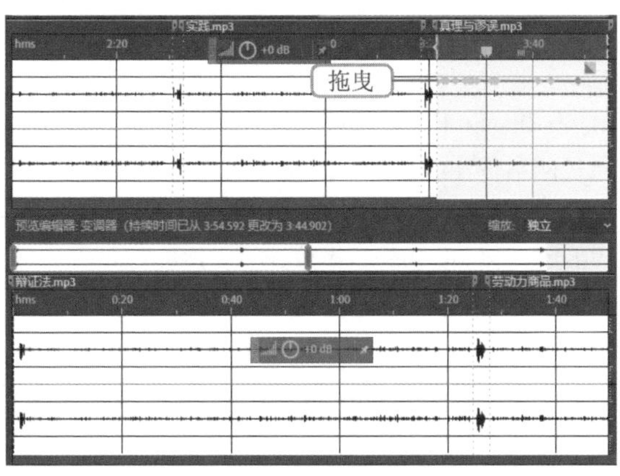

图3-37　完成后的效果

3.3.6　导出合成的音频文件

在对合成的音频文件进行设置后，就可以将最终的音频文件导出，下面将以WAV格式导出合成的音频文件，其具体步骤如下。

01 选择【文件】/【导出】/【文件】菜单命令，打开“导出文件”对话框，在“文件名”文本框中输入“合成音频”，单击

浏览 按钮，打开“另存为”对话框，选择文件存储位置，在“文件名”文本框输入“合成音频”，单击 保存(S) 按钮，如图 3-38 所示。

步骤 02 打开“导出文件”对话框，在对话框的“格式”下拉列表框中选择“Wave PCM (*.wav,*.bwf,*.rf64,*.amb)”选项，如图 3-39 所示，单击 确定 按钮，导出音频文件（配套资源 :\ 效果文件 \ 第 3 章 \ 合成音频）。

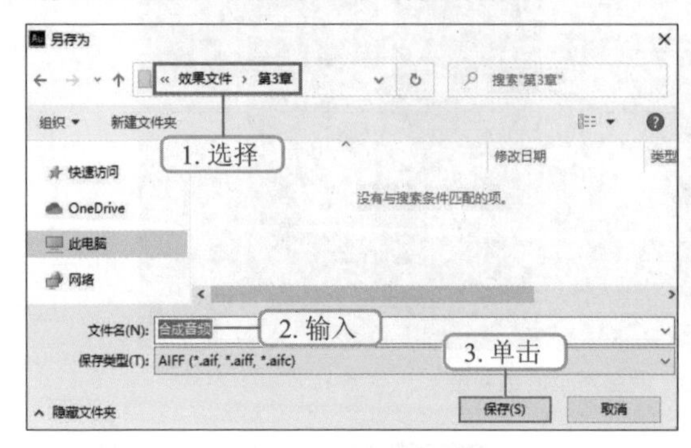

图3-38 选择保存位置

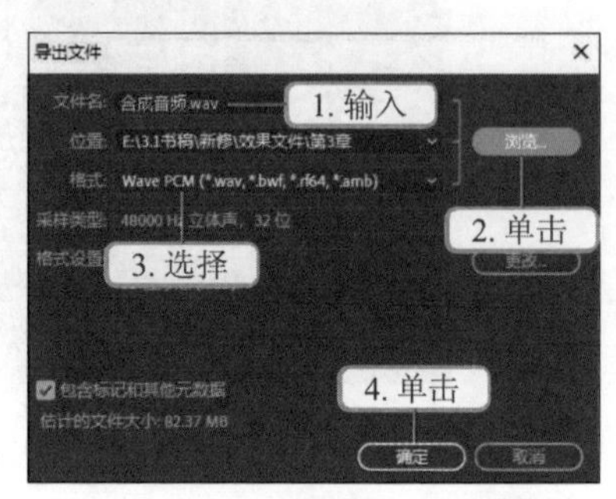

图3-39 “导出文件”对话框

3.4 拓展知识——音频文件的播放

能播放音频文件的软件有很多，除了系统自带的 Windows Media Player 外，还可以下载并安装百度音乐、酷狗音乐和 QQ 音乐等软件，其中，系统自带的 Windows Media Player 是 Microsoft 公司开发的一个功能强大且易于使用的媒体播放器。使用 Windows Media Player 不仅能播放各种音频和视频文件，而且能播放流式 Windows Media 文件，即通过网络传输的音频、视频或混合型多媒体文件。Windows Media Player 支持智能传输，它能监视网络情况并自动进行调整，以确保接收和播放处于最佳状态。下面将对使用 Windows Media Player 播放媒体文件进行介绍。

1. 播放媒体文件

下面将在 Windows Media Player 中播放媒体文件，其具体步骤如下。

步骤 01 在计算机界面左下角单击“开始”按钮 ，在打开的“开始”菜单中选择“Windows Media Player”命令，启动 Windows Media Player 软件，按住“Alt”键，在弹出的菜单中选择【文件】/【打开】菜单命令，如图 3-40 所示。

步骤 02 打开“打开”对话框，选择媒体文件的存放位置，选择要播放的媒体文件，此处选择“辩证法”“劳动力商品”“实践”“真理与谬误”音频文件，如图 3-41 所示，单击 打开(O) 按钮，媒体文件将自动开始播放。

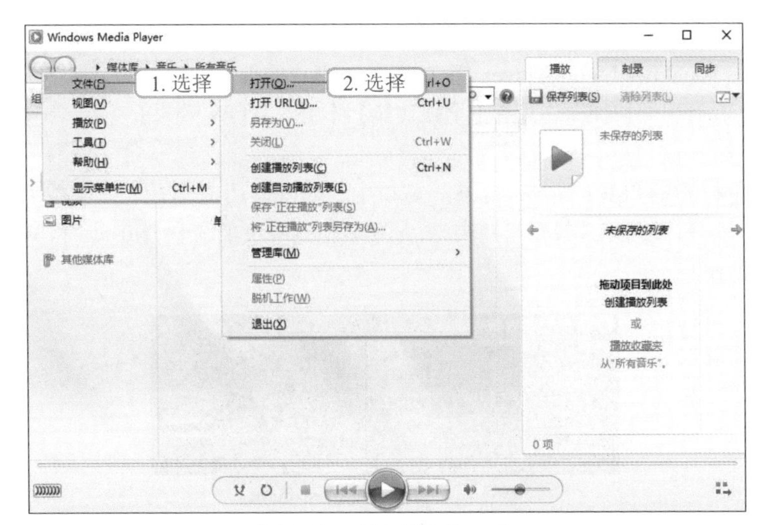

图3-40　选择“打开”命令

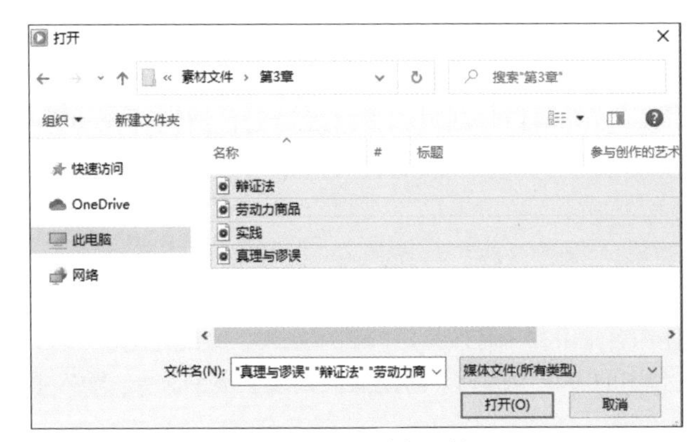

图3-41　打开音频文件

2. 在“媒体库”和“正在播放”之间切换

Windows Media Player 有“媒体库”和“正在播放”两种模式，“媒体库”模式是播放器的默认模式。若要切换为“正在播放”模式，只需单击右下角的“切换到正在播放”按钮即可。“正在播放”模式如图 3-42 所示，若要切换回“媒体库”模式，单击右上角的“切换到媒体库”按钮即可。

图3-42　“正在播放”模式

3. 调整 SRS WOW 效果

Windows Media Player 集成有 SRS WOW 音频增强技术，该技术可通过添加重低音和动态范围来提高音频内容的质量。TruBass 功能则改进了低音效果，能够模拟大型扬声器的效果，加宽声音的环绕效果，使人感到声音是从远处的扬声器传来的。下面将调整 SRS WOW 效果，其具体步骤如下。

步骤 01 在 Windows Media Player“正在播放”模式的窗口中单击鼠标右键，在弹出的快捷菜中选择【增强功能】/【SRS WOW 效果】菜单命令。

步骤 02 在打开的“SRS WOW 效果”窗口中，可以禁用或启用 SRS WOW 效果，也可以选择扬声器类型，还可以拖曳滑块来调整 TruBass 和 WOW 效果，如图 3-43 所示。

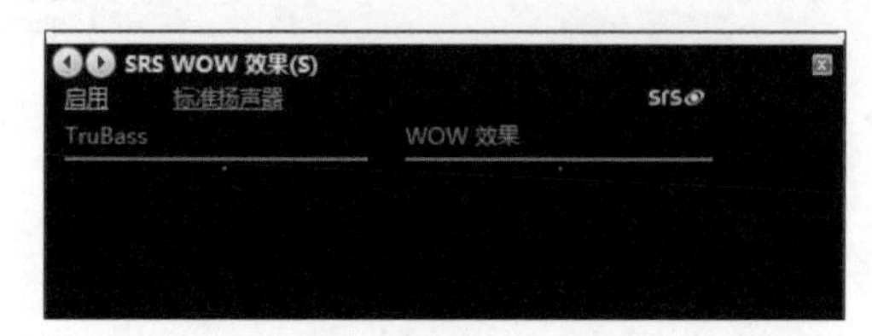

图3-43　调整SRS WOW效果

4. 将媒体文件添加到“媒体库”中

通过翻录音乐可以将 CD 中的媒体文件复制到硬盘并添加到“媒体库”中，首先需要将媒体文件在 Windows Media Player 中打开，然后通过【文件】/【添加到库中】/【添加文件】菜单命令，将媒体文件从 Windows 资源管理器中拖动到“媒体库”窗口中。

5. 创建播放列表

使用“媒体库”可以将 CD 曲目、文件或广播电台等媒体文件的链接添加到播放列表中，并使不同媒体内容集中在一起按指定的顺序播放。要创建播放列表，只需在工具栏中单击 » 按钮，在弹出的菜单中选择【创建播放列表】菜单命令，输入播放列表名称，按“Enter”键即可。

3.5 课后练习

（1）录制一段自我介绍的音频文件。首先打开Audition CC 2019软件，根据自身的情况，录制一段简单的自我介绍，掌握音频的录制方法。

（2）编辑上面录制的自我介绍音频。打开Audition CC 2019软件，打开录制好的音频，对音频中存在的实际问题进行处理，例如消除音频中的杂音、提高人声的清晰度等。

第 4 章

使用Premiere CC 处理视频

随着新媒体技术的发展，视频已经成为新媒体中常用的表现方式，其可以用于产品介绍、活动宣传等多个方面。要对视频文件进行编辑、处理，新媒体从业人员需要借助一定的视频处理软件，其中，Premiere 是一款较为常用且功能完善的视频处理软件。本章将介绍对如何使用 Premiere CC 2019 处理视频进行介绍。

4.1 视频基础知识

视频是新媒体中常见的表现形式，各大新媒体平台上都有大量的视频，只有质量高、内容丰富的视频，才会吸引用户视线。新媒体从业人员在对视频进行处理前，需要先了解基本的视频基础知识，如视频文件格式、视频获取方法、视频制式标准和视频参数。

4.1.1 视频文件格式

视频文件格式有很多种，常见的包括 AVI 格式、MOV 格式、MPEG 格式、DAT 格式、WMV 格式、DivX/xvid 格式、DV 格式、MKV 格式、RM/RMVB 格式、MOD 格式、ASF 格式、3GP 格式、FLV 格式和 F4V 格式。

● AVI 格式。AVI 格式是一种将视频信息与同步音频信息一起存储的常用多媒体文件格式。它以帧作为存储动态视频的基本单位，在每一帧中，都是先存储音频数据，再存储视频数据，音频数据和视频数据相互交叉存储。播放时，音频流和视频流交叉使用处理器的存取时间，保持同期同步。通过 Windows 的对象链接与嵌套技术，AVI 格式的动态视频片段可以嵌入任何支持对象链接与嵌套的 Windows 应用程序中。

● MOV 格式。MOV 格式是 QuickTime 视频处理软件所选用的视频文件格式。

● MPEG 格式。MPEG 格式是基于运动图像压缩算法的国际标准的格式，拥有 MPEG-1、MPEG-2 和 MPEG-4 这 3 种压缩标准。其中，MPEG-1 和 MPEG-2 目前已较少使用，MPEG-4 则是为播放流式媒体的高质量视频设计的，能够保存接近于 DVD 画质的小体积视频文件。

● DAT 格式。DAT 格式是 VCD 和卡拉 OK CD 数据文件的扩展名，也是 MPEG 压缩方法的一种文件格式。

● WMV 格式。WMV 格式是 Microsoft 公司开发的一组数位视频编解码格式的通称，ASF 是其封装格式。ASF 封装的 WMV 具有“数位版权保护”功能。

● DivX/xvid 格式。该格式是一项类似于 MP3 的数字多媒体压缩技术。通过 DSL 或 CableModen 等宽带设备，用户可以欣赏到全屏的高质量数字电影，同时可以在其他设备（如数字电视、手机）上观看，该格式对设备的要求不高。该格式的文件小，图像质量好。

● DV 格式。DV 通常指用数字格式捕获和存储视频的设备（如便携式摄像机），而 DV 格式就是这些设备拍摄的视频的格式，可分为 DV 类型Ⅰ和 DV 类型Ⅱ两种 AVI 文件。其中 DV 类型Ⅰ的数字视频 AVI 文件包含原始的视频和音频信息，DV 类型Ⅰ文件通常小于 DV 类型Ⅱ文件，并且与大多数 A/V 设备兼容，如 DV 便携式摄像机和录音机。DV 类型Ⅱ的数字视频 AVI 文件包含原始的视频和音频信息，同时还包含作为 DV 音频副本的单独音轨。DV 类型Ⅱ比 DV 类型Ⅰ兼容的软件更加广泛，因为大多数使用 AVI 文件的程序都希望使用单独的音轨。

● MKV 格式。MKV 是一种新的多媒体封装格式，这个封装格式可把多种不同编码的视频及 16 条或以上不同格式的音频和语言不同的字幕封装起来。它也是一种开放源代码的多媒体封装格式。MKV 格式同时还可以提供非常好的交互功能，比 MPEG 更加方便。

● RM/RMVB 格式。该格式是由 RealNetworks 开发的一种档容器。它通常只能容纳 Real Video 和 Real Audio 编码的媒体。其中，RM 是可变比特率的 RMVB 格式，体积很小，受到网络下载者的欢迎。

● MOD 格式。MOD 格式是日本胜利公司生产的硬盘摄录机所采用的存储格式。

● ASF 格式。ASF 格式是一种可以直接在网上观看视频节目的文件压缩格式，可以直接使用 Windows 自带的 Windows Media Player 对这种格式的文件进行播放。它使用了 MPEG-4 的压缩算法，其压缩率和图像质量都很不错。由于 ASF 是以一种可以在网上即时观赏的视频流格式存在的，所以其图像质量比 VCD 差，但比同是视频流格式的 RAM 格式要好。

● 3GP 格式。3GP 格式是“第三代合作伙伴项目”制定的一种多媒体标准格式，即一种 3G 流媒体的视频编码格式。目前，大部分支持视频拍摄的手机都支持 3GP 格式的视频播放。

● FLV 格式。FLV 是 Flash Video 的简称，也是一种视频流媒体格式。由于它形成的文件较小、加载速度很快，使得用网络观看视频文件成为可能。它的出现有效地解决了视频文件导入 Flash 后再导出的 SWF 文件体积庞大，不能在网络上很好地使用等缺点，其应用较为广泛。

● F4V 格式。F4V 格式是高清流媒体格式，文件小且清晰，更利于网络传播，已逐渐取代 FLV 格式，其不需要通过转换等复杂的方式，且已被大多数主流播放器兼容播放。相比于传统的 FLV 格式，F4V 格式在同等体积下，能够实现更高的分辨率，并支持更高比特率。但由于 FAV 格式是新兴的格式，目前各大视频网站采用的 FAV 格式标准非常之多，也决定了 F4V 格式相比于传统 FLV 格式，兼容能力还相对较弱。

4.1.2 视频获取方法

一般而言，需要处理的视频可以通过拍摄、录制，或从光盘和视频网站中获取，下面分别进行介绍。

● 拍摄视频。通过手机、iPad 和摄像机等能够录制视频的工具录制视频，并保存至移动设备中，再将移动设备与计算机连接，就可以将拍摄的视频导入计算机。

● 录制视频。将摄像头连接至计算机，打开录制视频的软件，直接将录制好的视频保存至计算机中。

视频拍摄

● 从光盘、视频网站获取视频。若视频存储在光盘中，可以直接将光盘插入计算机，再将视频文件导入计算机；若视频在视频网站中，则可通过合法的途径下载视频。

4.1.3 视频制式标准

为了使视频能够成功播放，新媒体从业人员应该在制作视频前，了解视频的制式标准。目前，国际上流行的视频制式标准主要有 NTSC 制式、PAL 制式和 SECAM 制式。

1. NTSC 制式

NTSC 制式是 1953 年美国研制成功的一种兼容的彩色电视制式。它规定的视频标准为：每秒 30 帧，每帧 525 行，水平分辨率为 240 ～ 400 个像素点，采用隔行扫描，场频为 60Hz，行频为 15.634kHz，宽高比例为 4 ：3。

NTSC 制式的特点是用两个色差信号（R-Y）和（B-Y）分别对频率相同而相位相差 90°的两个副载波进行正交平衡调幅，再次将已调制的色差信号叠加，穿插到亮度信号的高频端。

2. PAL 制式

PAL 制式是 1962 年制定的一种电视制式。它规定的视频标准为：每秒 25 帧，每帧 625 行，水平分辨率为 240 ～ 400 个像素点，隔行扫描，场频为 50Hz，行频为 15.625kHz，宽高比例为 4 ：3。

PAL 制式的特点是同时传送两个色差信号（R-Y）与（B-Y），不过（R-Y）是逐行倒相的，它和（B-Y）信号对副载波进行正交调制。该制式采用逐行倒相的方法，若在传送过程中发生相位变化，因相邻两行相位相反，可以起到相互补偿的作用，从而避免了相位失真引起的色调改变。

3. SECAM 制式

SECAM 制式是法国于 1965 年提出的一种标准。它规定的视频标准为：每秒 25 帧，每帧 625 行，隔行扫描，场频为 50Hz，行频为 15.625kHz，宽高比例为 4 ：3。上述指标均与 PAL 制式相同，区别主要在色差信号的处理上。

SECAM 制式的特点是两个色差信号是逐行依次传送的，因此在同一时刻，传输通道内只存在一个信号，不会出现串色现象，两个色度信号不对副载波进行调制，而是对两个频率不同的副载波进行调制，再把两个已调副载波逐行轮换插入亮度信号高频端，从而形成彩色图像视频信号。

4.1.4 视频参数

常见的视频参数有视频分辨率、帧速率、编码率和时间码等。

● 视频分辨率。视频分辨率是指视频图像在一个单位尺寸内的精密度，又称为视频解析度或解像度，它决定了视频图像细节的精细程度，是影响视频质量的重要因素之一。常见的视频分辨率有 720P、1080P、2K 和 4K。其中，720P 是指 1280 像素 ×720 像素的分辨率，表示视频水平方向有 1280 个像素，垂直方向有 720 个像素，即常说的“高清”；1080P 是指 1920 像素 ×1080 像素的分辨率，表示视频水平方向有 1920 个像素，垂直方向有 1080 个像素，即常说的“超清”；2K 是指水平方向的像素达到 2000 像素以上的分辨率，主流的 2K 分辨率有 2560 像素 ×1440 像素和 2048 像素 ×1080 像素，常用于数字影院放映机；4K 是指水平方向每行像素达到或接近 4096 个像素，多数情况下特指 4096 像素 ×2160 像素的分辨率。

● 帧速率。帧速率是指每秒显示图片的帧数，单位为 fps。对影片内容而言，帧速率是指每秒所显示的静止帧格数。要想生成平滑连贯的动画效果，帧速率一般不小于 8fps；电影的帧速率多为 24fps；目前国内电视使用的帧速率为 25fps。理论上，捕捉动态内容时，帧速率越高，视频越清晰，所占用的空间也越大。帧速率对视频的影响主要取决于播放时所使用的帧速率大小。若拍摄了 8fps 的视频然后以 24fps 的帧速率播放，则是快放的效果。

相反，若用高速功能拍摄96fps的视频，然后以24fps的帧速率播放，其播放速率将放慢4倍，视频中的所有动作将会变慢，如电影中常见的慢镜头播放效果。

- 编码率。编码率是指视频文件在单位时间内使用的数据流量，能够控制视频编码画面质量。一般来说，视频文件编码率越大，压缩比例就越小，画面质量也就越好。
- 时间码。时间码是指摄像机在记录图像信号的时候，针对每一幅图像记录的时间编码，是一种应用于流的数字信号。

4.2 实战——导入“萌宠生活”短视频相关素材

随着社会的发展，人们的工作、生活节奏越来越快，而对娱乐的需求却只增无减，这使得短视频这类具有碎片化优点的内容表现形式成为新媒体应用中的热门。在制作短视频前，新媒体从业人员需要将已拍摄好的短视频相关素材导入短视频剪辑软件中，并对其进行简单的管理、插入等，最后再播放短视频。

4.2.1 新建视频文件

导入短视频相关素材的首要步骤就是新建视频文件，其具体步骤如下。

步骤01 单击计算机桌面左下角“开始”按钮，在打开的“开始”菜单中选择“Premiere CC 2019”命令，启动Premiere CC 2019软件，在打开的“主页”页面中，单击新建项目...按钮，如图4-1所示。

步骤02 打开“新建项目”对话框，在“名称”文本框中输入“萌宠生活”，在“位置”文本框选择文件存储位置，单击确定按钮，如图4-2所示，即可新建视频文件项目“萌宠生活”。

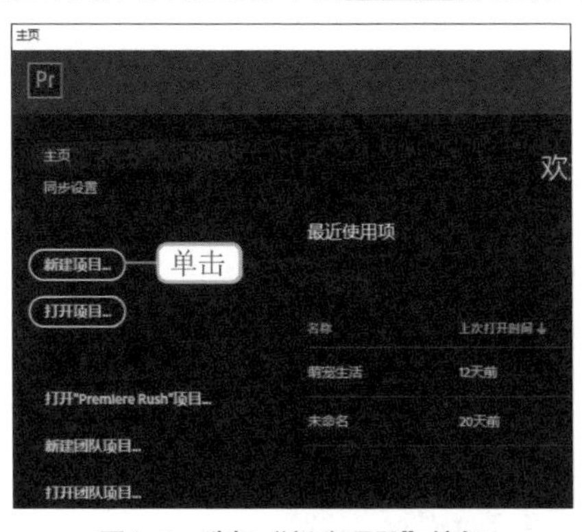

图4-1 选择“新建项目”按钮

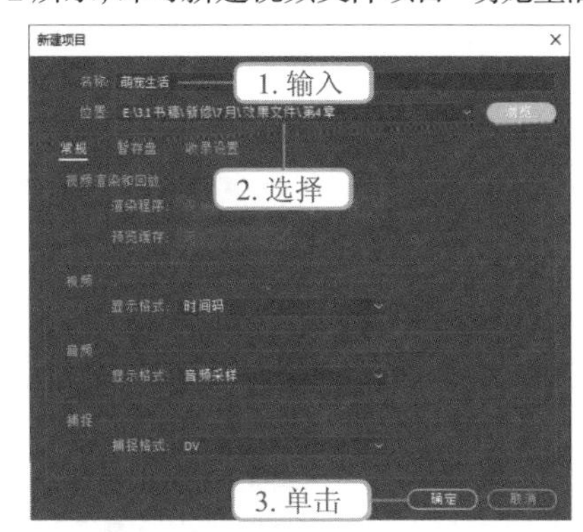

图4-2 “新建项目”对话框

4.2.2 导入短视频素材

下面将在新建的视频文件中导入相关短视频素材，包括萌宠生活1、萌宠生活2和萌宠生活3，其具体步骤如下。

步骤01 选择【文件】/【导入】菜单命令，打开“导入”对话框，选择“萌宠生活 1”“萌宠生活 2”“萌宠生活 3”素材文件(配套资源:\素材文件\第 4 章\萌宠生活 1、萌宠生活 2、萌宠生活 3)，如图 4-3 所示，单击 打开(O) 按钮，即可将素材文件导入到软件中。

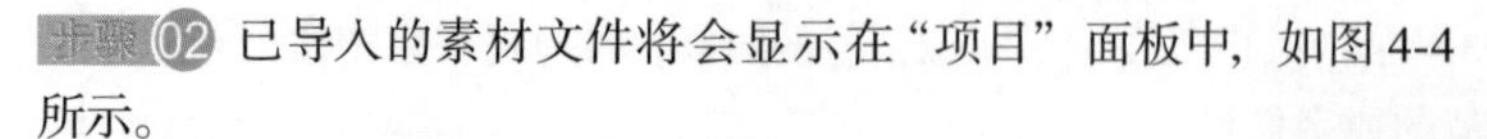

步骤02 已导入的素材文件将会显示在“项目”面板中，如图 4-4 所示。

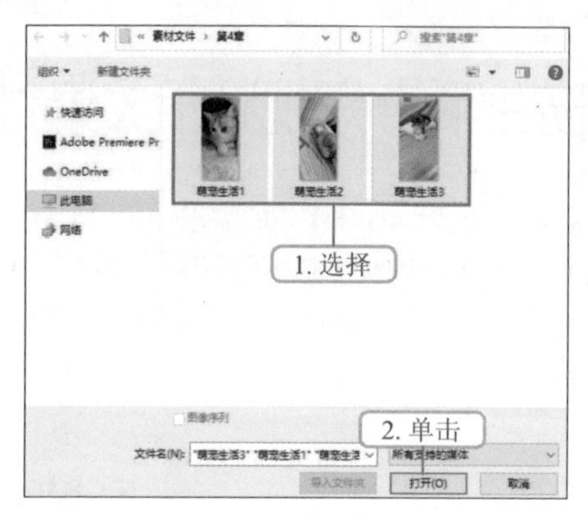

图4-3 选择文件

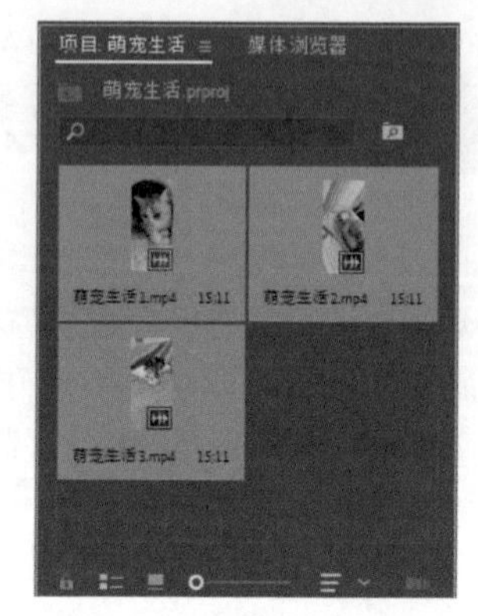

图4-4 “项目”面板

4.2.3 管理短视频素材

导入视频素材后，需要对视频素材进行管理，如建立序列、在源监视器中打开等，以方便后续编辑。下面将为萌宠生活 1 素材创建序列，并将该视频素材在源监视器中打开，其具体步骤如下。

步骤01 在“项目”面板中，单击选中“萌宠生活 1”素材文件，按住鼠标不放，将其拖曳至“时间轴”面板中，将建立“萌宠生活 1”时间序列，且同时将在“节目”面板中显示短视频内容，如图 4-5 所示。

图4-5 建立时间序列

步骤 02 在“项目”面板“萌宠生活 1”素材文件上单击鼠标右键，在弹出的快捷菜单中选择“在源监视器中打开”命令，该素材文件将在“源”面板中打开，如图 4-6 所示。

图4-6 在源监视器中打开的视频素材文件

4.2.4 插入短视频素材

为方便编辑短视频，下面将“萌宠生活 2”“萌宠生活 3”素材文件依次插入“萌宠生活 1”时间序列中，其具体操作如下。

步骤 01 在“项目”面板中单击选中“萌宠生活 2”文件，单击鼠标右键，在弹出的快捷菜单中选择“在源监视器中打开”命令，将“萌宠生活 2”素材文件在“源”面板中打开，单击下方按钮，即将“萌宠生活 2”素材文件插入“萌宠生活 1”时间序列中，效果如图 4-7 所示。

步骤 02 单击选中“萌宠生活 3”素材文件，单击“项目”面板右下角“自动匹配序列”按钮，打开“序列自动化”对话框，在“顺序”下拉列表框中选择“排序”选项，在“放置”下拉列表框中选择“按顺序”选项，在“方法”下拉列表框中选择“插入编辑”选项，如图 4-8 所示，单击 确定 按钮。

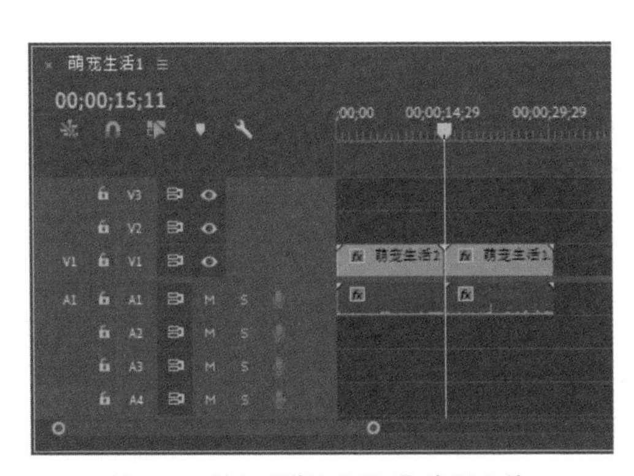

图4-7 插入“萌宠生活2”素材文件

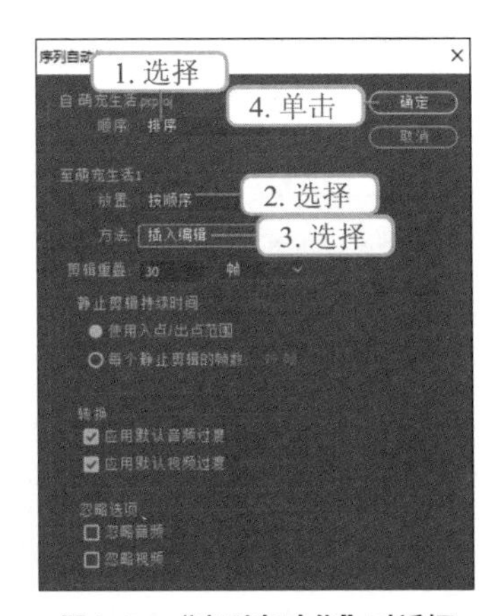

图4-8 “序列自动化”对话框

步骤 03 此时，“萌宠生活 1” 时间序列中素材文件顺序为“萌宠生活 2”“萌宠生活 3”“萌宠生活 1”，如图 4-9 所示。单击选中“萌宠生活 2” 序列，按住鼠标不放，将其拖曳到“萌宠生活 1” 后，调整时间序列中的素材文件顺序为“萌宠生活 1”“萌宠生活 2”“萌宠生活 3”，如图 4-10 所示。

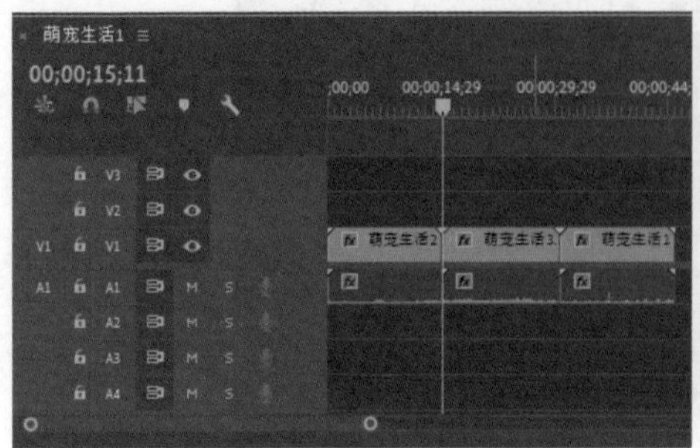

图4–9 插入素材后的时间序列

图4–10 调整顺序后的时间序列

4.2.5 播放短视频素材

为方便后续对素材视频的编辑，在创建时间序列后，可以先在“节目”面板中，播放素材文件，并在合适的地方添加标记，其具体步骤如下。

步骤 01 在“节目”面板中，单击下方按钮，播放素材文件，在恰当的位置，单击按钮，停止播放，通过单击按钮或按钮，确定标记的位置，单击按钮添加标记。此处分别在时间线为“00;00;02;04”“00;00;04;12”“00;00;05;02”“00;00;06;08”“00;00;07;25”“00;00;14;26”“00;00;20;00”“00;00;20;12”“00;00;24;18”“00;00;43;20”“00;00;45;08”的位置添加标记，效果如图 4-11 所示。

步骤 02 再次播放素材文件，在恰当的位置，通过单击按钮、按钮或按钮确定位置，单击按钮或按钮，为素材文件添加入点或出点标记，此处在时间线为“00;00;00;16”的位置添加入点标记，在时间线为“00;00;45;19”的位置添加出点标记，效果如图 4-12 所示。

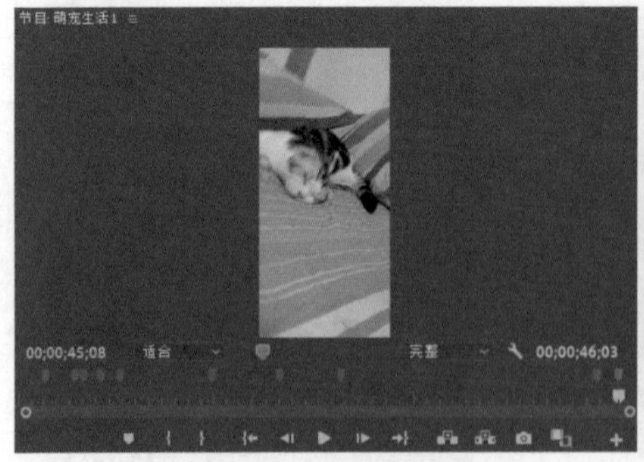

图4–11 添加标记后的“节目”面板

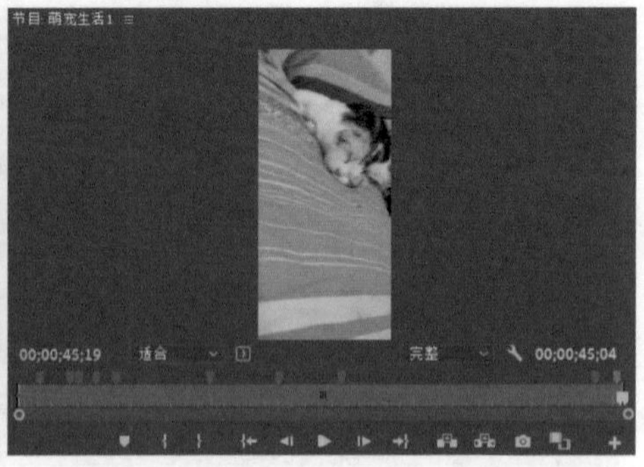

图4–12 添加入点和出点后的“节目”面板

4.3 实战——编辑“萌宠生活”短视频

在对短视频素材进行编辑时，新媒体从业人员需要对短视频素材文件进行选择、剪切、编组、嵌套等操作，再设置短视频的转场效果、播放时间、速度、位置等，以提升短视频的视觉效果。下面将对短视频编辑进行介绍。

4.3.1 选择并剪切素材

选择并剪切素材

在编辑短视频时，新媒体从业人员可以根据已添加的标记，选择并剪切素材，然后根据需要删除相应素材，再移动素材位置，其具体步骤如下。

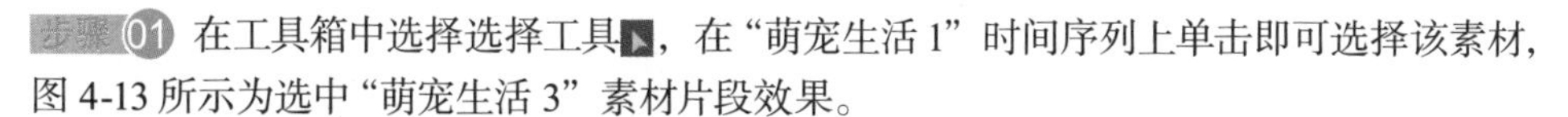

步骤 01 在工具箱中选择选择工具，在“萌宠生活 1”时间序列上单击即可选择该素材，图 4-13 所示为选中“萌宠生活 3”素材片段效果。

步骤 02 在“节目”面板中，单击按钮，定位到入点位置，在工具箱中选择剃刀工具，在“萌宠生活 1”时间序列上，单击该位置，即可进行剪切。在“节目”面板中，依次单击选中除“00;00;02;04”位置之外的标记，使用剃刀工具对其进行剪切，完成后的效果如图 4-14 所示。

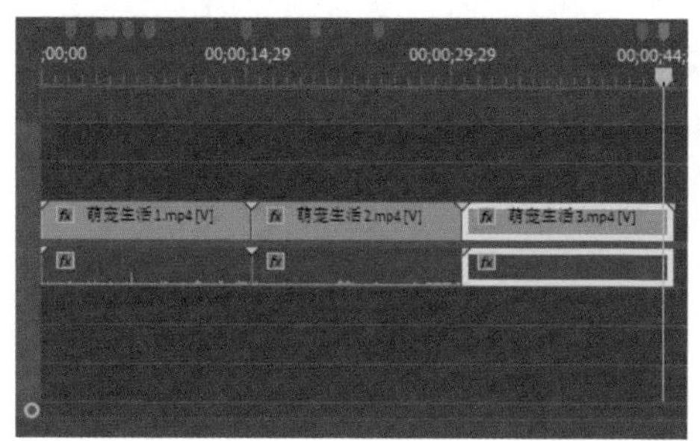

图4–13 选择“萌宠生活3”素材片段

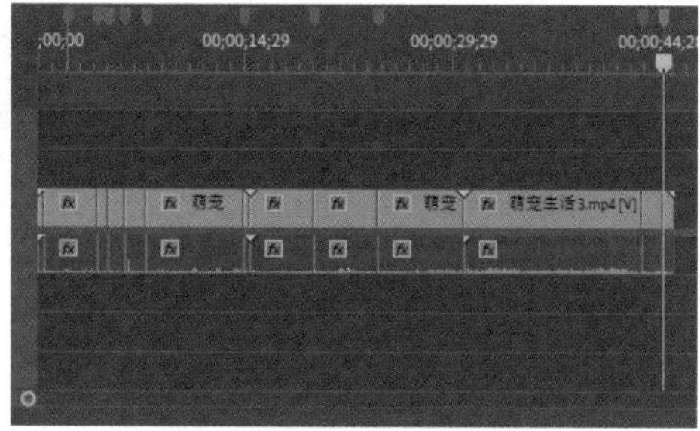

图4–14 剪切后的时间序列

步骤 03 再次选择选择工具，单击选中入点前的素材片段，单击鼠标右键，在弹出的快捷菜单中选择“清除”命令，即可删除该片段。单击选中剩余片段中第 2 个、第 4 个和最后 2 个素材片段，使用同样的方法删除该片段，完成后的效果如图 4-15 所示。

步骤 04 在“节目”面板的进度条上单击鼠标右键，在弹出的快捷菜单中选择“清除入点和出点”命令，删除设置的入点和出点；再次单击鼠标右键，在弹出的快捷菜单中选择“清除所有标记”命令，删除已添加的标记。依次单击选中剩下的素材片段，拖曳鼠标使其在时间序列上连续显示，其效果如图 4-16 所示。

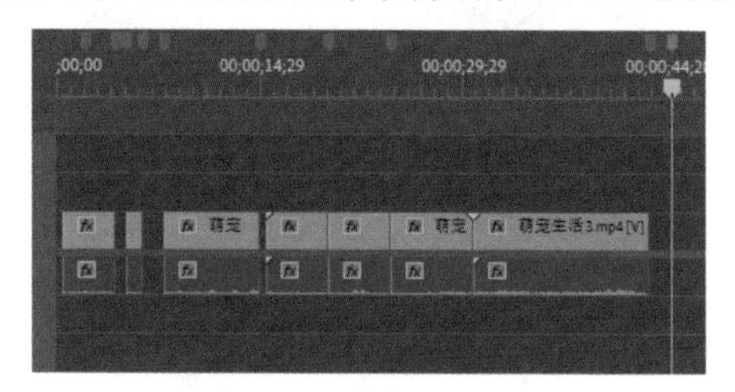

图4–15 删除素材片段

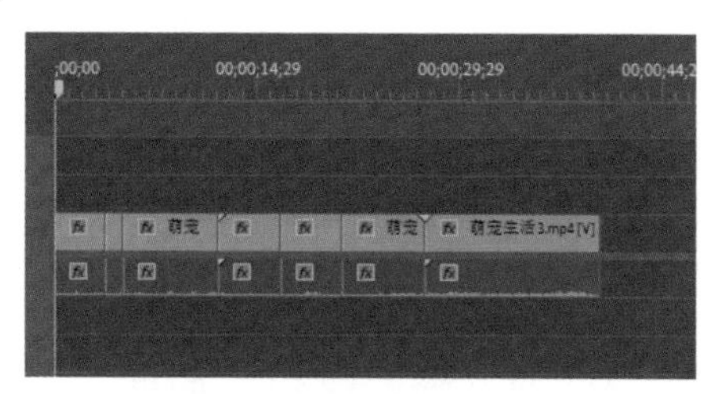

图4–16 移动素材位置

4.3.2 编组短视频素材

剪切后的时间序列中还包含许多素材片段，为方便后续编辑短视频，可对这些素材片段进行编组，下面将对“萌宠生活 1”有关的素材片段进行编组，其具体步骤如下。

步骤 01 按住“Shift”键不放,在时间序列中依次单击选中属于“萌宠生活 1”素材文件的片段，单击鼠标右键，在弹出的快捷菜单中选择“编组”命令，如图 4-17 所示，即可进行编组。

步骤 02 单击任意已编组的素材片段，可发现会选中整个已编组的片段，如图 4-18 所示。

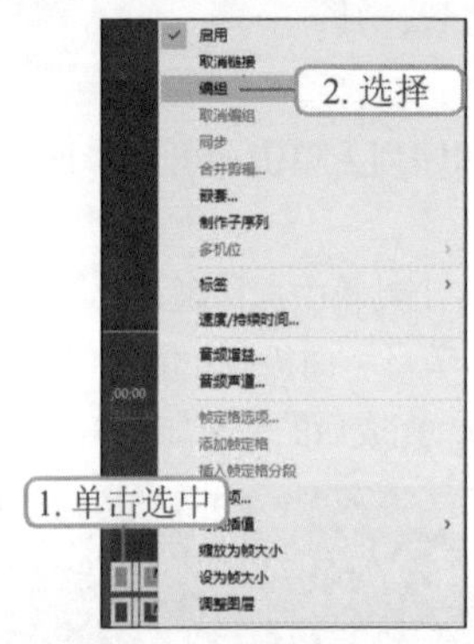

图4-17 “编组”命令

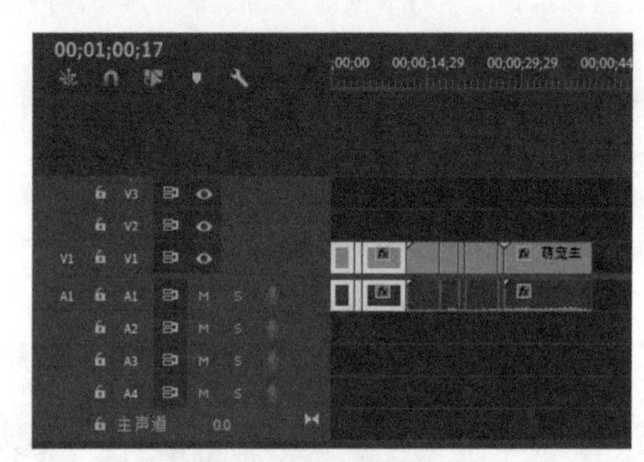

图4-18 选中已编组片段

4.3.3 嵌套短视频素材

对短视频素材进行嵌套处理之后，就能够同时对嵌套序列里的素材片段进行处理，节省了视频处理的时间和精力，也便于后期特效的添加等。下面将对同属于“萌宠生活 2”素材文件的素材片段进行嵌套处理，其具体步骤如下。

步骤 01 按住“Shift”键不放，在时间序列中依次单击选中属于“萌宠生活 2”素材的片段，单击鼠标右键，在弹出的快捷菜单中选中“嵌套”命令，打开“嵌套序列名称”对话框，如图 4-19 所示，单击 确定 按钮，即可创建嵌套序列。

步骤 02 创建完成后，“时间轴”面板中的“时间序列”效果如图 4-20 所示。

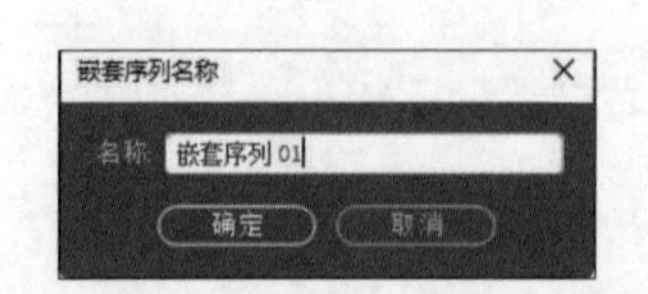

图4-19 “嵌套序列名称”对话框

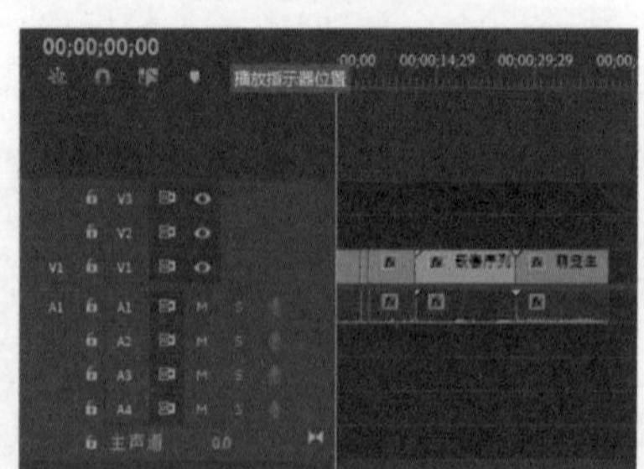

图4-20 “时间序列”效果

4.3.4 设置转场效果

剪切后的短视频素材衔接较为生硬，因此，需要设置一定的转场效果进行美化，下面将在“萌宠生活”视频文件中设置转场效果，其具体步骤如下。

步骤01 在编辑区上方单击“效果”选项卡，在右侧“效果”面板中单击“视频过渡”左侧的下拉按钮，在打开的下拉列表中单击“3D 运动”左侧的下拉按钮，选择“立方体旋转”选项，如图 4-21 所示，按住鼠标将其拖曳至时间线为“00;00;03;25”的位置，为该位置添加“立方体旋转”转场效果。

步骤02 在“萌宠生活 1”时间序列上单击选中“立方体旋转”效果，在“效果控件”面板中的“对齐”下拉列表框中选择“起点切入”选项，如图 4-22 所示。

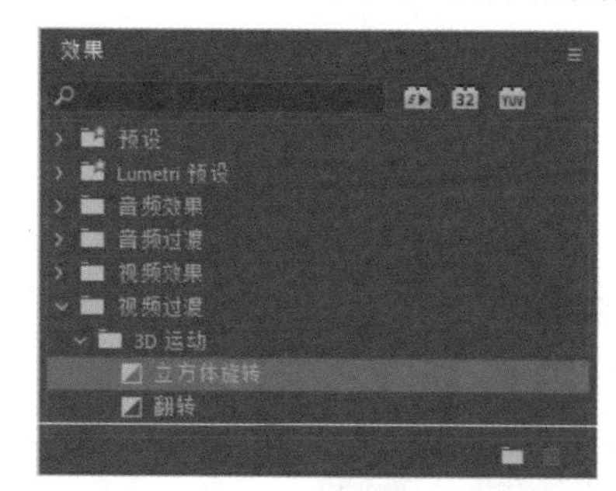

图4-21 添加“立方体旋转”转场效果

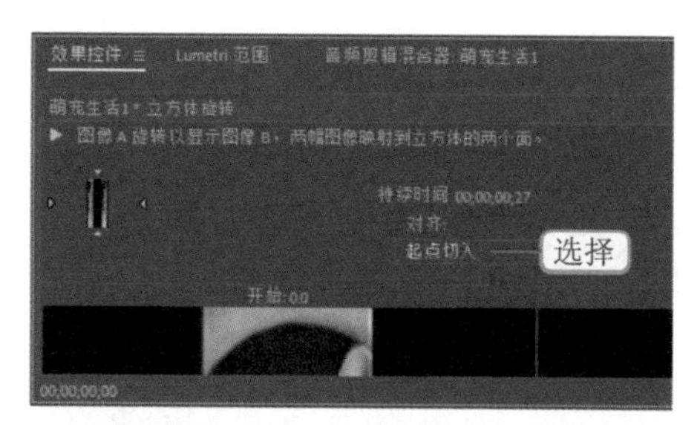

图4-22 设置“立方体旋转”效果

步骤03 单击“视频过渡”中“划像”左侧的下拉按钮，选择“菱形划像”选项，将其拖曳至时间线为“00;00;05;02”的位置，为该位置添加“菱形划像”转场效果，如图 4-23 所示。

步骤04 单击选中“菱形划像”效果，在“效果控件”面板中设置“对齐”为“起点切入”，在“消除锯齿品质”下拉列表框中选择“高”选项，如图 4-24 所示。

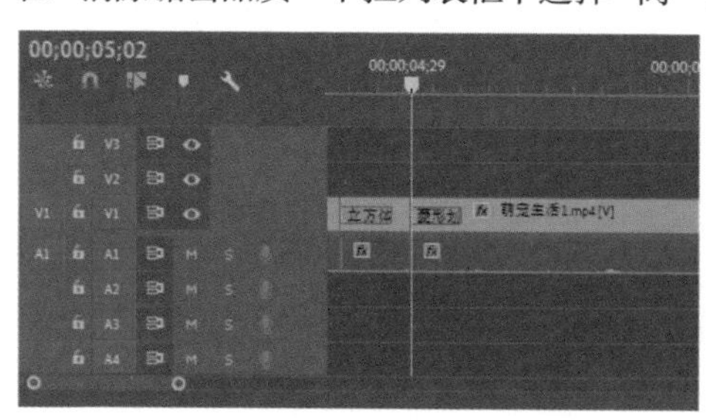

图4-23 添加“菱形划像”转场效果

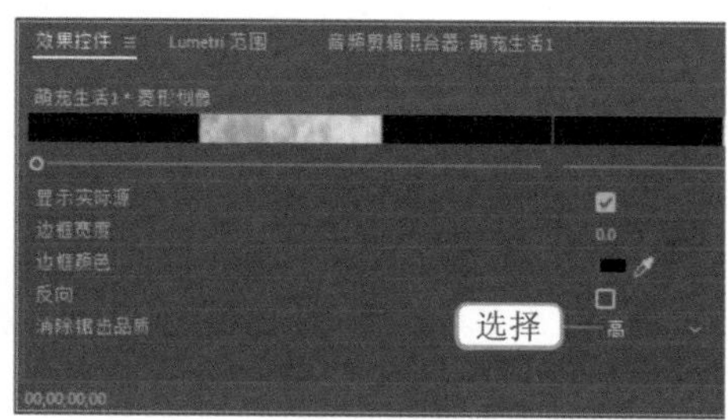

图4-24 设置“菱形划像”效果

步骤05 单击“视频过渡”中“擦除”左侧的下拉按钮，选择“双侧平推门”选项，将其拖曳至时间线为“00;00;11;27”的位置，为该位置添加“双侧平推门”转场效果，如图 4-25 所示。

步骤06 单击选中“双侧平推门”效果，在“效果控件”面板中设置“对齐”为“中心切入”，

“边框宽度”为“0.2”，“边框颜色”为“#E5E5E2”，如图 4-26 所示。

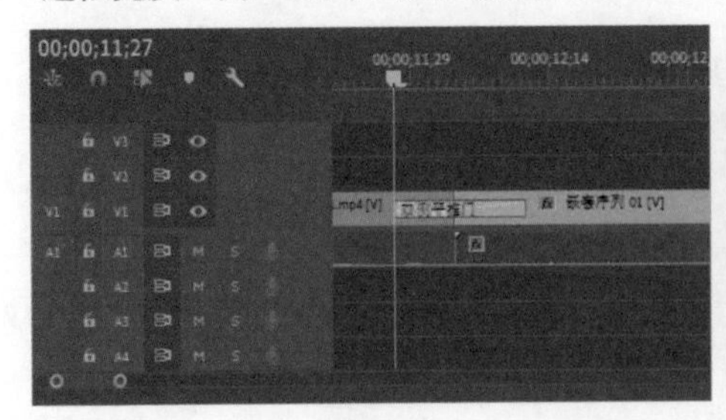

图4–25　添加“双侧平推门”转场效果

图4–26　设置“双侧平推门”效果

步骤07 单击“视频过渡”中“滑动”左侧的下拉按钮，选择“拆分”选项，将其拖曳至时间线为“00;00;26;18”的位置，为该位置添加“拆分”转场效果，如图 4-27 所示。

步骤08 单击选中“拆分”效果，在左上角的“效果控件”面板中，设置“对齐”为“终点切入”，单击选中“反向”复选框，如图 4-28 所示。

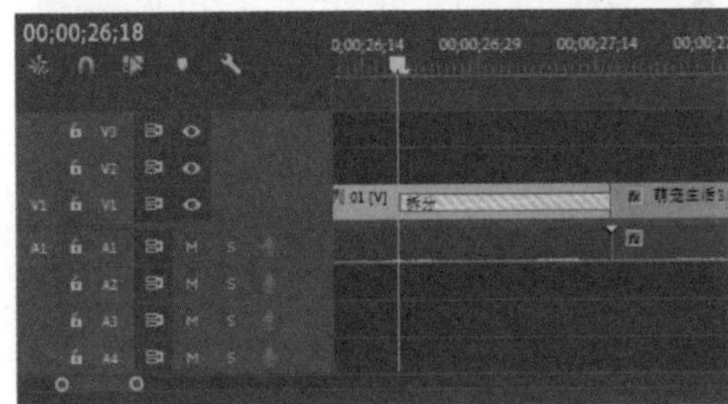

图4–27　添加“拆分”转场效果

图4–28　设置“拆分”效果

4.3.5　添加短视频特效

为短视频添加特效能够丰富短视频的视觉效果，提高短视频的吸引力。下面将为“萌宠生活”视频添加特效，其具体步骤如下。

步骤01 单击选中“萌宠生活 1”编组素材，单击鼠标右键，在弹出的快捷菜单中选择“取消编组”命令，如图 4-29 所示。

步骤02 在“效果”面板中单击“视频效果”左侧的下拉按钮，单击“生成”栏左侧的下拉按钮，选择“镜头光晕”选项，按住鼠标将其拖曳至第 1 个素材片段中，如图 4-30 所示。

经验之谈

已编组的素材在添加视频效果时，无法对效果进行编辑，因此需要先取消编组。

步骤03 在“效果控件”面板中，单击“镜头光晕”左侧的下拉按钮，选择“光晕中心”选项，在“节目”面板中，将控制点移至猫咪右侧眼角处，如图 4-31 所示。

步骤04 单击“光晕亮度”左侧的下拉按钮，拖动滑块至“95%”处，如图 4-32 所示。

图4-29 取消编组

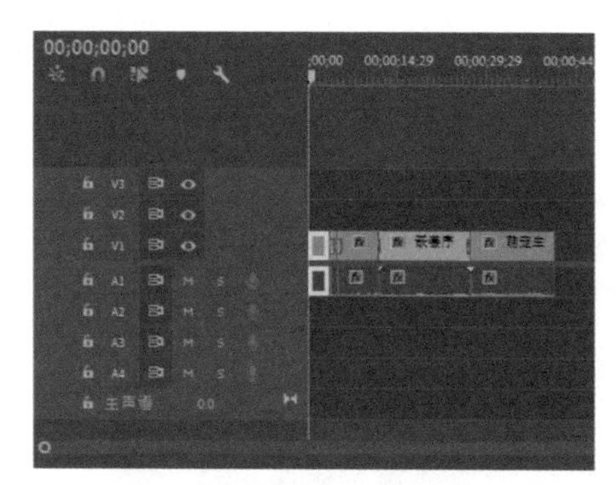

图4-30 添加“镜头光晕”特效

图4-31 设置“镜头光晕”

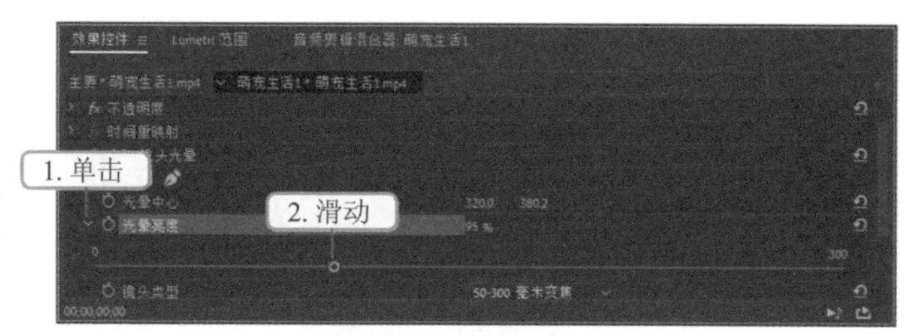

图4-32 设置光晕亮度

步骤 05 在“节目”面板中单击▶按钮，即可预览视频效果，该效果如图 4-33 所示。

步骤 06 为第 2 个素材片段添加“透视”栏的“基本 3D”特效，在“效果控件”面板中，展开“基本 3D”选项，设置“旋转”为“64.0° ”，效果如图 4-34 所示。

步骤 07 单击“旋转”栏左侧⏱按钮，在右侧拖曳时间线至“00;00;05;00”的位置，设置“旋转”为“0.0° ”，如图 4-35 所示。在“节目”面板中单击▶按钮，即可预览视频效果。

图4-33 视频效果

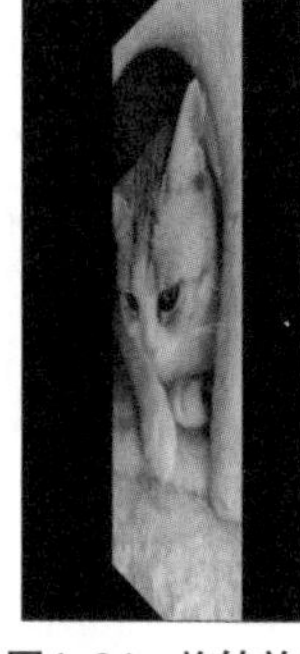

图4-34 旋转效果

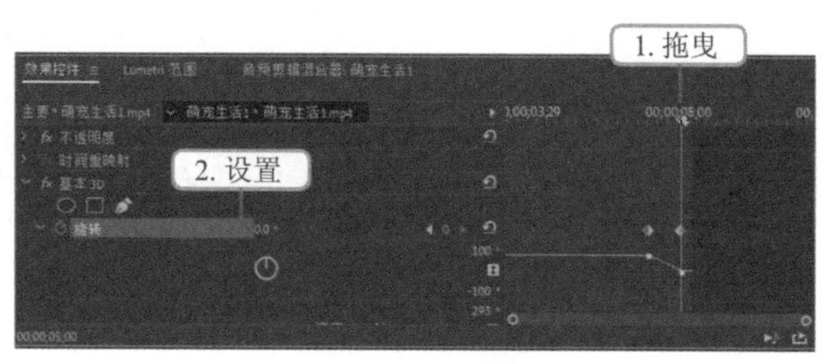

图4-35 设置旋转

步骤 08 为第 3 个素材片段添加“扭曲”栏的“变换”特效，在“效果控件”面板中，设置“缩放”为“95.0”，“旋转”为“-90.0°”，如图 4-36 所示。完成后的效果如图 4-37 所示。

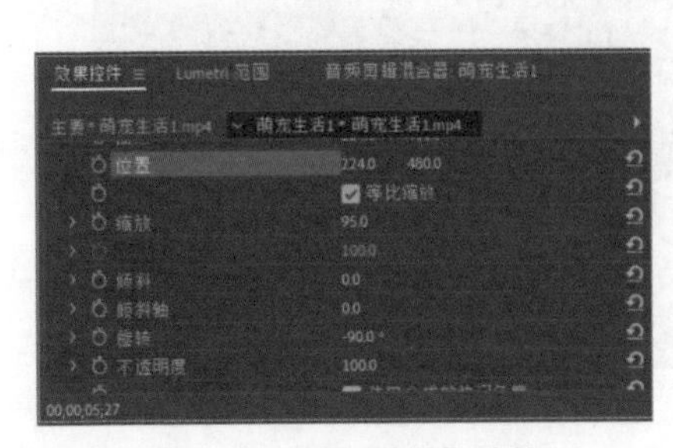

图4-36 设置“变换”特效

图4-37 完成后的效果

步骤 09 为“嵌套序列 01”添加“变换”栏的“羽化边缘”特效，在“效果控件”面板的“羽化边缘”栏下方，单击按钮，在“节目”面板中绘制图 4-38 所示的蒙版。

步骤 10 在“效果控件”面板中设置“数量”为“100”，完成后的效果如图 4-39 所示。

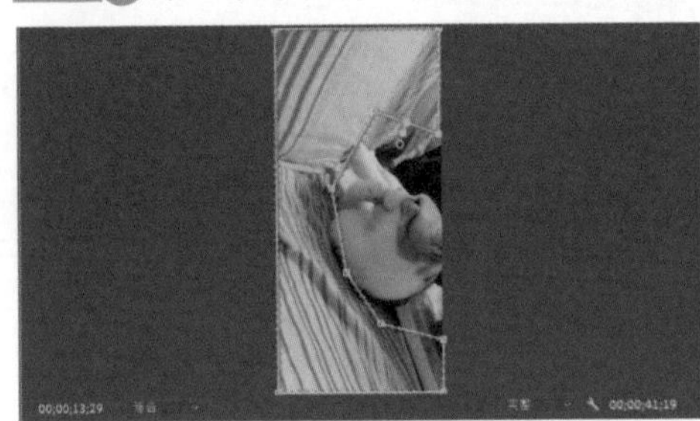

图4-38 绘制蒙版

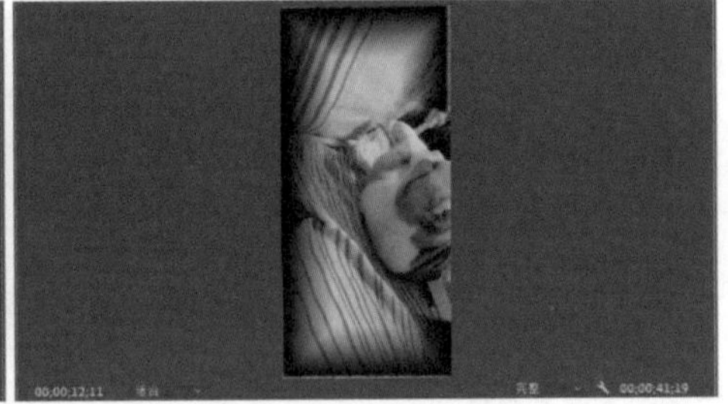

图4-39 “效果控件”设置“数量”后的效果

步骤 11 为“萌宠生活 3”素材文件添加“变换”栏的“裁剪”特效，在“效果控件”面板“裁剪”下方，单击按钮，在“节目”面板中绘制图 4-40 所示的蒙版。

步骤 12 在“效果控件”面板“裁剪”栏下方，设置“左侧”为“100.0%”，效果如图 4-41 所示。

图4-40 绘制蒙版

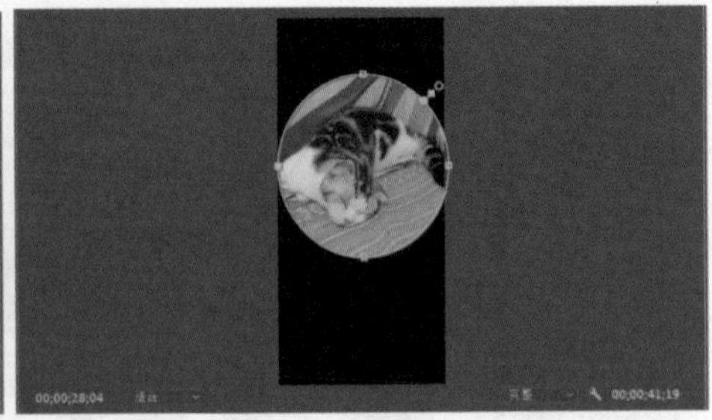

图4-41 “裁剪”后的效果

步骤 13 再次为“萌宠生活 3”素材文件添加“调整”栏的“光照效果”特效，选择“效果控件”面板中的“光照效果”选项，在其中设置“光照 1”的“主要半径”为“32.0”，“次要半径”为“22.0”，如图 4-42 所示。设置“环境光照强度”为“30.0”，如图 4-43 所示。

步骤 14 在“节目”面板中单击▶按钮，即可预览视频效果，该效果如图 4-44 所示。

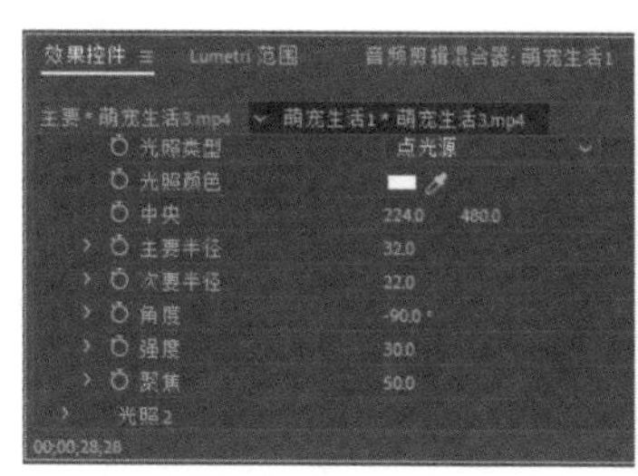

图4-42　设置“光照1”

图4-43　设置“环境光照强度”

图4-44　预览视频效果

4.3.6　调整播放速度与时间

在播放视频文件时，可发现“嵌套序列 01”“萌宠生活 3”素材片段播放时间较长、速度较为平缓，其内容也较为单调。因此，需要对其播放速度、时间进行调整。下面将通过“速度 / 持续时间”命令和拖曳鼠标的方式来调整这两个片段的播放速度与时间，其具体步骤如下。

步骤 01 在工具箱中选择选择工具▶，在“时间轴”面板中的“萌宠生活 1”时间序列上，单击选中“嵌套序列 01”素材片段，单击鼠标右键，在弹出的快捷菜单中选择“速度 / 持续时间”命令。

步骤 02 打开“剪辑速度 / 持续时间”对话框，设置“速度”为“120%”，如图 4-45 所示，单击 确定 按钮即可。

步骤 03 单击选中“萌宠生活 3”素材片段，拖曳鼠标将其移动至“嵌套序列 01”素材片段后。

步骤 04 将鼠标指针移至素材右端结束点上，当鼠标指针呈◀形状时，向右拖曳鼠标至“00;00;37;23”的位置，调整其播放时间，调整完后的“时间轴”面板如图 4-46 所示。

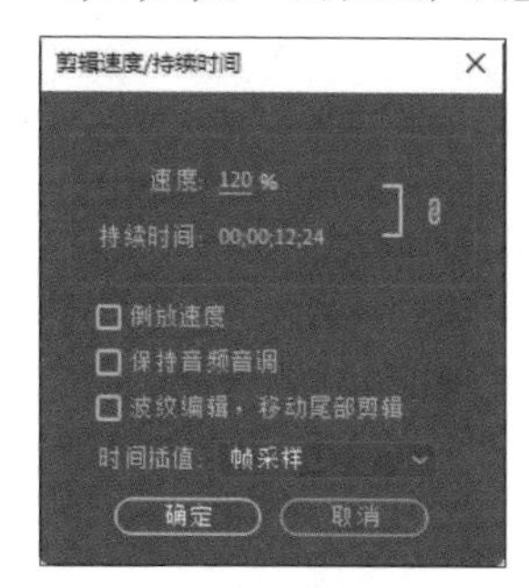

图4-45　调整播放速度

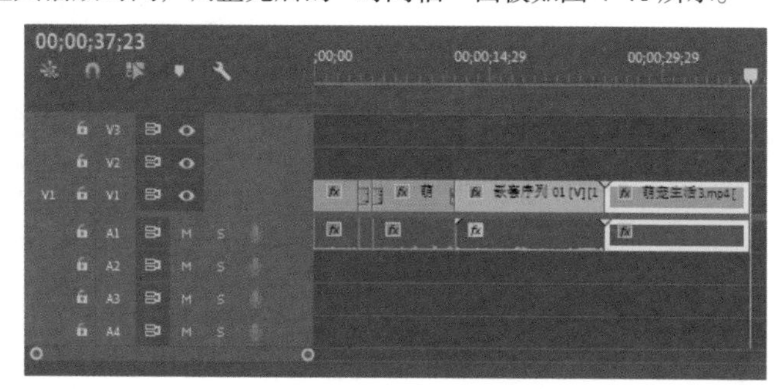

图4-46　调整播放时间

经验之谈

在“剪辑速度/持续时间”对话框中设置“速度”时，也会改变视频的播放时间；当“速度”值大于100%时，值越大，播放速度越快，播放时间越短；当“速度”值小于100%时，值越大，播放速度越慢，播放时间越长。

4.3.7 添加并设置背景

再次播放“萌宠生活”视频文件，可发现3个素材文件间的播放时长已减小，但“萌宠生活1”素材文件的第3个片段与“萌宠生活3”素材文件的背景均较为单调。因此，下面将导入“背景图片1”“背景图片2”素材文件，并将其分别移动到“时间轴”面板中，并设置其显示方式，使其成为背景图片，具体步骤如下。

步骤 01 选择【文件】/【导入】菜单命令，打开“导入”对话框，按“Shift”键同时选择“背景图片1”“背景图片2”素材文件（配套资源:\素材文件\第4章\背景图片1、背景图片2），如图4-47所示，单击 打开(O) 按钮即可将其导入。

步骤 02 在“项目”面板中单击选中“背景图片1”素材文件，按住鼠标不放，将其拖曳至“时间轴”面板V2轨道时间线为“00;00;05;02”的位置。

步骤 03 在“项目”面板中单击选中“背景图片2”素材文件，按住鼠标不放，将其拖曳至“时间轴”面板V2轨道时间线为“00;00;24;29”的位置。完成后的“时间轴”面板如图4-48所示。

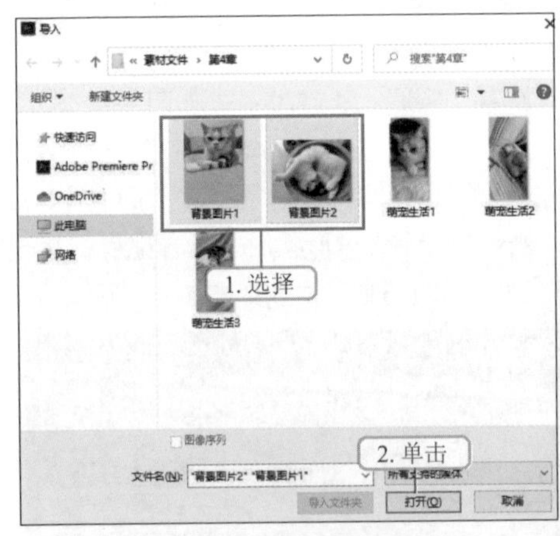

图4-47 导入背景素材

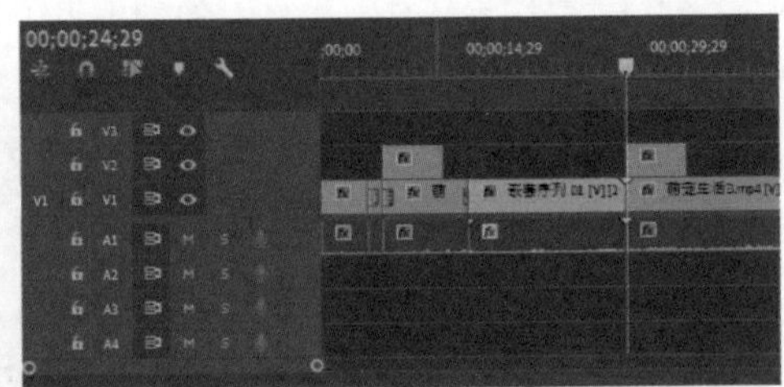

图4-48 完成后的“时间轴”面板1

步骤 04 选中“背景图片1”素材文件，将鼠标指针移至素材右端结束点上，当鼠标指针呈形状时，向右拖曳鼠标至“00;00;12;11”的位置，调整其播放时间。

步骤 05 选中“背景图片2”素材文件，将鼠标指针移至素材右端结束点上，当鼠标指针呈形状时，向右拖曳鼠标至“00;00;37;23”的位置，调整其播放时间。完成后的“时间轴”面板如图4-49所示。

步骤06 单击选中“背景图片 1”素材文件，在“效果控件”面板中，设置“不透明度”为“25.0%”，“混合模式”为“叠加”，如图 4-50 所示。

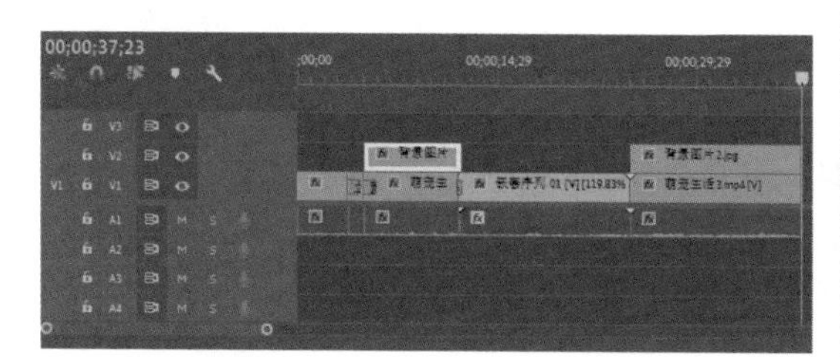

图4-49　完成后的“时间轴”面板2

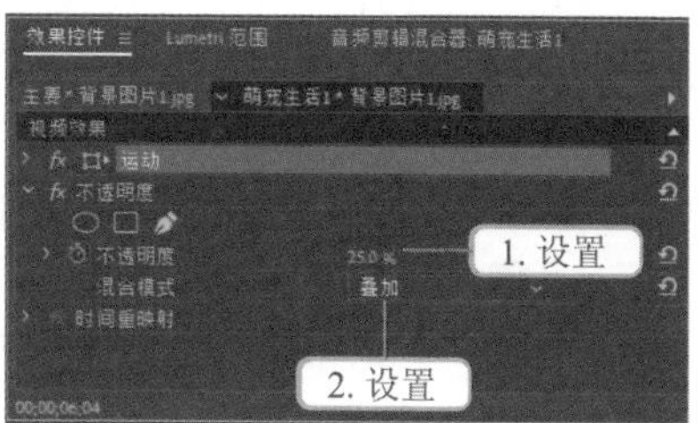

图4-50　设置“背景图片1”的不透明度

步骤07 选择“运动”选项，“节目”面板中将出现控制点，拖曳控制点改变“背景图片 1”的大小，完成后的效果如图 4-51 所示。

步骤08 单击选中“萌宠生活 1”素材文件第 3 个片段，在“效果控件”面板中，选择“运动”选项，在“节目”面板中拖曳被框选的素材，移动素材片段位置，设置后的效果如图 4-52 所示。

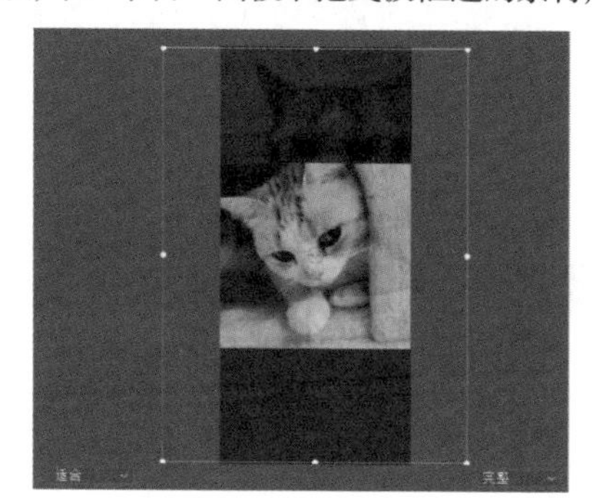

图4-51　设置“背景图片1”后的效果

图4-52　设置“萌宠生活1”后的效果

步骤09 单击选中“背景图片 2”素材文件，在“效果控件”面板中，设置“不透明度”为“50.0%”，“混合模式”为“叠加”，如图 4-53 所示。

步骤10 单击选中“萌宠生活 3”素材文件，在“效果控件”面板中，选择“运动”选项，在“节目”面板中拖曳被框选的素材，移动素材片段位置，设置后的效果如图 4-54 所示。

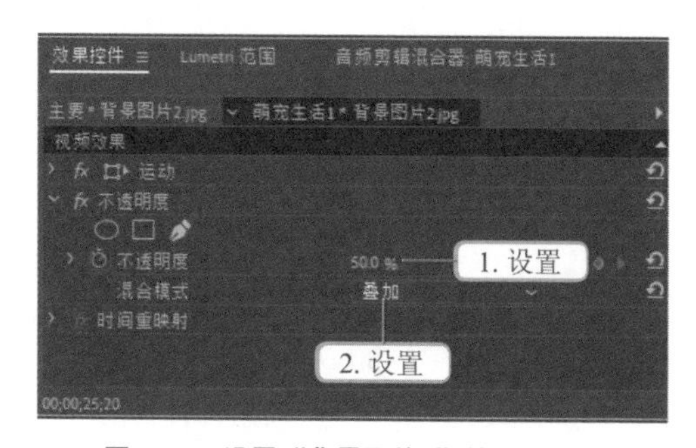

图4-53　设置“背景图片2”的不透明度

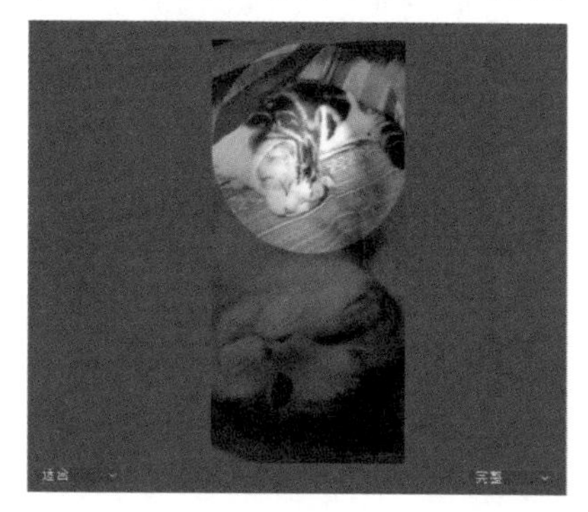

图4-54　设置“萌宠生活3”后的效果

4.3.8 添加短视频字幕

为短视频添加字幕可以增加短视频的趣味性、与用户进行互动，更容易给用户留下深刻的印象。下面将为“萌宠生活”视频文件添加字幕，其具体步骤如下。

步骤 01 将时间线定位到“00;00;00;24”的位置，在工具箱中选择文字工具T，在“节目”面板中，输入“高冷”文字，在“效果控件”面板中，单击“文本（高冷）”左侧的下拉按钮▶，单击“源文本”左侧的下拉按钮▶，在“字体”下拉列表框中选择“FangSong”选项，如图4-55所示。

步骤 02 在“外观”栏下方单击“填充”左侧的色块，打开“拾色器”对话框，设置“颜色”为“#955FCE”，如图4-56所示，单击 确定 按钮。

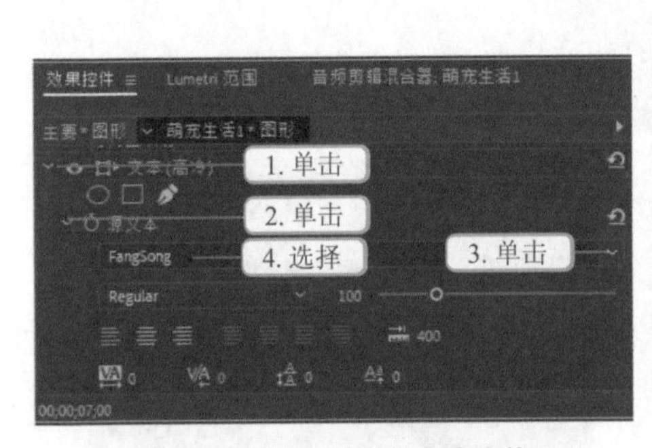

图4-55 设置“高冷”文字字体

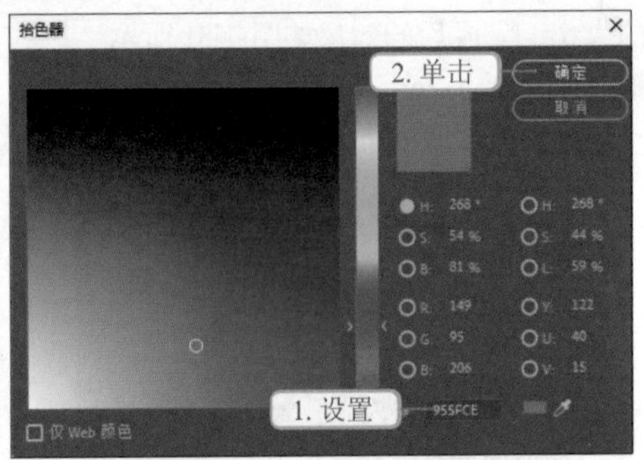

图4-56 设置文字颜色

步骤 03 在工具箱中选择选择工具▶，在“节目”面板中拖曳文字，将其移动到图4-57所示的位置。

步骤 04 在“时间轴”面板中，单击选中文字所在的“图形”片段，将鼠标指针移至素材右端结束点上，当鼠标指针呈形状时，向右拖曳鼠标至“00;00;03;25”的位置，调整其播放时间。完成后的“时间轴”面板如图4-58所示。

图4-57 移动“高冷”文字位置

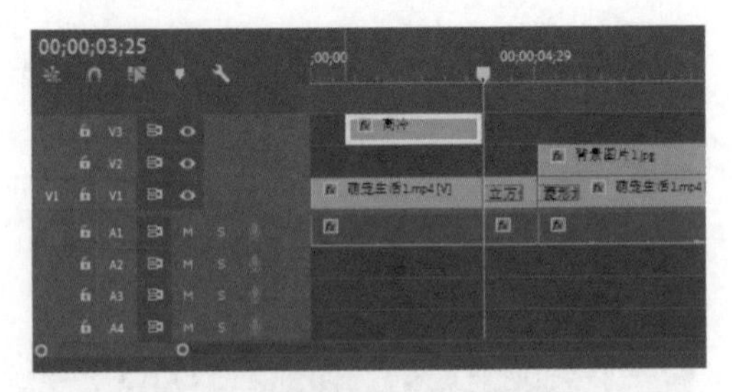

图4-58 调整后的“时间轴”面板1

步骤 05 将时间线定位到“00;00;05;26”的位置，在工具箱中选择文字工具T，在文字工具上长按鼠标，在弹出的工具组中选择“垂直文字工具”选项，如图4-59所示。

步骤 06 在“节目”面板的“背景图片1”素材文件上输入“霸气”。在“效果控件”面板中，设置“字体”为“ZDS”，“填充”为“#7707EE”，效果如图4-60所示。

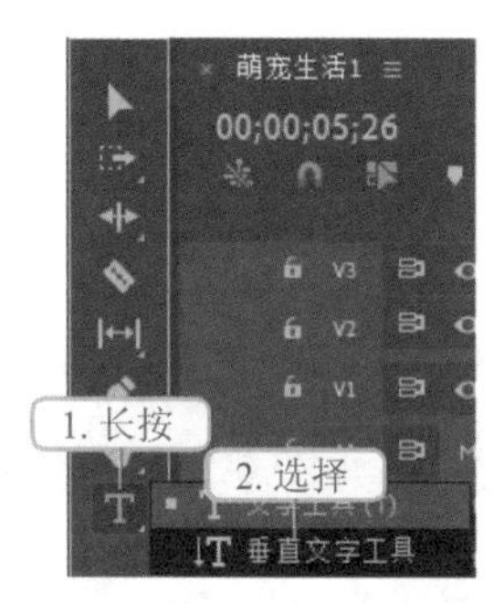

图4-59　选择“垂直文字工具”选项

图4-60　“霸气”文字的效果

步骤07 在“节目”面板中“萌宠生活 1”素材文件上输入“娇弱”，在“效果控件”面板中，设置“填充”为“#B067FE”。选择选择工具，移动“霸气”与“娇弱”文字位置，效果如图 4-61 所示。

步骤08 在“时间轴”面板中，调整文字播放结束点至“00;00;11;27”位置，此时，“时间轴”面板如图 4-62 所示。

图4-61　“娇弱”文字的效果

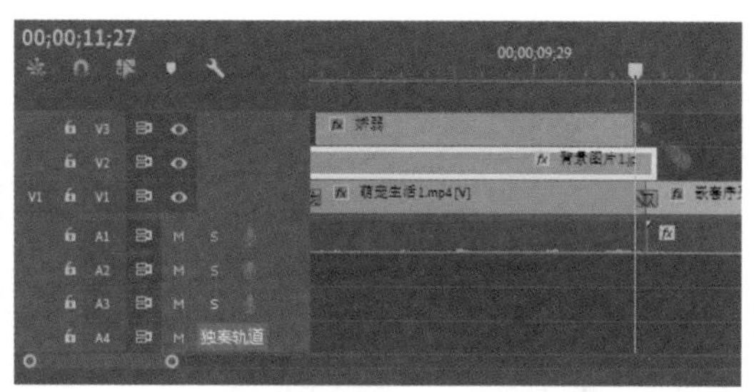

图4-62　调整后的“时间轴”面板2

步骤09 将时间线定位到“00;00;12;11”的位置，在工具箱中选择垂直文字工具，在“节目”面板中，输入“舔手手 真香”。在“效果控件”面板中，设置“填充”为“#FF003C”，效果如图 4-63 所示。

步骤10 在“时间轴”面板中，调整文字播放结束点至“00;00;15;07”位置，此时，“时间轴”面板如图 4-64 所示。

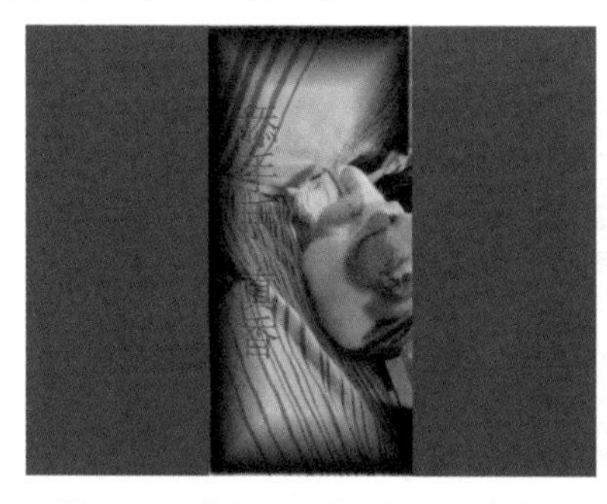

图4-63　“舔手手 真香”文字的效果

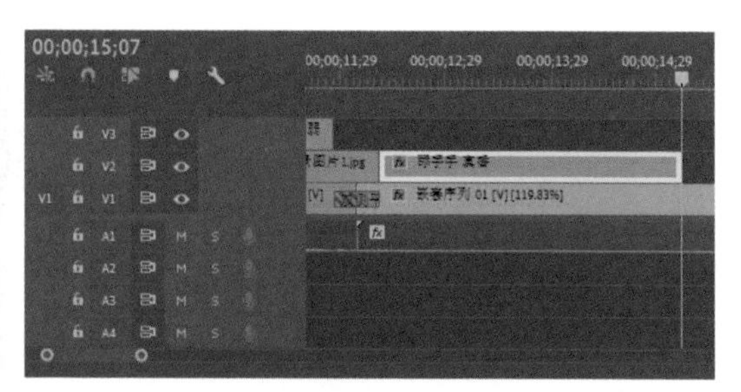

图4-64　调整后的“时间轴”面板3

步骤 11 将时间线定位到“00;00;15;08”的位置，在“节目”面板中输入“再啃一口 人间美味”。选择选择工具，将文字移至图 4-65 所示的位置。

步骤 12 在“时间轴”面板中，调整文字播放结束点至“00;00;16;19”位置，此时，“时间轴”面板如图 4-66 所示。

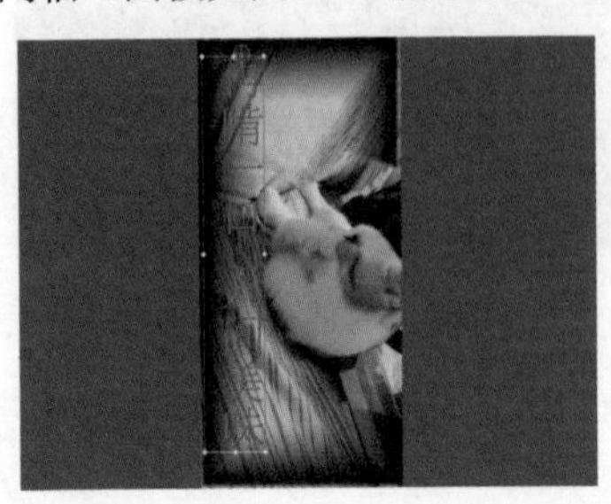

图4-65 移动“再啃一口 人间美味”文字位置

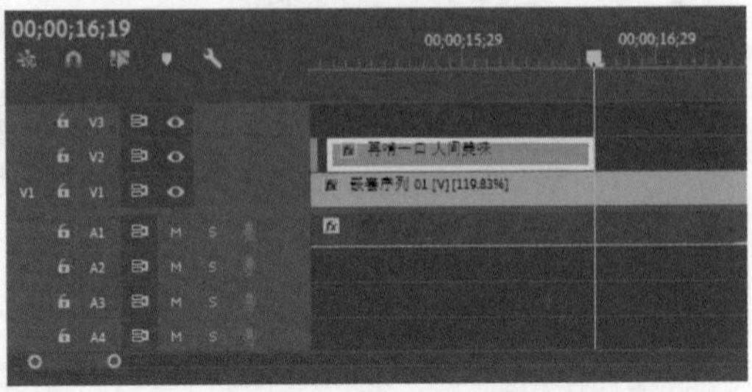

图4-66 调整后的“时间轴”面板4

步骤 13 将时间线定位到“00;00;18;00”的位置，在工具箱中选择垂直文字工具，在“节目”面板中，输入“得劲儿”，效果如图 4-67 所示。

步骤 14 在“时间轴”面板中调整文字播放结束点至“00;00;20;00”位置，此时，“时间轴”面板如图 4-68 所示。

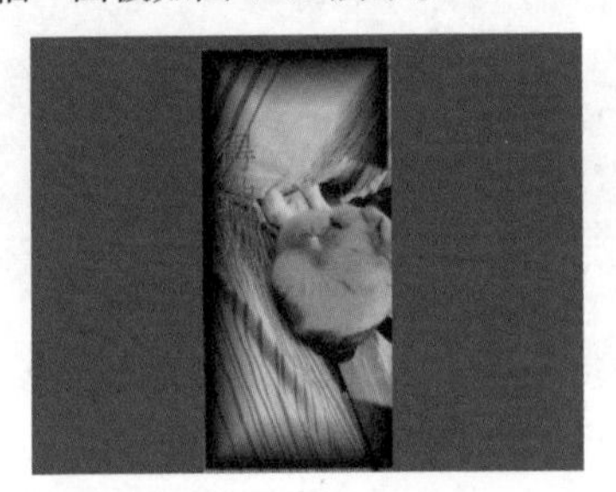

图4-67 输入文字“得劲儿”

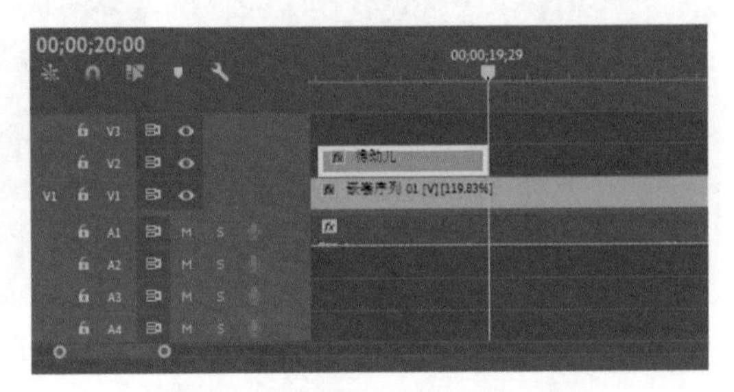

图4-68 调整后的“时间轴”面板5

步骤 15 将时间线定位到“00;00;24;29”的位置，在工具箱中选择垂直文字工具，在文字工具上长按鼠标，在弹出的工具组中选择“文字工具”选项。在“节目”面板的“背景图片 2”素材文件上，输入“wink”，如图 4-69 所示。

步骤 16 在“效果控件”面板中设置“字体”为“YouYuan”，“填充”为“#5FC4EE”，选择选择工具，移动文字至右侧猫咪眼角处，如图 4-70 所示。

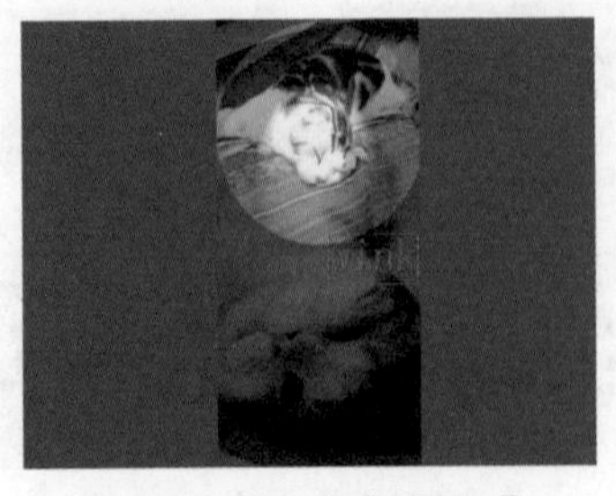

图4-69 输入文字“wink”

图4-70 移动文字“wink”位置

步骤 17 在“时间轴”面板中调整文字播放结束点至“00;00;37;23”位置，此时，“时间轴”面板如图 4-71 所示。

步骤 18 将时间线定位到“00;00;24;29”的位置，在工具箱中选择文字工具，在“萌宠生活 3”素材文件上，输入“睡觉觉”。在“效果控件”面板中，选择“文本（睡觉觉）”选项，在下方的“源文本”栏中滑动滑块调整“字号”为“70”，如图 4-72 所示。

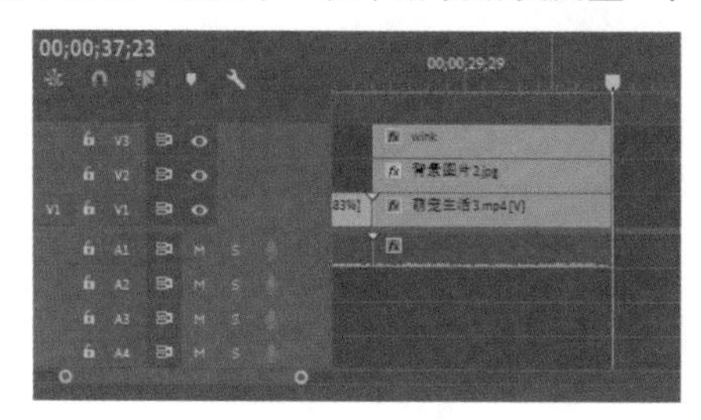

图4-71 调整后的“时间轴”面板6

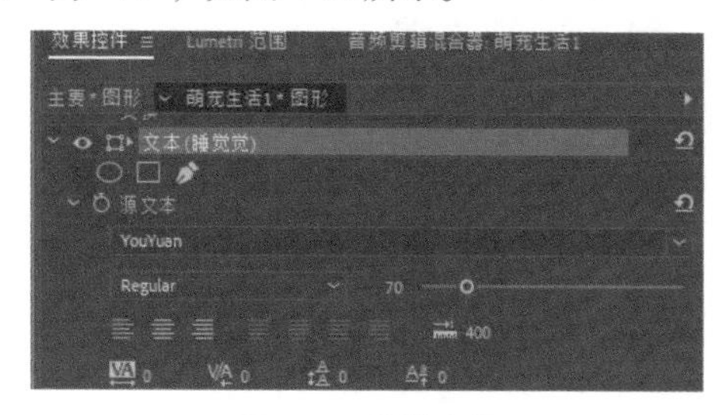

图4-72 调整字号

步骤 19 选择选择工具，在“节目”面板中移动文字至图 4-73 所示位置。

步骤 20 在“时间轴”面板中，调整文字播放结束点至“00;00;37;23”位置，此时，“时间轴”面板如图 4-74 所示。

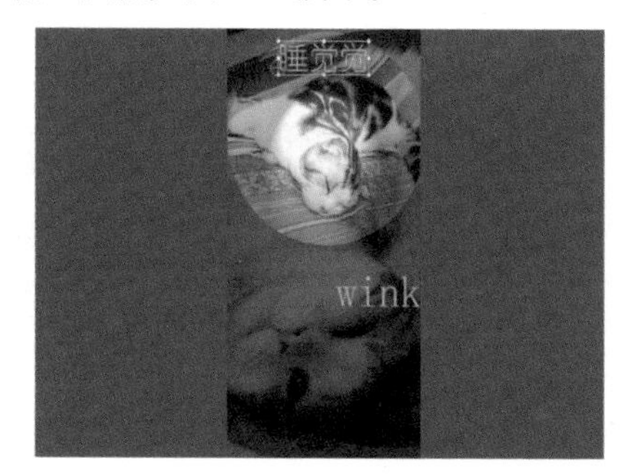

图4-73 移动文字“睡觉觉”位置

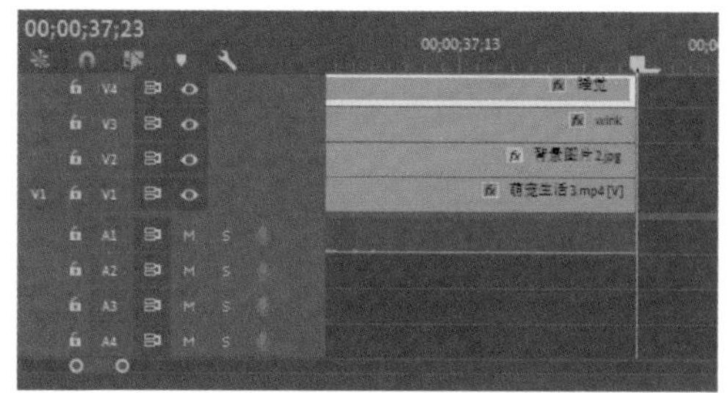

图4-74 完成后的“时间轴”面板7

4.3.9 添加背景音乐

拍摄的视频素材往往带有杂音，会影响其播放效果。新媒体从业人员可以通过“取消链接”命令，去掉素材文件中的原音，再添加并编辑音频文件，优化听觉效果。下面将去除“萌宠生活”视频文件中的原音，并添加“背景音乐”素材文件，其具体步骤如下。

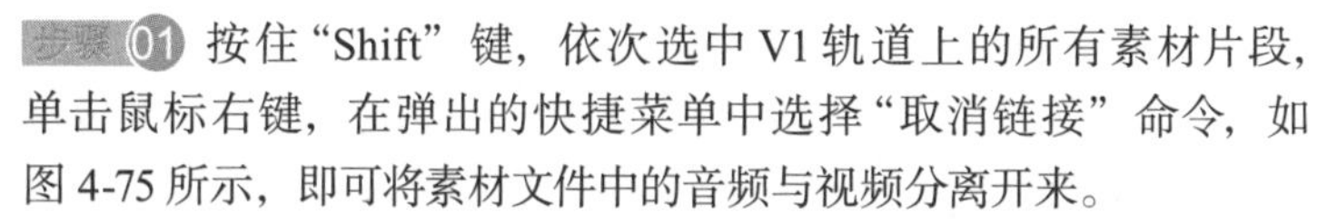

步骤 01 按住“Shift”键，依次选中 V1 轨道上的所有素材片段，单击鼠标右键，在弹出的快捷菜单中选择“取消链接”命令，如图 4-75 所示，即可将素材文件中的音频与视频分离开来。

步骤 02 按住“Shift”键，依次选中 A1 轨道上的所有音频片段，单击鼠标右键，在弹出的快捷菜单中选择“清除”命令，如图 4-76 所示，即可去掉素材文件中的原音。

步骤 03 选择【文件】/【导入】菜单命令，打开“导入”对话框，选择“背景音乐”素材文件（配套资源:\素材文件\第4章\背景音乐)，如图4-77所示，单击 打开(O) 按钮即可将其导入。

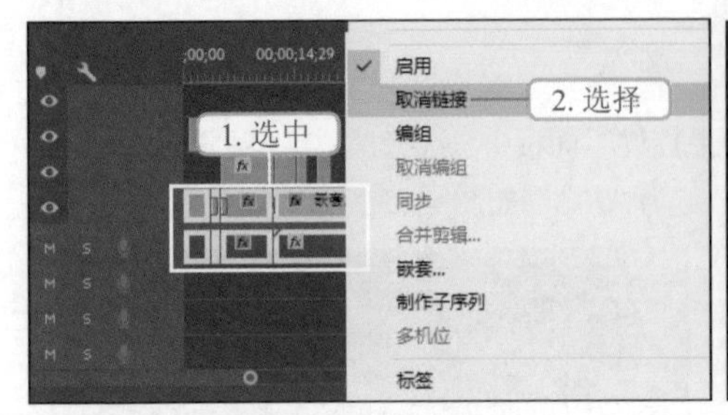

图4-75 分离音视频

图4-76 清除素材文件中的原音

步骤 04 在“项目”面板中单击选中“背景音乐”素材文件，将其拖曳到“时间轴”面板中A1轨道中，此时，A1轨道中的音乐文件远长于V1轨道中的视频素材，如图4-78所示。

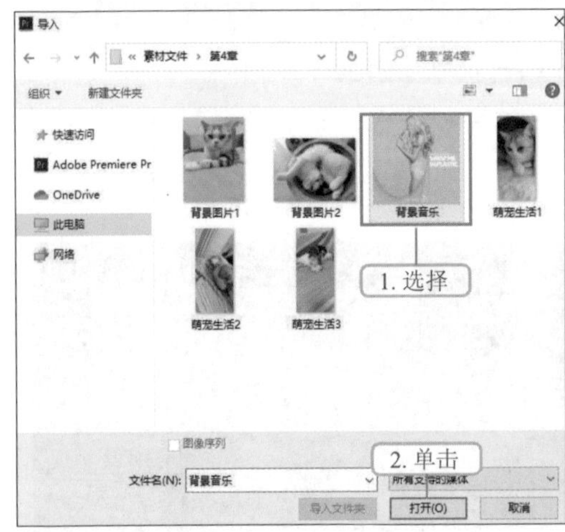

图4-77 导入背景音乐

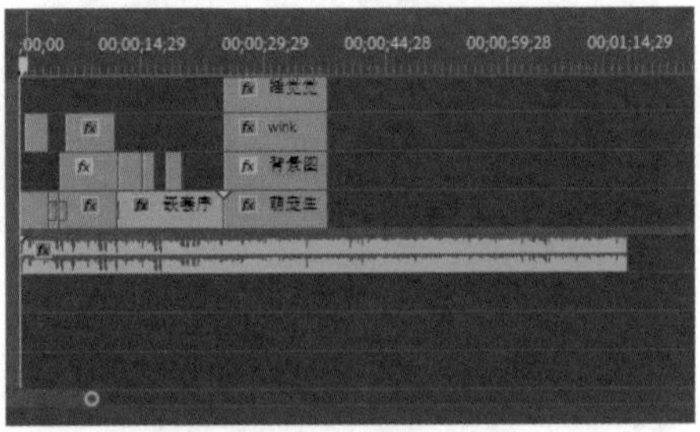

图4-78 “时间轴”面板

步骤 05 将时间线定位到“00;00;29;18”的位置，在工具箱中选择剃刀工具，在“时间轴”面板中，单击该时间线位置对背景音乐进行分离，效果如图4-79所示。

步骤 06 选中前一段音乐素材，单击鼠标右键，在弹出的快捷菜单中选择“清除”命令，删除该段音乐素材。选择选择工具，将后一段音乐素材移动到时间为“00;00;00;00”的位置，效果如图4-80所示。

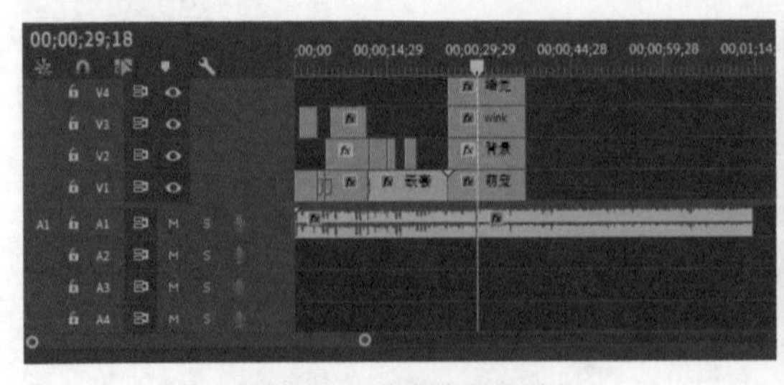

图4-79 分离背景音乐

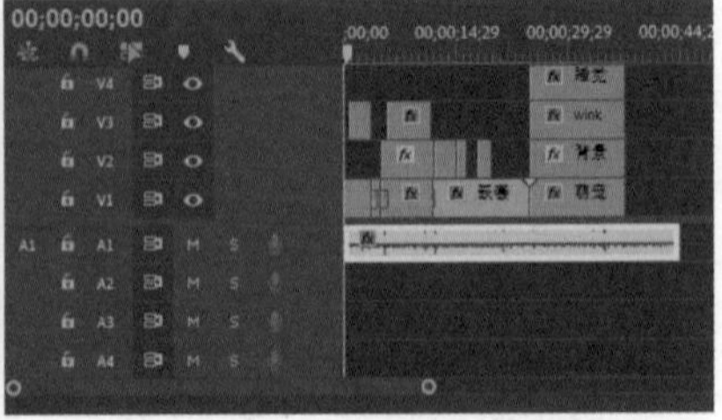

图4-80 设置音乐素材

步骤 07 选中音乐素材，单击鼠标右键，在弹出的快捷菜单中选择“速度 / 持续时间”命令，打开“剪辑速度 / 持续时间”对话框，在“速度”文本框中输入“120”，如图 4-81 所示，单击 确定 按钮，即可调整音频素材的播放速度和时间。

步骤 08 在“效果”面板中，单击“音频效果”左侧的下拉按钮，选择“室内混响”选项，将其拖曳到音频素材文件上，添加室内混响音频效果。

步骤 09 在“效果控件”面板中，单击“自定义设置”右侧的 编辑... 按钮，打开“剪辑效果编辑器”对话框，在“预设”下拉列表框中选择“房间临场感 1”选项，如图 4-82 所示，单击右上角 按钮，完成效果设置。

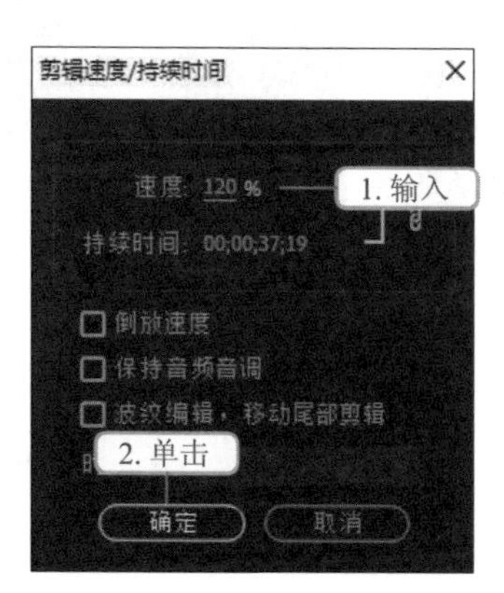

图4–81　调整播放速度

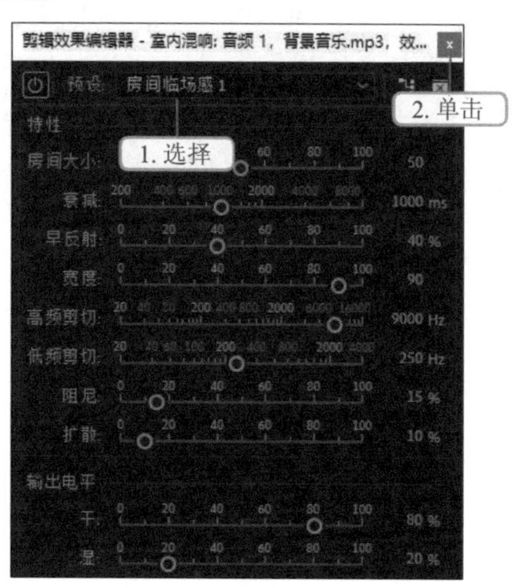

图4–82　设置室内混响效果

经验之谈

在 Premiere CC 2019 软件中，若上传的背景音乐数量较多，也可设置音频过渡与音频效果，其方法与视频的过渡与效果设置类似。

4.4 实战——导出“萌宠生活”短视频

在 Premiere CC 2019 软件中编辑完视频文件后，可以将其输出为各种不同格式的文件。本例将导出编辑完成的“萌宠生活”视频文件，首先预览短视频，然后根据需要设置视频文件的导出格式，最后导出短视频并选择合适的平台进行发布。

4.4.1 生成短视频预览

下面将通过【文件】/【导出】菜单命令进行短视频预览，通过拖动时间线上的滑块查看短视频效果，其具体步骤如下。

步骤01 选择【文件】/【导出】/【媒体】菜单命令，打开“导出设置”对话框，如图 4-83 所示。

步骤02 “导出设置”对话框左侧即为短视频预览效果，拖动下方时间线上的滑块，即可查看短视频效果。图 4-84 所示为时间为“00;00;17;23”的位置的视频效果。

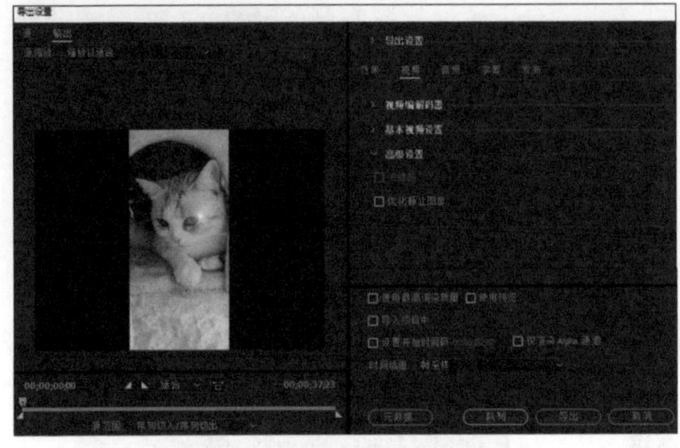

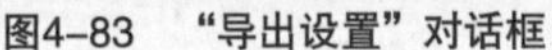
图4-83 “导出设置”对话框

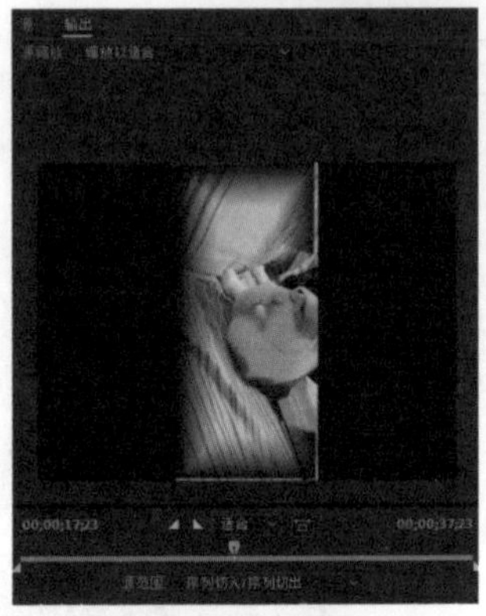

图4-84 预览视频效果

4.4.2 设置导出内容

设置导出内容

在导出短视频前，需要对导出的相关内容进行设置，包括格式、输出名称、效果、视频、音频等。下面将对“萌宠生活”短视频文件进行导出设置，其具体步骤如下。

步骤01 单击“导出设置”左侧的下拉按钮，在“格式”下拉列表框

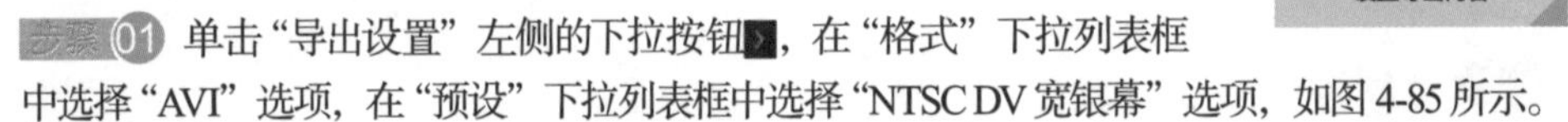
中选择“AVI”选项，在“预设”下拉列表框中选择“NTSC DV 宽银幕”选项，如图 4-85 所示。

步骤02 单击“输出名称”右侧的超链接，打开“另存为”对话框，选择存储视频文件的位置，在“文件名”文本框中更改名称为“萌宠生活”，单击保存(S)按钮，如图 4-86 所示（配套资源 :\ 效果文件 \ 第 4 章 \ 萌宠生活 .avi）。

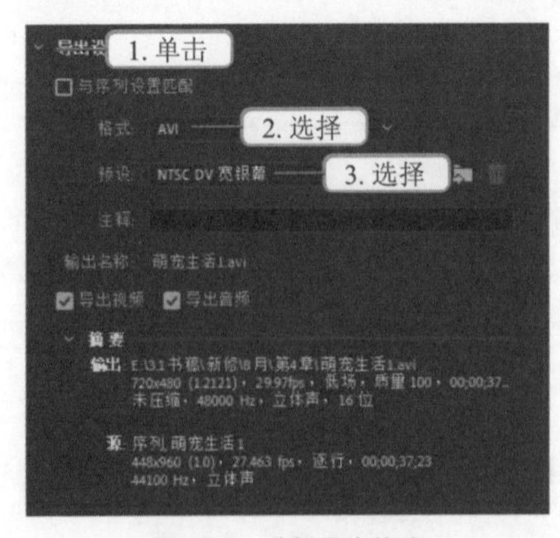

图4-85 选择导出格式

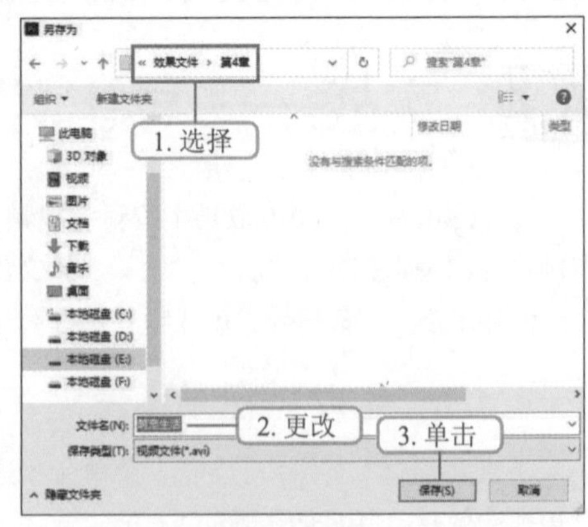

图4-86 更改文件名

经验之谈

选择“格式”和“预设”后，效果、视频、音频等方面的内容一般已进行过设置，新媒体从业人员可根据实际需要对其进行修改，或保持原状。

4.4.3 导出并发布短视频

下面将在 Premiere CC 2019 软件中导出短视频，并将其发布到哔哩哔哩弹幕网中，其具体步骤如下。

步骤 01 在“导出设置”对话框下方单击选中“使用最高渲染质量”复选框，如图 4-87 所示，单击 导出 按钮，即可导出短视频文件（配套资源 :\ 效果文件 \ 第 4 章 \ 萌宠生活）。

步骤 02 打开哔哩哔哩弹幕网并登录，单击首页右上角的 投稿 按钮，打开“创作中心”页面，单击页面中的 上传视频 按钮，打开“打开”对话框，选择“萌宠生活”短视频文件的存储位置，选择该短视频文件，如图 4-88 所示，单击 打开(O) 按钮即可上传视频文件。

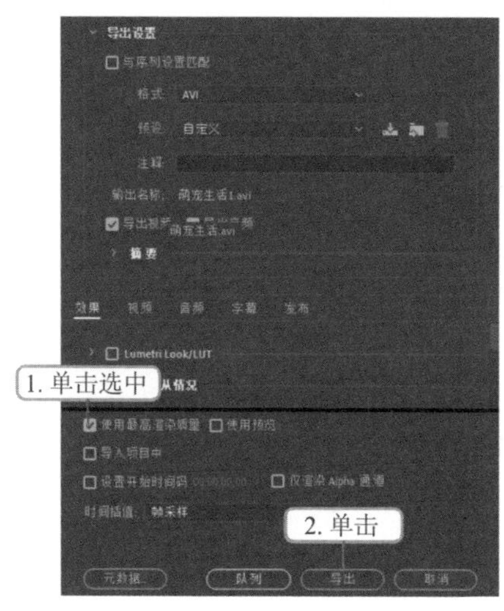

图4–87　导出视频文件

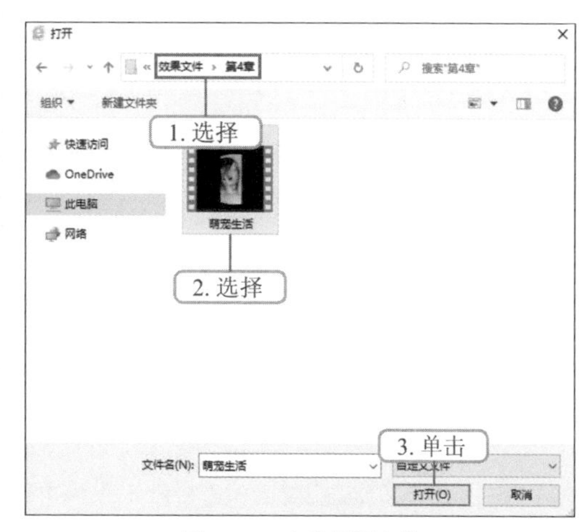

图4–88　上传视频文件

步骤 03 视频上传成功后，在“基本信息”栏的“视频封面设置”栏中，单击 上传封面 按钮，在打开的“打开”对话框中选择“背景图片 2”素材文件（配套资源 :\ 素材文件 \ 第 4 章 \ 背景图片 2），单击 打开(O) 按钮，打开“视频封面”对话框，拖曳控制点调整封面大小，如图 4-89 所示，单击 确认 按钮。

步骤 04 在“类型”栏单击选中“自制”单选项；在“分区”栏选择“生活→动物圈”选项；在“标题”文本框中输入“猫咪日常生活记录——治愈系小猫咪”；在“标签”栏下方选择“萌宠”“日常”“猫咪”“卖萌”选项，如图 4-90 所示。

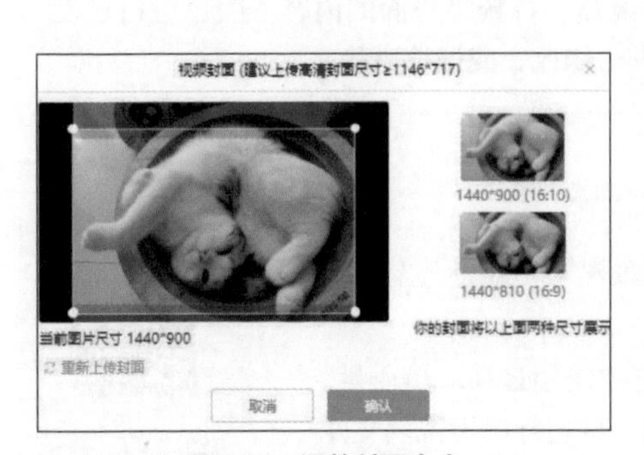

图4-89 调整封面大小

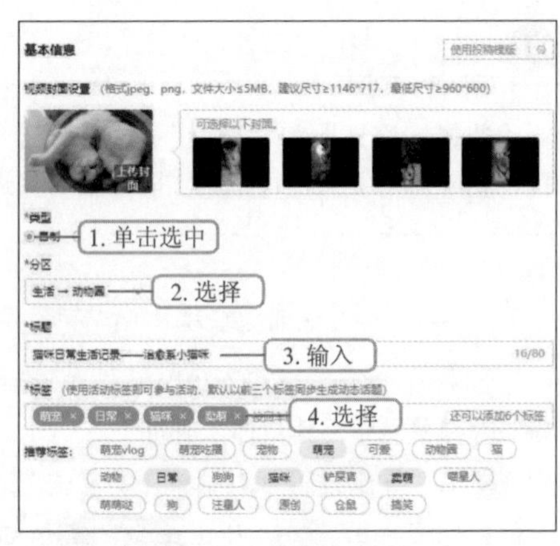

图4-90 填写基础信息

步骤05 在“简介”文本框中输入“萌系小猫咪在线啃手手”，单击“更多选项”右侧的下拉按钮⌄，单击选中“未经作者授权 禁止转载”复选框；在“字幕设置”下拉列表框中选择“中文（简体）”选项，单击选中“允许观众投稿字幕”复选框；单击选中“商业声明”栏的“不含商业推广信息”单选项，如图4-91所示。

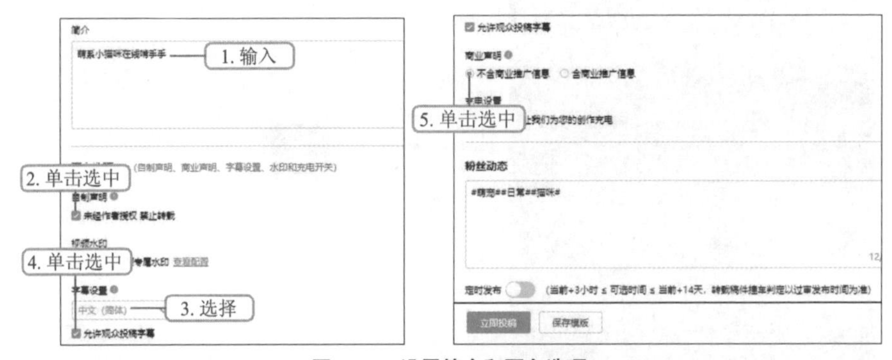

图4-91 设置简介和更多选项

步骤06 单击下方 立即投稿 选项，将进入投稿审核环节，如图4-92所示，单击 查看稿件 按钮即可打开“视频管理”页面，查看投递的视频稿件。

图4-92 “投稿审核中”页面

步骤 07 视频审核成功后即可在账号主页播放视频，其网页端播放效果如图 4-93 所示。

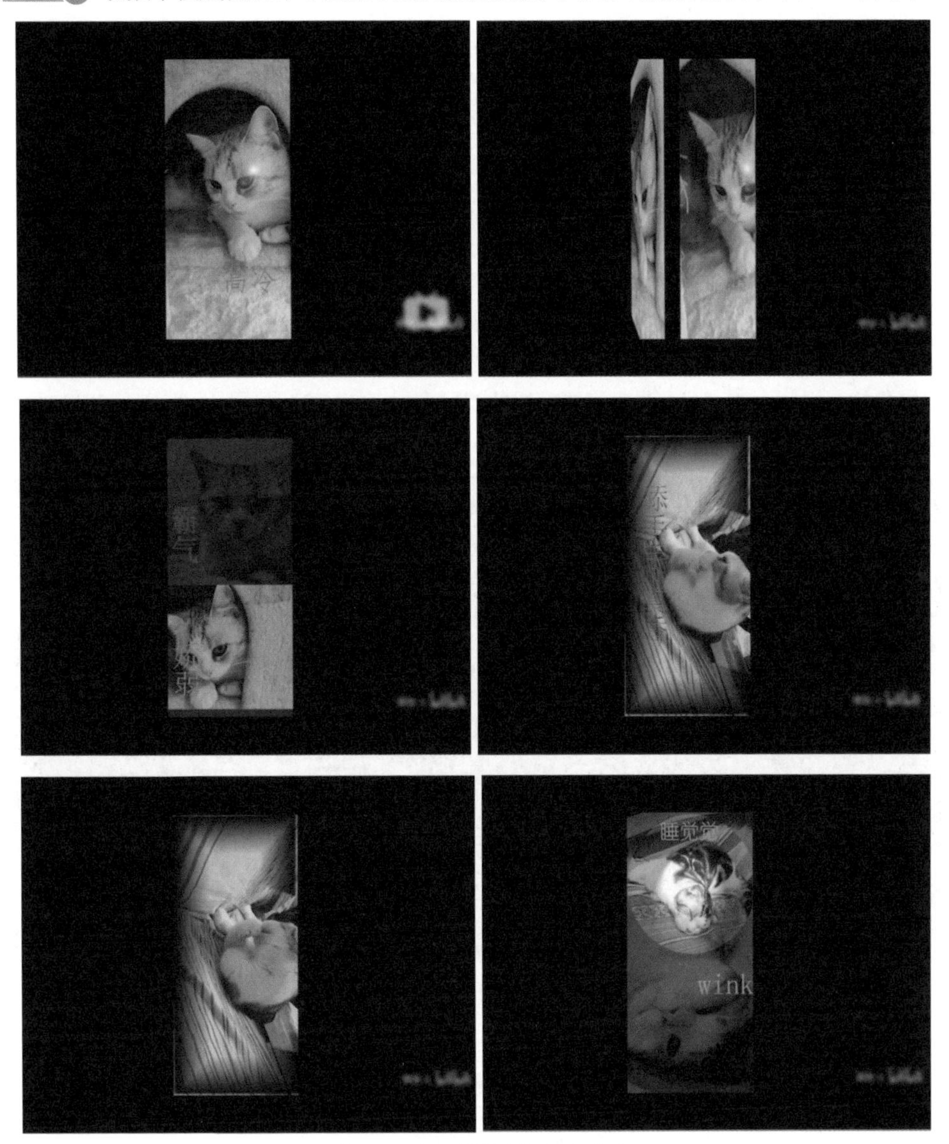

图4-93　网页端短视频播放效果

4.5 拓展知识——编辑视频的其他软件介绍

在新媒体中，常用于视频编辑的软件除 Premiere CC 2019 外，还有会声会影、爱剪辑和 Camtasia Studio 等，新媒体从业人员可以根据实际需要，选择合适的软件，进行视频编辑。下面将对这 3 个视频编辑软件进行简单介绍。

1. 会声会影

会声会影是一款功能强大的视频编辑软件,不仅能够满足家庭或个人的影片剪辑需求，还能满足专业级的影片剪辑需求，适合大部分用户使用。其大部分模块功能都自带片头、字幕、过渡效果等，但会声会影对计算机的性能有所要求。

会声会影的工作界面除菜单栏、预览面板外，还根据视频编辑的 3 个步骤，将工作界面分为了捕获面板、编辑面板和共享面板。其中，菜单栏在编辑视频时使用频率较低，预览面板则用于视频的预览和简单设置。

下面以会声会影 2019 为例，分别对捕获面板、编辑面板和共享面板进行简单介绍。

● 捕获面板。在捕获面板中，新媒体从业人员可根据需要，通过计算机镜头直接捕获视频内容，或通过 DV 快速扫描、从数字媒体导入、定格动画、Multicam Capture（创建屏幕捕获视频）的方式，导入需要编辑的视频素材。图 4-94 所示为会声会影 2019 的捕获面板。

图4–94　会声会影2019的捕获面板

● 编辑面板。编辑面板分为上下两部分，上为素材库面板，下为时间线面板。素材库面板的使用频率十分高，其包含了许多与视频编辑相关的内容；时间线面板则是编辑视频的主要操作区，功能与 Premiere CC 2019 软件的“时间轴”面板类似。图 4-95 所示为会声会影 2019 的编辑面板。

● 共享面板。在共享面板中，可以对导出的视频文件格式进行选择，如在“创建能在计算机上播放的视频”选项中可以选择 AVI 格式、MPEG-2 格式、AVC/H.264 格式、MPEG-4 格式、MWV 格式、MOV 格式、音频格式或自定义格式；还可以更改文件名称，选择存储路径等。此外，新媒体从业人员还可以根据播放需要设置单击不同按钮，如“计算机”按钮、“手机”按钮、“网络”按钮、“DVD”按钮、“3D”按钮。选择输出格式。图 4-96 所示为会声会影 2019 的共享面板。

图4-95　会声会影2019的编辑面板

图4-96　会声会影2019的共享面板

2. 爱剪辑

爱剪辑是一款免费的视频剪辑软件，具有操作简单、功能强大、速度快、画质好、稳定性高、特效多等特点，拥有去水印、添加特效、添加字幕、添加素材、添加转场动画、叠加贴图等功能。

此外，爱剪辑还支持多种音视频格式，其界面设计遵循了多数用户的使用习惯与功能需求。直观易懂、人性化的操作界面不要求用户拥有视频剪辑基础，十分适合新手使用。

在软件性能方面，由于爱剪辑软件的要求较低，因此，在使用过程中，较少出现卡顿现象，提升了用户的使用体验。

图 4-97 所示为爱剪辑的工作界面，下面将对该界面的部分功能进行简单介绍。

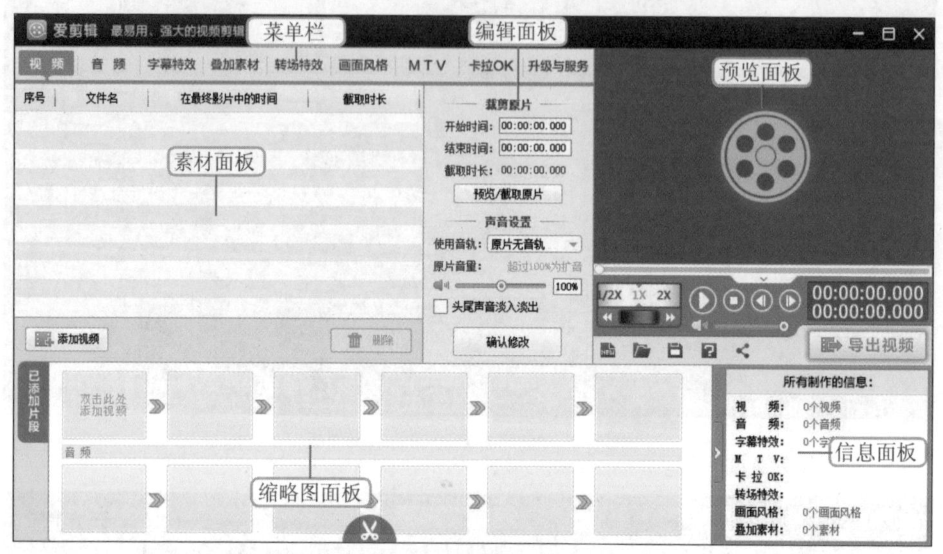

图4–97　爱剪辑的工作界面

● 菜单栏。爱剪辑的菜单栏分为了视频、音频、字幕特效、叠加素材、转场特效、画面风格、MTV、卡拉 OK、升级与服务。其中，前 8 项是与文件编辑有关的菜单命令，升级与服务则与作品分享、素材中心、功能、软件服务等有关。

● 素材面板。素材面板中存放着所有导入的素材文件，如视频文件、音频文件，还可查看文件的出现特效、停留特效、消失特效、贴图、相框、去水印、转场特效、画面、美化、滤镜、动景等效果。

● 编辑面板。编辑面板用于对素材文件的编辑，包括裁剪原片、声音设置、字体设置、特效参数等。

● 预览面板。在预览面板中可以对已编辑的文件进行预览，并进行简单的操作。

● 缩略图面板。在缩略图面板中可以看到已添加的视频、音频素材。

● 信息面板。信息面板展示了所有制作的信息，包括视频、音频、字幕特效、MTV、卡拉 OK、转场特效、画面风格、叠加素材等。

3. Camtasia Studio

Camtasia Studio 是一款用于屏幕录像和编辑的工具软件，其功能强大、操作简单，被广泛应用于多个领域，能快速生成视频，并将其上传到网站中。Camtasia Studio 主要包括屏幕操作的录制和配音、音频编辑、视频素材编辑、添加说明字幕、视频特效制作及视频片头制作等功能。图 4-98 所示为 Camtasia Studio 9 的工作界面，下面进行简单介绍。

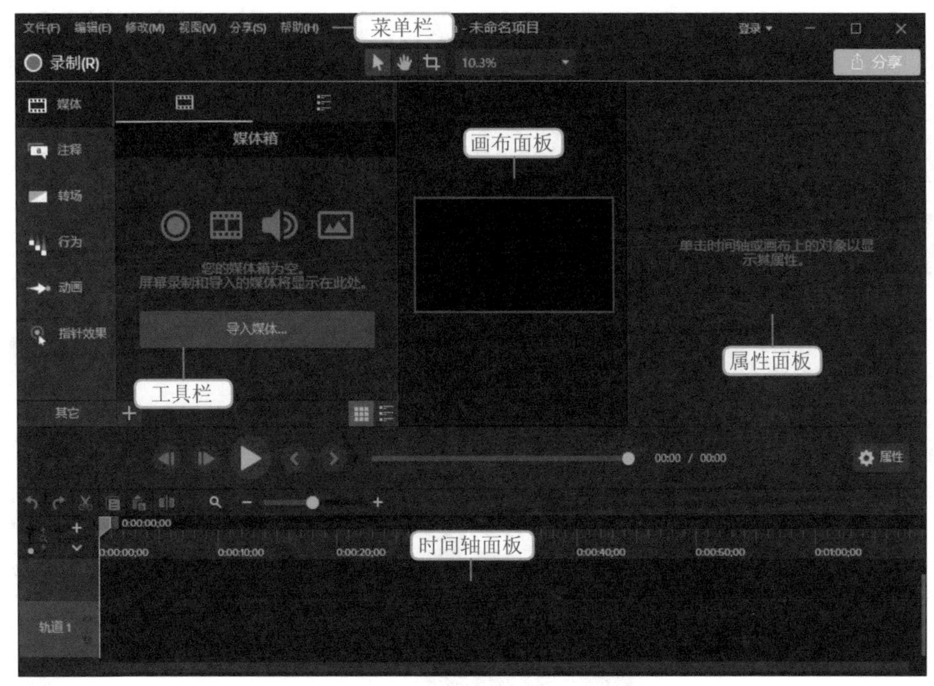

图4-98　Camtasia Studio 9的工作界面

● 菜单栏。Camtasia Studio 9 软件的菜单栏包括文件、编辑、修改、视图、分享和帮助 6 个菜单命令，包含了视频制作、剪辑的所有操作。

● 工具栏。在工具栏中可选择一些常用的操作，包括媒体、注释、转场、行为、动画、指针效果等。

● 画布面板。当新媒体从业人员对视频进行编辑、设置后，可以在画布面板中预览完成后的视频效果。

● 属性面板。在属性面板中，新媒体从业人员可以对画布中的视频效果进行简单的属性设置。当不需要时，还可以单击"属性"按钮，隐藏该面板。

● 时间轴面板。时间轴面板是 Camtasia Studio 9 软件的工作区域，是视频编辑的实际运用的主要操作区域，可对视频、音频进行剪切、移动。

4.6 课后练习

利用Premiere CC 2019软件制作"旅游景点"视频文件。首先需要在软件中导入"风景视频"素材文件（配套资源:\素材文件\第4章\风景视频\），播放素材文件，添加标记，根据添加的标记剪辑素材，为素材设置视频效果和视频过渡，并添加字幕、去除原音，再添加"风景背景音乐"素材文件（配套资源:\素材文件\第4章\风景背景音乐），并根据编辑的视频文件剪辑音频素材文件，最后导出视频文件，参考效果如图4-99所示（配套资源:\效果文件\第4章\旅游景点）。

图4-99　参考效果

第 5 章

使用Animate CC 制作动画

在各种新媒体平台中，动画被广泛用于各个方面，如动画短片、动漫、表情包等，其题材多样、风格多变，受到了大量用户的喜爱，尤其是表情包已经成为人们日常生活中常用的动画。要制作动画，就需要运用动画制作软件，如 Animate 等。本章将对使用 Animate CC 2019 制作动画进行介绍。

5.1 动画基础知识

动画是一种动态视觉，能够生动、形象地表现出事件的过程。在使用 Animate CC 2019 制作动画前，我们需要先了解动画制作的基础知识，包括帧、动画文件类型、基本动画类型及特征 3 个方面的内容。

5.1.1 帧

帧是动画的最小组成单位，一般来说，一帧就是一幅静止的画面，当帧的数量足够多，且连续显示时，就形成了动画。帧数则是 1 秒内传输的画面数量，或者说图形处理器每秒刷新的次数。帧的基本操作一般在时间轴中进行，在时间轴中帧的顺序决定了帧内对象在最终动画中的显示顺序。

动画是由帧构成的，帧主要分为关键帧和过渡帧。其中，过渡帧附属于关键帧存在，其前后必有关键帧，但两个关键帧的中间却可以没有过渡帧，如逐帧动画。此外，关键帧中的内容可以进行修改，但过渡帧中的内容无法修改。

5.1.2 动画文件类型

Animate CC 2019 提供了多种不同的动画文件类型，以应对各种不同的播放环境，包括 HTML5 Canvas、ActionScript 3.0、AIR for Desktop、AIR for Android 和 AIR for iOS，各类型之间的区别如表 5-1 所示。

表 5-1　Animate 动画文件类型的区别

动画文件类型	脚本语言	运行环境	发布后的文件格式
HTML5 Canvas	JavaScript、createJS 库	跨平台、支持 HTML5 的浏览器	.html、.js、.png 等
ActionScript 3.0	ActionScript 3.0	跨平台、FlashPlayer	.swf
AIR for Desktop	ActionScript 3.0、AIR 库	Windows 操作系统、需安装	.exe
AIR for Android	ActionScript 3.0、AIR 库	Android 操作系统、需安装	.apk
AIR for iOS	ActionScript 3.0、AIR 库	iOS 操作系统、需安装	.ipa

HTML5 Canvas 类型发布的文件采用的是目前流行的网页动画技术——HTML5，所以目前主要选择 HTML5 Canvas 类型来制作动画。

ActionScript 3.0 类型是以前 Flash 主要制作的动画格式，但由于智能手机对 Flash 格式的不支持和浏览器逐渐放弃支持 FlashPlayer 的趋势，使得它不再是 Animate 的重点。AIR for Desktop、AIR for Android、AIR for iOS 这 3 种类型则必须要安装在对应的操作系统中，主要用来制作多媒体应用程序，如无特别需要一般也不会选择。

5.1.3 基本动画类型及特征

Animate CC 2019 中包含了多种基本的动画类型，这些动画类型是构成动画文件的基础，下面将对基本动画类型和不同动画类型在时间轴中的特征进行介绍。

1. 基本动画类型

Animate CC 2019 软件中的基本动画类型有逐帧动画、补间形状动画、传统补间动画和补间动画等。

● 逐帧动画。由多个连续关键帧组成，并在每个关键帧中导入或绘制不同的内容，从而产生动画效果，如图 5-1 所示。

● 补间形状动画。在两个关键帧之间绘制不同的形状，补间形状动画会自动添加两个关键帧之间的变化过程，如图 5-2 所示。

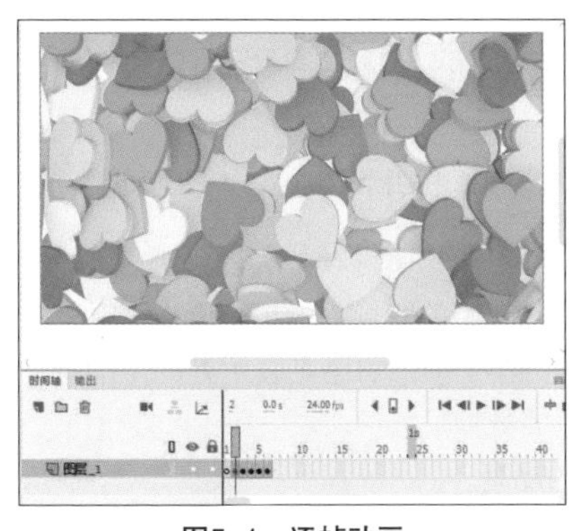

图5–1　逐帧动画

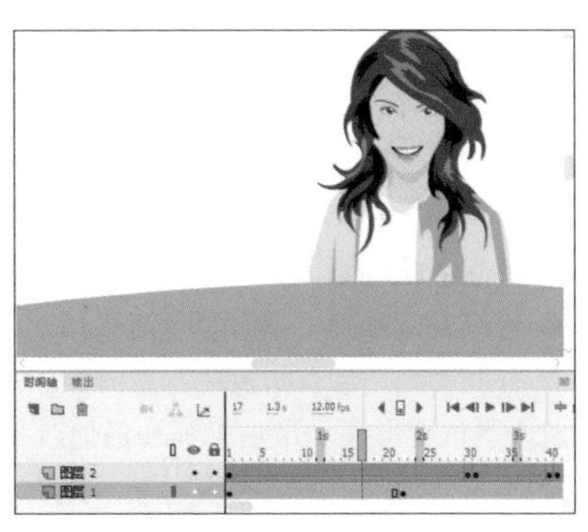

图5–2　补间形状动画

● 传统补间动画。根据同一对象在两个关键帧中的位置、大小、Alpha 和旋转等属性的变化，由 Animate 软件自动生成的一种动画类型，其结束帧中的图形与开始帧中的图形密切相关，如图 5-3 所示。

● 补间动画。使用补间动画可设置对象的属性，如大小、位置和 Alpha 等。补间动画在“时间轴”面板中显示为连续的帧范围，默认情况下可以作为单个对象进行选择，如图 5-4 所示。

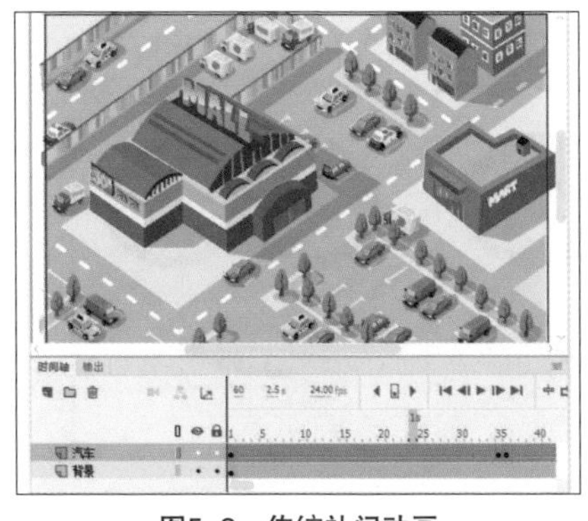

图5–3　传统补间动画

图5–4　补间动画

2. 不同动画类型在“时间轴”面板中的特征

Animate CC 2019 通过在包含内容的每个帧中显示不同的指示符来区分“时间轴”面板中的不同补间动画，如图 5-5 所示。各类型动画的“时间轴”特征如下。

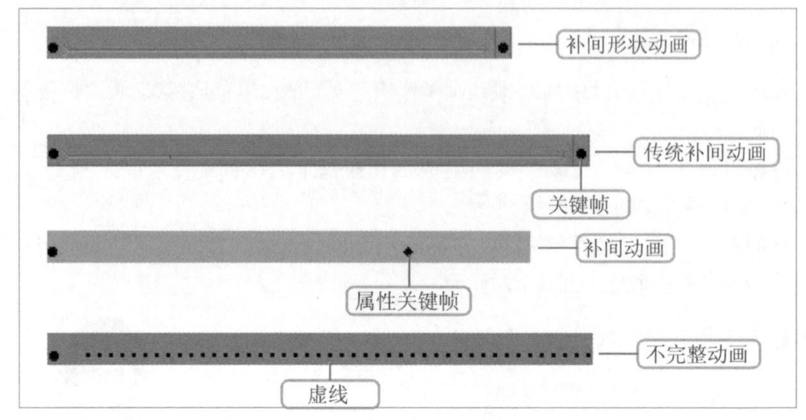

图5-5 各动画在“时间轴”面板中的标识

- 补间形状动画。带有黑色箭头和暗橘色背景，起始关键帧处为黑色圆点。
- 传统补间动画。带有黑色箭头和紫色背景，起始关键帧处为黑色圆点。
- 补间动画。带有暗黄色背景的帧。范围内的第 1 帧中的黑点表示补间范围分配有目标对象。黑色菱形表示最后 1 帧和任何其他属性关键帧。
- 不完整动画。用虚线表示断开或不完整的动画。

5.2 实战——制作“得意”表情包动画

随着 QQ、微信等社交软件的发展，表情包成了人们日常网络交流常见的情感表达方式，也成了一种当代的流行文化。本例将制作“得意”表情包动画，通过绘制图形并创建元件，制作表情包的主体形象，然后再添加并编辑关键帧，完善表情包要表达的情感，最后创建传统补间动画，使静态的表情包更加生动，并将其导出为 GIF 动画。图 5-6 所示为“得意”表情包动画的参考效果。

图5-6 “得意”表情包动画的参考效果

5.2.1 新建并保存动画文件

下面将新建动画文件，并通过【文件】/【存储】菜单命令，将其保存为“得意”动画文件，其具体步骤如下。

步骤01 单击计算机桌面左下角“开始”按钮，在打开的“开始”菜单中选择“Animate CC 2019”命令，启动Animate CC 2019软件，在打开的界面中先选择“社交”选项卡，再选择“预设”栏的“方形”选项，在“详细信息”栏更改“宽”“高”均为“240”，在“平台类型”下拉列表框中选择“HTML5 Canvas”选项，单击创建按钮，如图5-7所示。

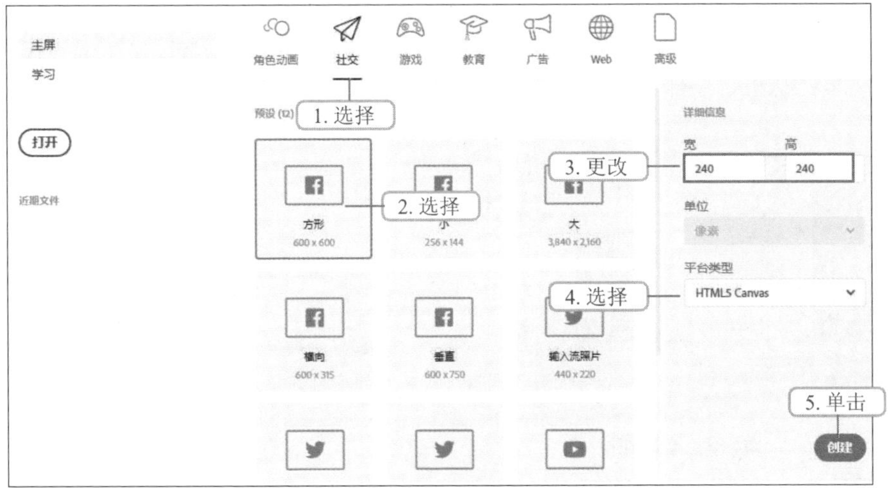

图5-7 新建动画

步骤02 选择【文件】/【保存】菜单命令，打开“另存为”对话框，选择文件存储的位置，在“文件名”文本框中输入“得意”，如图5-8所示，单击保存(S)按钮保存该动画文件。

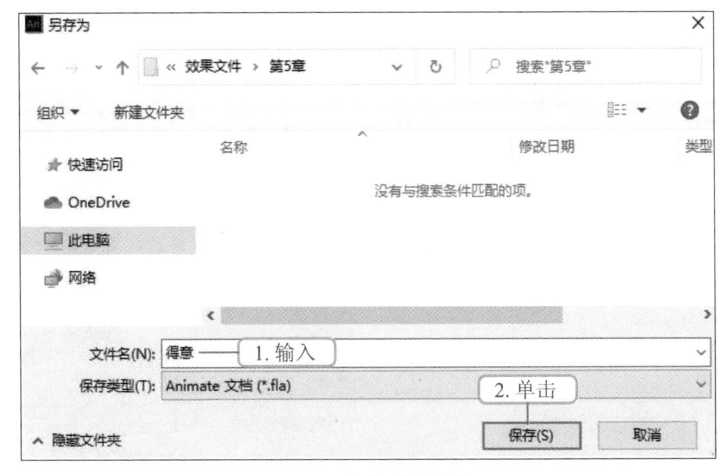

图5-8 保存动画文件

5.2.2 绘制图形并创建元件

创建好图像文件后，可以根据需要，导入素材文件制作动画，也可利用工具栏中的工具，绘制图形形状作为表情包的主体形象，并通过“转换为元件”命令将其转换为元件。下面将借助工具栏中的相关工具，绘制“得意”表情包形象，其具体步骤如下。

绘制图形并创建元件

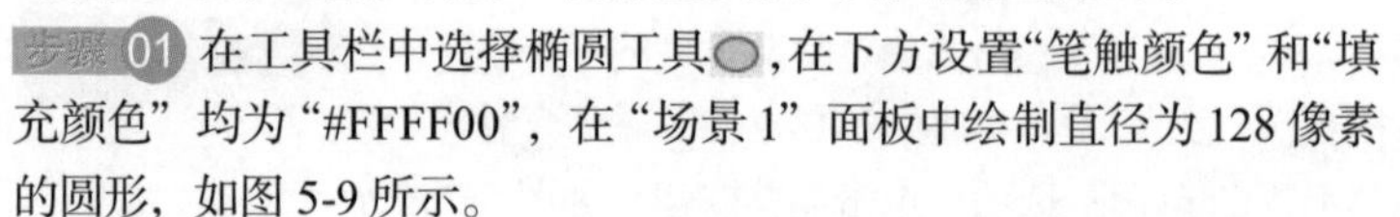

步骤 01 在工具栏中选择椭圆工具，在下方设置“笔触颜色”和“填充颜色”均为“#FFFF00”，在“场景 1”面板中绘制直径为 128 像素的圆形，如图 5-9 所示。

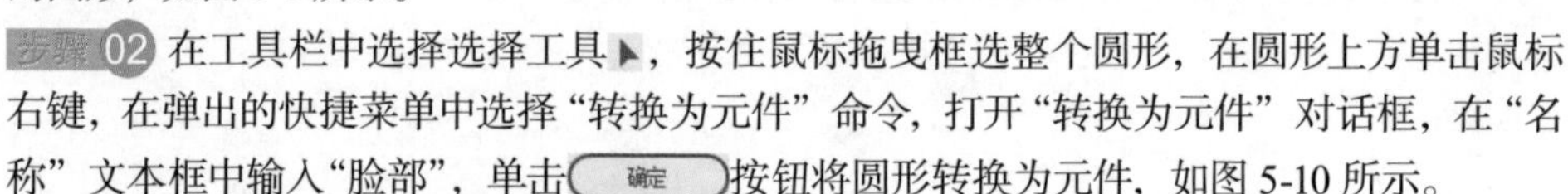

步骤 02 在工具栏中选择选择工具，按住鼠标拖曳框选整个圆形，在圆形上方单击鼠标右键，在弹出的快捷菜单中选择“转换为元件”命令，打开“转换为元件”对话框，在“名称”文本框中输入“脸部”，单击 确定 按钮将圆形转换为元件，如图 5-10 所示。

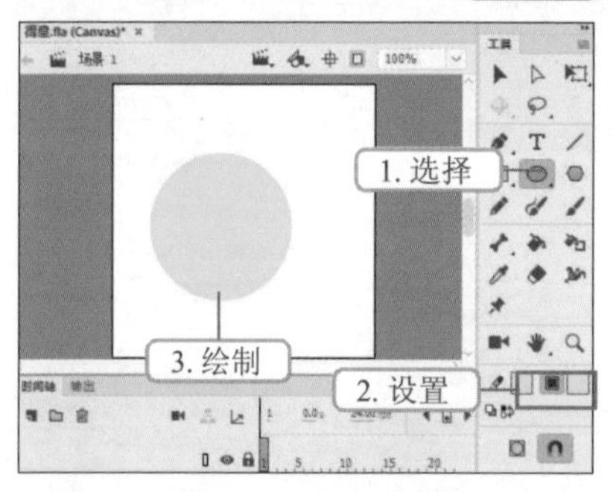

图5-9 绘制图形

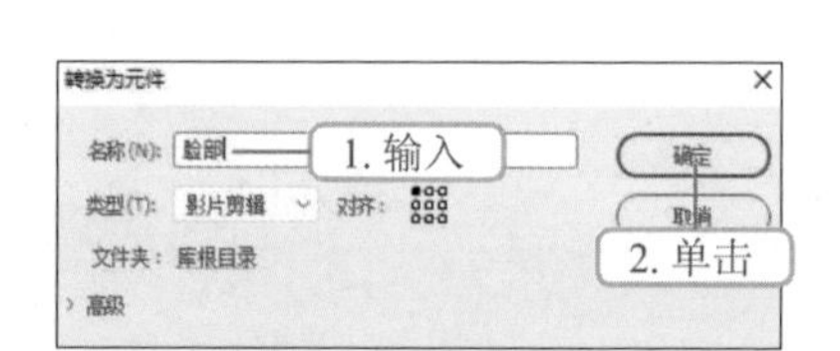

图5-10 转换为元件

步骤 03 在工具栏中选择多角星形工具，选择【窗口】/【属性】菜单命令，打开“属性”面板，设置“笔触颜色”为“#000000”，“填充颜色”为“#999999”，“笔触”为“6.00”，单击下方“工具设置”栏 选项... 按钮，打开“工具设置”对话框，在“边数”文本框中输入“8”，单击 确定 按钮，如图 5-11 所示。

步骤 04 在“场景 1”面板中绘制“宽”和“高”均为“47”的八边形，在工具栏中选择选择工具，将鼠标指针指向八边形边缘，当鼠标指针变为时，按住鼠标拖曳八边形的边缘线条，使其形成镜片样式，如图 5-12 所示。

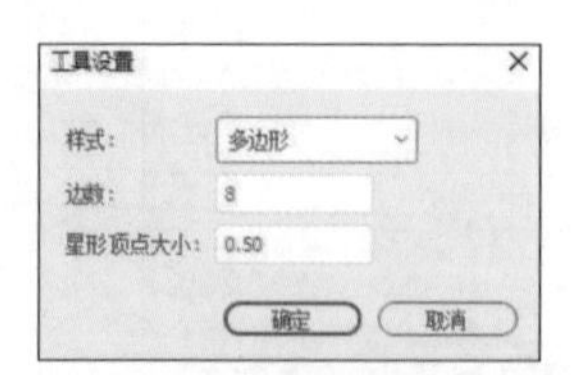

图5-11 工具设置

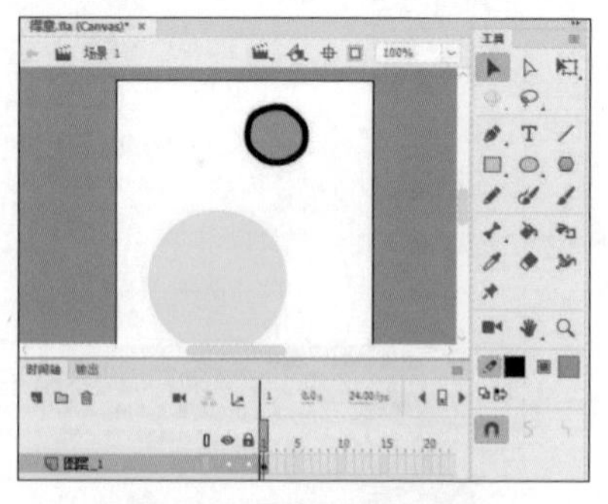

图5-12 绘制并更改形状

步骤 05 框选更改后的图形，先后按“Ctrl+C”“Ctrl+V”组合键复制粘贴该图形，在图形上方单击鼠标右键，在弹出的快捷菜单中选择“变形”命令，在弹出的子菜单中选择“水平翻转”子命令，将粘贴的图形移至绘制的原图形旁边，如图 5-13 所示。全选这两个图形，按“F8”键将其转换为元件，并设置“名称”为“墨镜”。

步骤 06 在工具栏中选择直线工具，在“场景 1”面板中绘制“宽”为“38”的直线，在工具栏中选择选择工具，按住鼠标拖曳直线改变直线的曲度，效果如图 5-14 所示。框选直线，按“F8”键将其转换为元件，并设置“名称”为“嘴”。

图5-13　复制并移动图形

图5-14　绘制并拖曳直线

步骤 07 在工具栏中选择椭圆工具，在“属性”面板下方设置“笔触颜色”和“填充颜色”均为“#FF6699”，在“场景 1”面板中绘制“宽”为“22”，“高”为“5”的椭圆，如图 5-15 所示。

步骤 08 在工具栏中选择工具，框选该椭圆后再复制并粘贴，并将粘贴的椭圆移动至与原椭圆同一水平线位置，如图 5-16 所示。框选这两个椭圆，按“F8”键将其转换为元件，并设置“名称”为“红晕”。

图5-15　绘制椭圆

图5-16　复制、粘贴并移动椭圆位置

步骤 09 在工具栏中选择直线工具，设置“笔触颜色”为“#FFFFFF”，绘制一条“宽”为“23”，“高”为“25”的斜线，如图 5-17 所示。

步骤 10 在工具栏中选择工具，选择直线后再复制并粘贴 3 次，将这 4 条直线以图 5-18 所示的位置进行排列。框选直线，按“F8”键将其转换为元件，并设置“名称”为“光线”。

图5-17　绘制直线

图5-18　排列直线

步骤 11 将各元件通过选择工具组合起来，此时效果如图 5-19 所示，可看出图形有违和感。

步骤 12 双击“红晕”元件，进入元件的“编辑”状态，移动两个椭圆至合适的位置，如图 5-20 所示，单击左上角 ← 按钮，退出“编辑”状态。

图5-19　组合后的图形

图5-20　“编辑”状态

步骤 13 双击其他元件，调整其位置和形状，效果如图 5-21 所示。

步骤 14 框选所有元件，单击鼠标右键，在弹出的快捷菜单中选择“分散到图层”命令，将所有元件分散到图层，效果如图 5-22 所示。

图5-21　调整元件的位置和形状

图5-22　完成后的效果

5.2.3 添加并编辑关键帧

下面将在“时间轴”面板中为图层添加关键帧，并编辑不同关键帧的图形样式，制作表情包效果，其具体步骤如下。

步骤 01 在“时间轴”面板中，单击第1帧，将时间线定位到第1帧的位置，在工具栏中选择任意变形工具，按住鼠标拖曳框选所有元件，在“属性”面板“位置和大小”栏，设置“X”和“Y”均为“100”，“宽”和“高”均为“28”，如图5-23所示。

步骤 02 在“时间轴”面板上，将时间线定位到48帧的位置，单击鼠标右键，在弹出的快捷菜单中选择“插入帧”命令，为图层添加帧，效果如图5-24所示。

图5-23 更改图形位置和大小

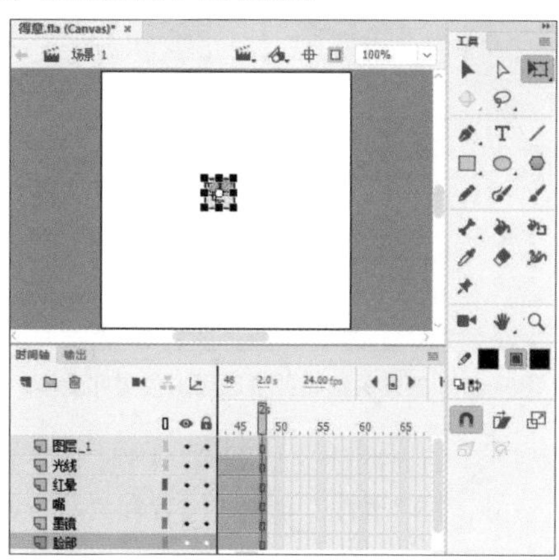

图5-24 添加帧

步骤 03 将时间线定位到第8帧，选中“光线”图层，单击鼠标右键，在弹出的快捷菜单中选择“插入关键帧”命令，为图层添加关键帧，再依次选中“红晕”“嘴”“墨镜”“脸部”图层，在第8帧位置处为其添加关键帧，如图5-25所示。

步骤 04 再次框选所有元件在“属性”面板“位置和大小”栏，设置“X”和“Y”均为“80”，“宽”和“高”均为“78”，如图5-26所示。

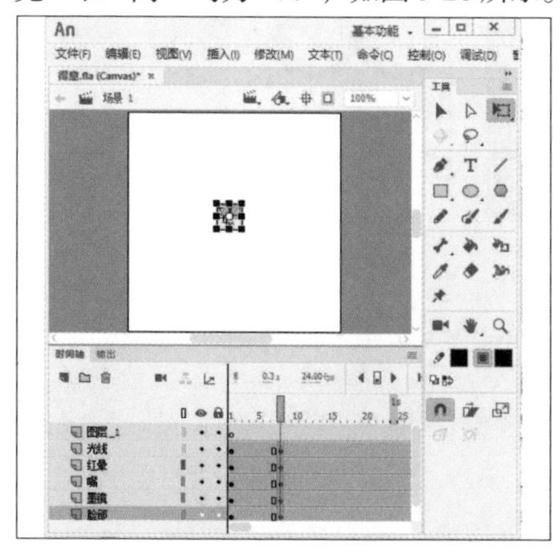

图5-25 新建关键帧1

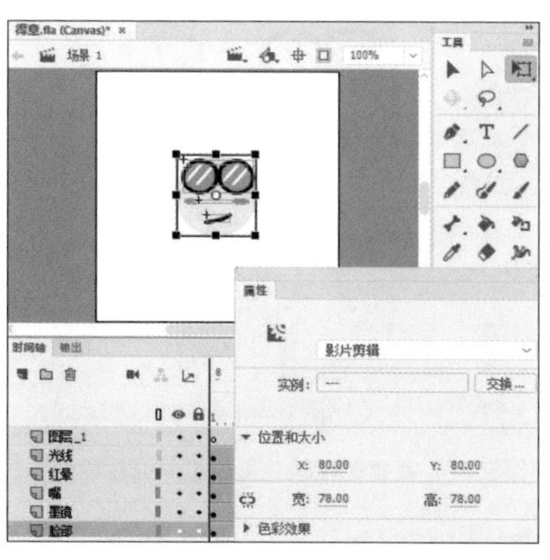

图5-26 更改图形位置和大小

步骤 05 将时间线定位到第 16 帧，单击“时间轴”面板中的按钮，依次为除“图层 _1”图层外的图层添加关键帧，在“属性”面板“位置和大小”栏，设置“X”和“Y”均为“60”，“宽”和“高”均为“128”，如图 5-27 所示。

步骤 06 选中“光线”图层，在“属性”面板“位置和大小”栏，设置“X”为“78”，“Y”为“85”，“宽”为“97”，“高”为“33”，如图 5-28 所示。

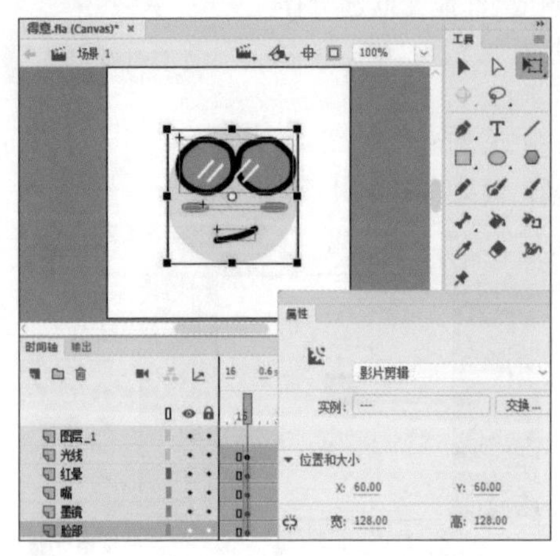

图5-27 新建关键帧并更改图形位置和大小1

图5-28 更改“光线”位置和大小

步骤 07 将时间线定位到第 24 帧，按“F6”键依次为除“图层 _1”图层外的图层添加关键帧，在“属性”面板“位置和大小”栏，设置“X”和“Y”均为“30”，“宽”和“高”均为“178”，如图 5-29 所示。

步骤 08 将时间线定位到第 32 帧，按“F6”键依次为除“图层 _1”图层外的图层添加关键帧，在“属性”面板“位置和大小”栏，设置“X”和“Y”均为“35”，“宽”和“高”均为“168”，如图 5-30 所示。

图5-29 新建关键帧并更改图形位置和大小2

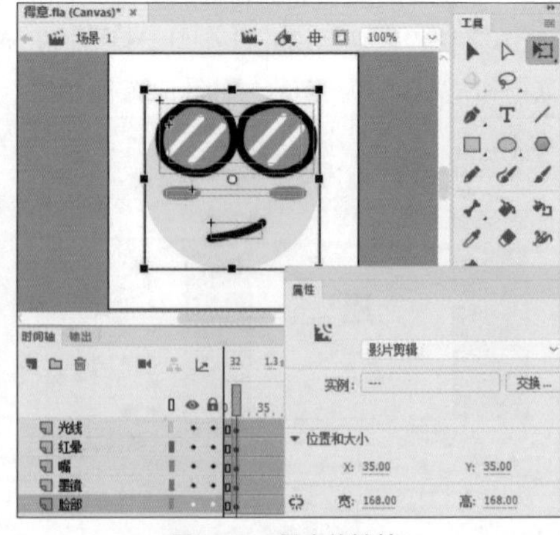

图5-30 新建关键帧2

步骤 09 将时间线定位到第 40 帧，按“F6”键为“嘴”图层添加关键帧，在“属性”

面板“位置和大小”栏，设置“宽”为“60”，“高”为“15”，如图 5-31 所示。

步骤 10 将时间线定位到第 48 帧，按“F6”键为“嘴”图层添加关键帧，在“属性”面板“位置和大小”栏，设置“宽”为“65”，如图 5-32 所示。

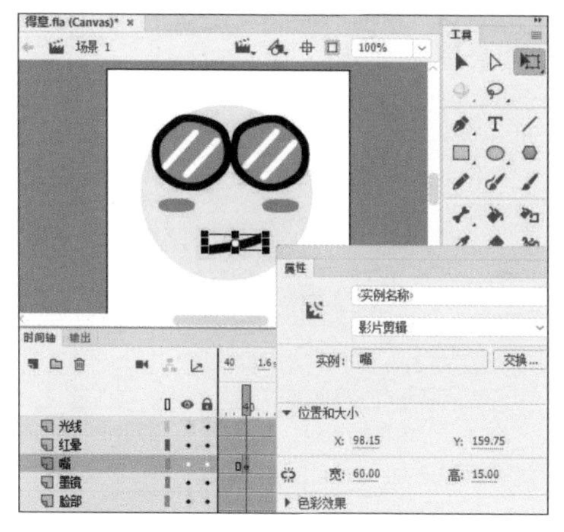

图5-31 更改图形位置和大小2

图5-32 新建关键帧3

5.2.4 创建传统补间动画

下面将在各图层关键帧中间创建传统补间，使动画文件的展示更加流畅，其具体步骤如下。

步骤 01 在“时间轴”面板中，将时间线定位到“光线”图层第 1 帧与第 8 帧中间，单击鼠标右键，在弹出的快捷菜单中选择“创建传统补间”命令，如图 5-33 所示，创建传统补间。

步骤 02 将时间线依次定位到其他关键帧之间，使用相同的方法为其创建传统补间，效果如图 5-34 所示。

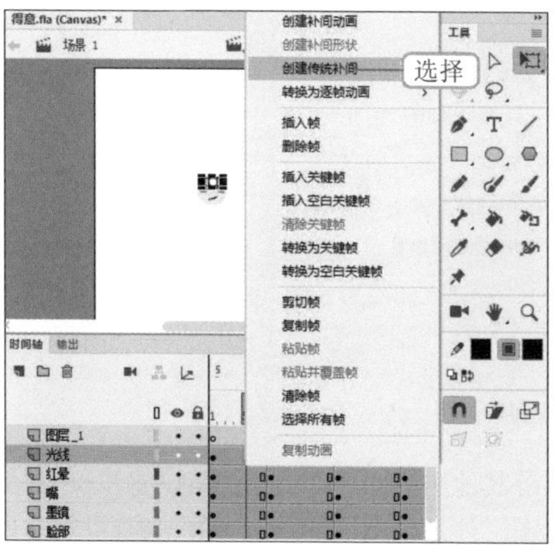

图5-33 创建传统补间

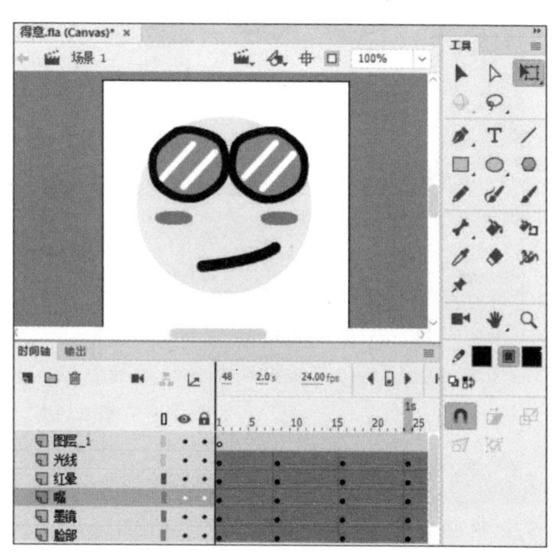

图5-34 完成后的效果

步骤 03 选择【控制】/【播放】菜单命令，即可播放已制作的动画文件，并根据该效果进行优化。

步骤 04 将时间定位到“光线”图层的第 2 帧，在“属性”面板中单击“补间”栏的“缓动类型”文本框，在打开的下拉列表中依次双击“Ease In”栏的“Quad”选项，应用该缓动效果，如图 5-35 所示。

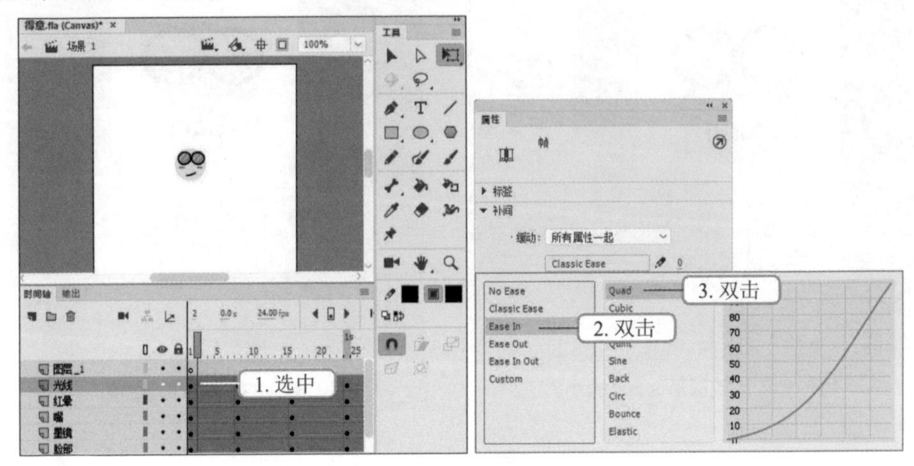

图5–35 设置缓动效果

步骤 05 将时间线定位到“光线”图层的第 25 帧，在“属性”面板中单击“补间”栏的“缓动类型”文本框，在打开的下拉列表中依次双击“Ease Out”栏的“Quad”选项，应用该缓动效果，如图 5-36 所示。

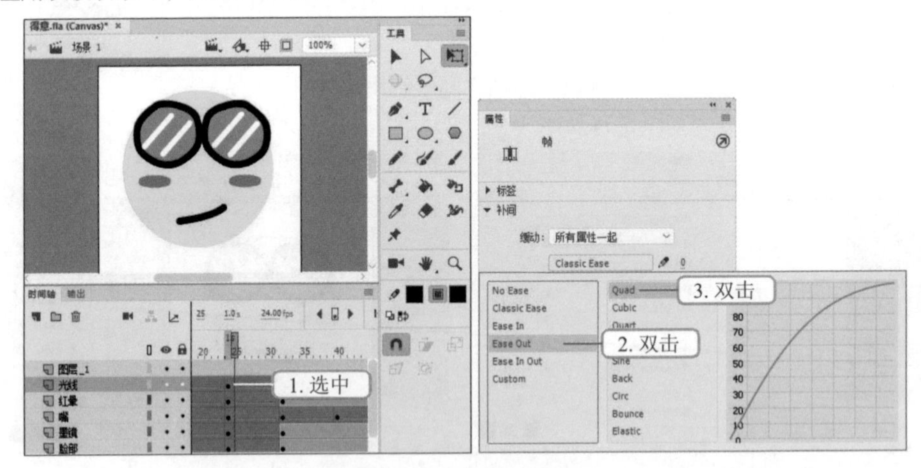

图5–36 设置缓动类型

步骤 06 依次将时间线定位到除“光线”图层外其他图层的第 2 帧，为其设置步骤 05 的缓动类型；再依次将时间线定位到除“光线”图层外其他图层的第 25 帧，为其设置步骤 06 的缓动类型。完成动画文件的缓动类型设置。

 经验之谈

如果对默认的缓动类型不满意，也可以在“属性”面板中单击“缓动类型”文本框右侧的“编辑缓动”按钮，打开“自定义缓动”对话框，如图5-37所示，根据实际需要设置缓动类型。

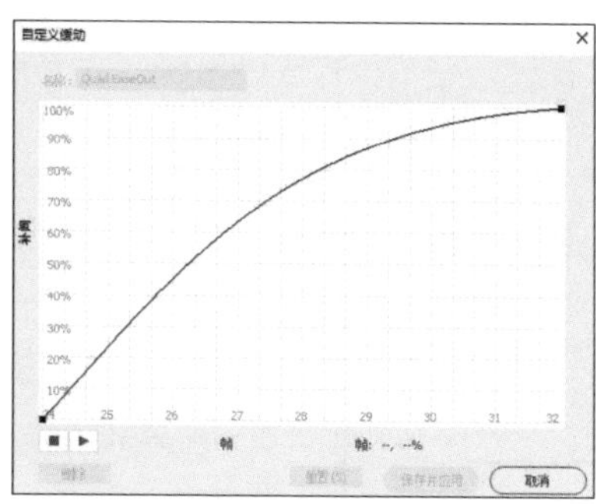

图5-37 “自定义缓动”对话框

5.2.5 导出GIF动画

下面导出动画文件，并在导出前预览动画效果，其具体步骤如下。

步骤 01 选择【文件】/【导出】/【导出动画 GIF...】菜单命令，打开“导出图像”对话框，如图 5-38 所示。

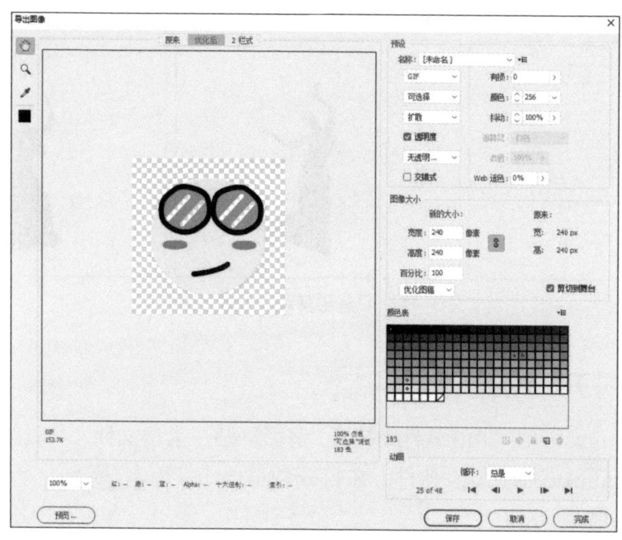

图5-38 “导出图像”对话框

步骤 02 单击左下角 预览... 按钮，即可打开网页，对表情包动画文件进行预览，如图 5-39 所示。

步骤 03 返回 Animate CC 2019“导出图像”对话框页面单击右下角 保存 按钮，即可打开“另存为”对话框，选择保存的位置，单击 保存(S) 按钮即可保存动图文件，如图 5-40 所示（配套资源 :\ 效果文件 \ 第 5 章 \ 得意）。

图5–39　动画文件预览

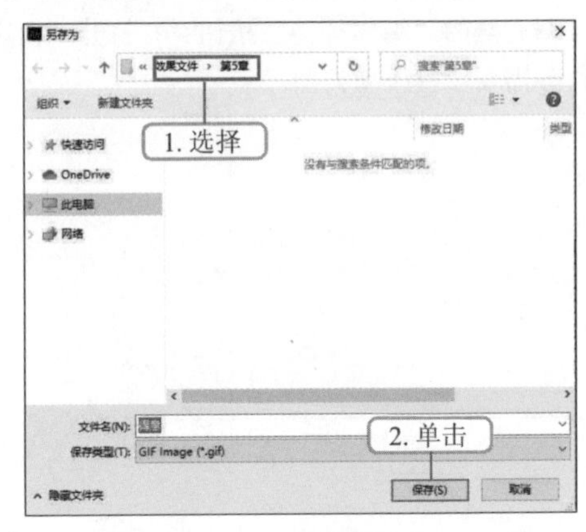

图5–40　保存动画文件

5.3 实战——制作“剪影舞蹈”动画

本例将制作“剪影舞蹈”动画，首先创建引导动画引导用户的视线，然后创建骨骼动画，设置骨骼动画属性，使人物动起来，最后创建遮罩动画，将用户的视线集中到人物上。完成后的效果如图 5-41 所示。

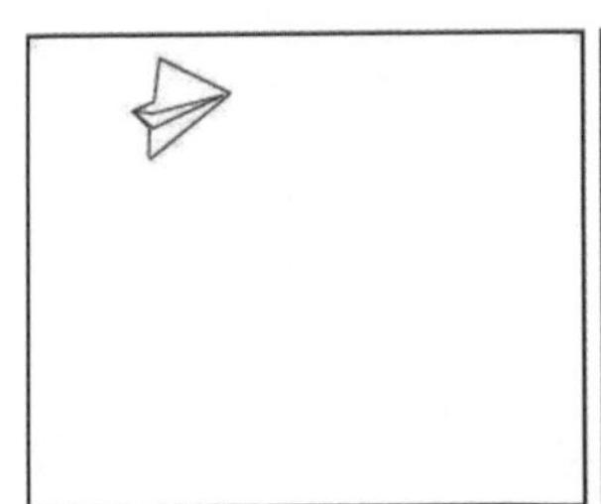

图5–41　“剪影舞蹈”动画效果

5.3.1　打开动画文件

下面将在 Animate CC 2019 软件中打开“剪影舞蹈”素材文件，其具体步骤如下。

步骤 01 启动 Animate CC 2019 软件，在打开的页面中，单击 打开 按钮，如图 5-42 所示。

步骤 02 打开“打开”对话框，选择“剪影舞蹈”素材文件（配套资源 :\ 素材文件 \ 第 5 章 \ 剪影舞蹈），如图 5-43 所示，单击 打开(O) 按钮即可打开动画文件。

打开动画文件

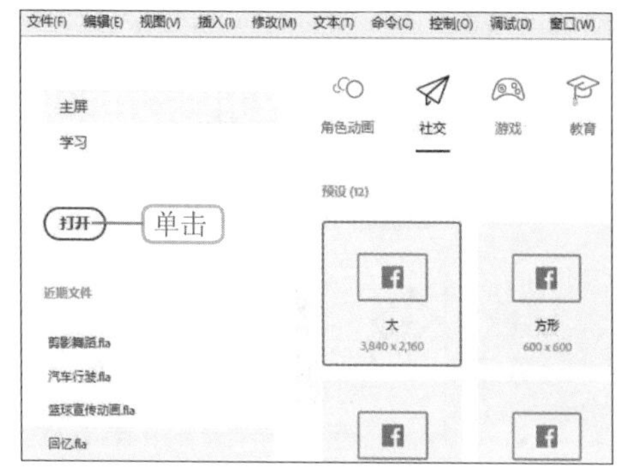

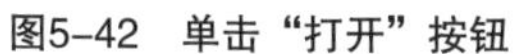
图5-42　单击“打开”按钮

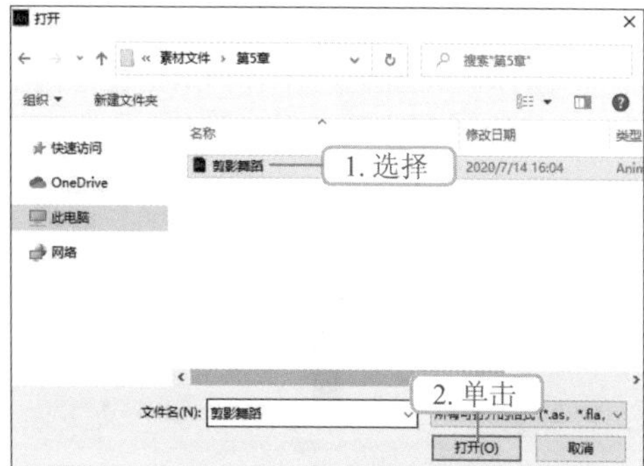

图5-43　选择素材文件

5.3.2 创建引导动画

引导动画即使动画对象沿着引导层中绘制的路径进行运动的动画，能够引导用户视线。下面将在“剪影舞蹈”动画文件中绘制纸飞机图形，然后将其转换为元件，并分散到图层，再为其添加引导层，创建传统补间动画，最后设置引导动画属性，其具体步骤如下。

步骤 01 在工具栏中选择直线工具，绘制一个纸飞机图形，如图 5-44 所示。

步骤 02 在工具栏中选择选择工具，框选纸飞机图形，按“F8”键将其转换为元件，设置“名称”为“纸飞机”，按“Ctrl+Shift+D”组合键，将其分散到图层，在该图层上单击鼠标右键，在弹出的快捷菜单中选择“添加传统运动引导层”命令，创建引导层，如图 5-45 所示。

图5-44　绘制纸飞机图形

图5-45　创建引导层

步骤 03 在工具栏中选择铅笔工具，选中“引导层：纸飞机”图层，在“场景 1”面板中绘制一条曲线，如图 5-46 所示。

步骤 04 在“时间轴”面板中将时间线定位到“纸飞机”图层的第 1 帧，在工具栏中选择选择工具，将纸飞机图形移动到引导线的开始处，并使纸飞机的中心点吸附在引导线上，选择任意变形工具，旋转纸飞机图形，使其与引导线开始的方向一致，如图 5-47 所示。

步骤 05 在“时间轴”面板中为第 20 帧的“纸飞机”图层和“引导层：纸飞机”图层创建关键帧，将纸飞机图形移动到引导线的结束处，并使纸飞机的中心点吸附在引导线上，旋转纸飞机，使其与引导线结束的方向一致，如图 5-48 所示。

步骤 06 将时间线定位到“纸飞机”图层两个关键帧之间的位置，单击鼠标右键，在弹出的快捷菜单中选择“创建传统补间”命令，创建传统补间动画，如图 5-49 所示。

图5-46 绘制引导线

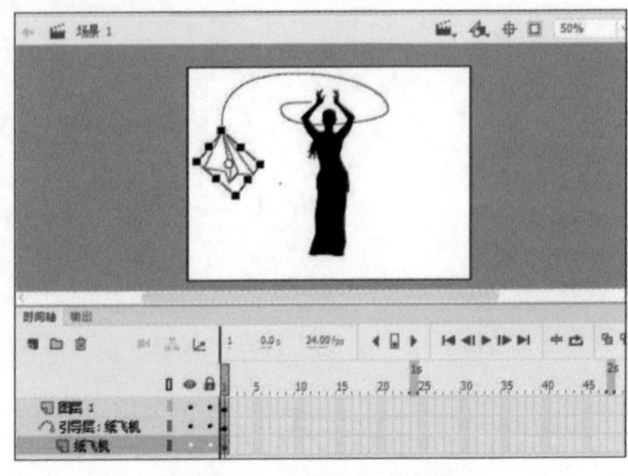

图5-47 旋转纸飞机图形

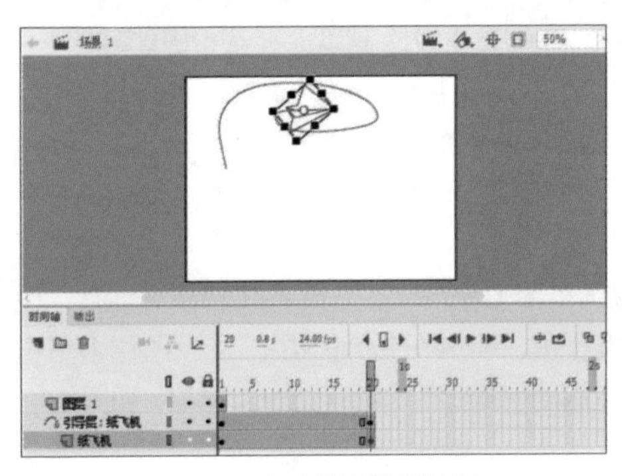

图5-48 新建并编辑关键帧

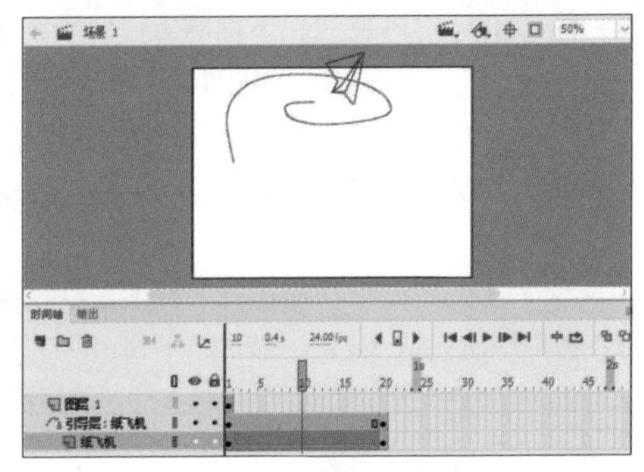

图5-49 创建传统补间

步骤 07 在工具栏中选择选择工具，选中引导线，在“属性”面板中，设置“笔触颜色”为“默认色板”最后 1 排第 1 个，“笔触”为“5.00”，在“宽度”下拉列表框中选择“宽度配置文件 2”选项，如图 5-50 所示。

步骤 08 在“时间轴”面板中，将时间线定位到“纸飞机”图层的第 1 帧，在“属性”面板中，单击选中“贴紧”“调整到路径”“延路径缩放”复选框，如图 5-51 所示。

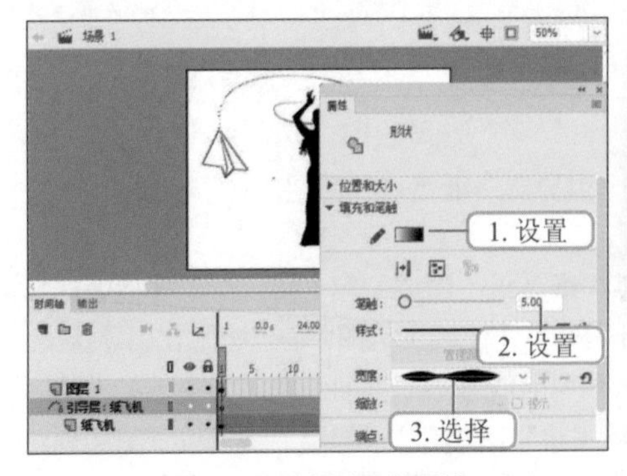

图5-50 设置引导线属性

图5-51 设置传统补间属性

5.3.3 创建骨骼动画

骨骼动画也叫反向运动，是使用骨骼关节结构对一个对象或彼此相关的一组对象进行动画处理的方法。使用骨骼后，静态的人物可以动起来，能够增添动画的趣味性。下面将为人物添加并编辑骨骼，然后创建骨骼动画，设置动画属性，其具体步骤如下。

创建骨骼动画

步骤 01 在“时间轴”面板中，将时间线定位到“图层_1”面板第1帧，按住鼠标向右拖曳将其移动到第21帧的位置，在工具栏中选择骨骼工具，在“场景1”面板中，拖曳鼠标为人物添加骨骼，效果如图5-52所示。

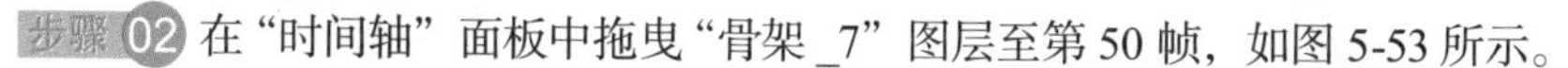
步骤 02 在“时间轴”面板中拖曳“骨架_7”图层至第50帧，如图5-53所示。

图5-52 添加骨骼

图5-53 设置骨骼动画长度

步骤 03 在工具栏中选择选择工具，在“时间轴”面板中将时间线定位到“骨架_7”图层的第26帧，在“场景1”面板中拖曳骨骼的各个元件，调整人物动作，如图5-54所示。

步骤 04 将时间线定位到第32帧，调整人物动作，如图5-55所示。

步骤 05 将时间线定位到第38帧，调整人物动作，如图5-56所示。

步骤 06 将时间线定位到第44帧，调整人物动作，如图5-57所示。

步骤 07 将时间线定位到第50帧，调整人物动作，如图5-58所示。

步骤 08 将时间线定位到第21帧，在“属性”面板“缓动”栏的“类型”下拉列表框中选择“简单(慢)”选项，如图5-59所示。

步骤 09 将时间线定位到第26帧，在“属性”面板“缓动”栏的“类型”下拉列表框中选择“简单(中)”选项，如图5-60所示。

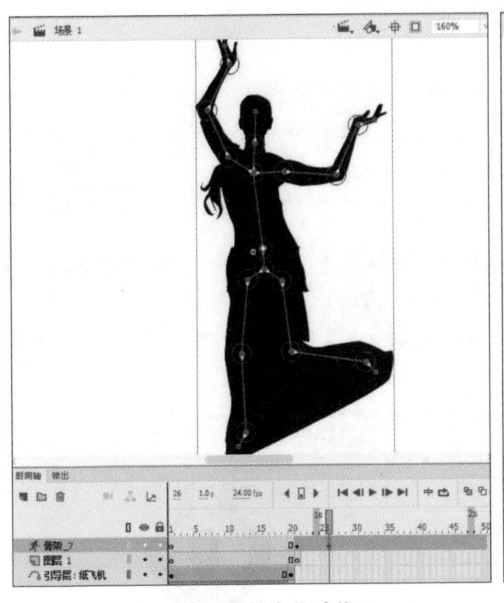

图5-54　调整人物动作1

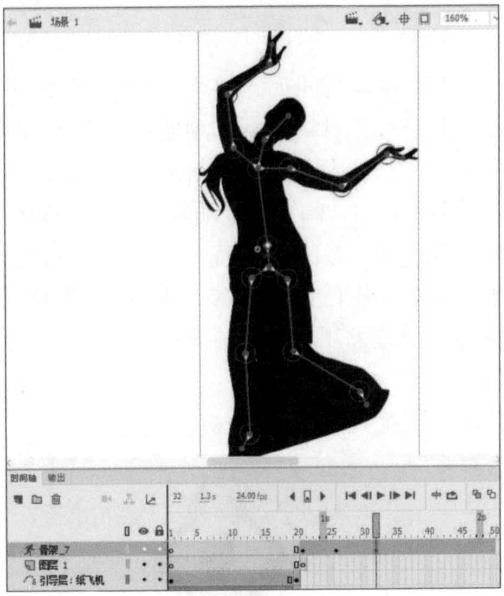

图5-55　调整人物动作2

图5-56　调整人物动作3

图5-57　调整人物动作4

步骤 10 将时间线定位到第 32 帧，在“属性”面板“缓动”栏的“类型”下拉列表框中选择“简单(快)”选项，如图 5-61 所示。

步骤 11 将时间线定位到第 38 帧，在“属性”面板“缓动”栏的“类型”下拉列表框中选择“停止并启动(慢)”选项，如图 5-62 所示。

步骤 12 将时间线定位到第 44 帧，在“属性”面板“缓动”栏的“类型”下拉列表框中选择“简单（中)”选项，如图 5-63 所示。

图5–58　调整人物动作5

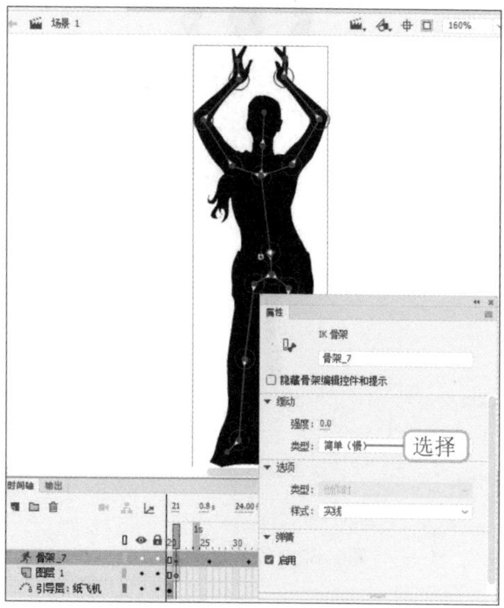

图5–59　设置缓动类型1

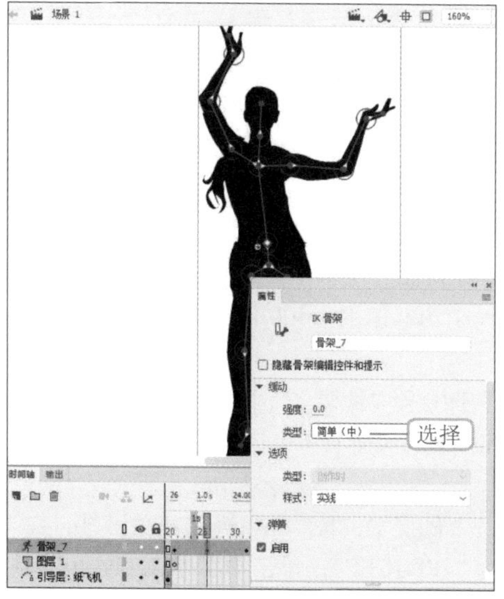

图5–60　设置缓动类型2

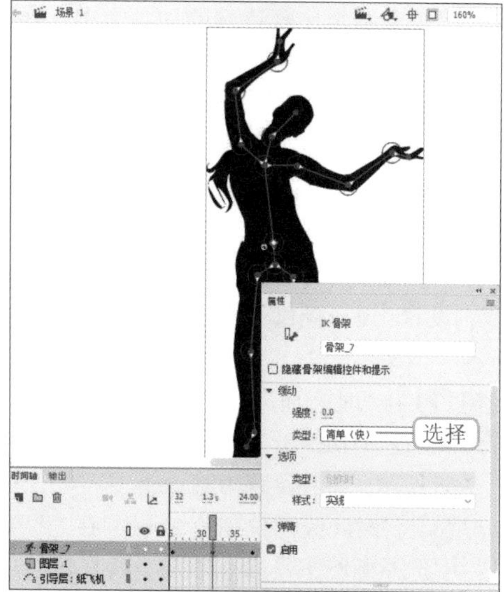

图5–61　设置缓动类型3

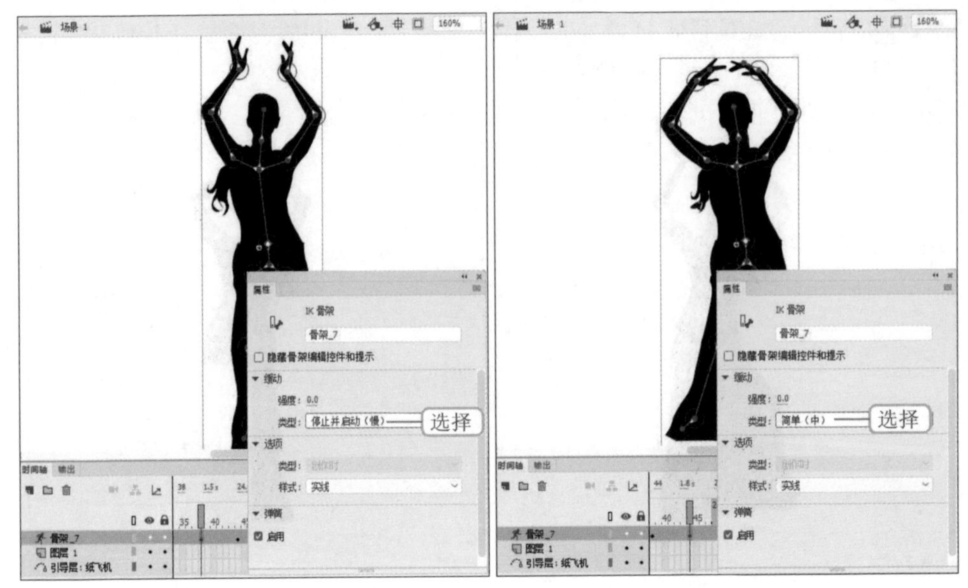

图5-62　设置缓动类型4　　　　图5-63　设置缓动类型5

5.3.4　创建遮罩动画

遮罩动画是比较特殊的动画类型，遮罩动画主要包括遮罩层及被遮罩层，其中遮罩层用于控制显示的范围及形状，用户只能看到遮罩层中的动画效果；被遮罩层则主要实现动画内容。下面将为“剪影舞蹈”动画文件创建一个遮罩动画，使用户的目光能够集中在舞蹈人物上，其具体步骤如下。

步骤 01 在“时间轴”面板中单击按钮，新建“图层 _2”图层，选择该图层将时间线定位到第 21 帧，按“F6”键新建关键帧，在工具栏中选择矩形工具，设置“填充颜色”为“#FFFFCC”，绘制一个 300 像素 ×400 像素的矩形，如图 5-64 所示。

步骤 02 在“时间轴”面板中，拖曳“图层 _2”图层至“骨架 _7”图层下方，再次单击按钮，新建“图层 _3”图层，单击鼠标右键，在弹出的快捷菜单中选择“遮罩层”命令，如图 5-65 所示，将其设置为遮罩层。

步骤 03 将时间线定位到第 21 帧，在“图层 _3”图层上，按“F6”键新建关键帧，在工具栏中选择椭圆工具，设置“填充颜色”为“#FFCCFF”，单击“时间轴”面板“图层 _3”右侧的按钮解锁图层，在“场景 1”面板中绘制一个 160 像素 ×400 像素的椭圆，效果如图 5-66 所示。

步骤 04 将时间线定位到“图层 _3”图层第 26 帧，按“F6”键新建关键帧，在“属性”面板中更改椭圆的“宽”为“215”像素，效果如图 5-67 所示。

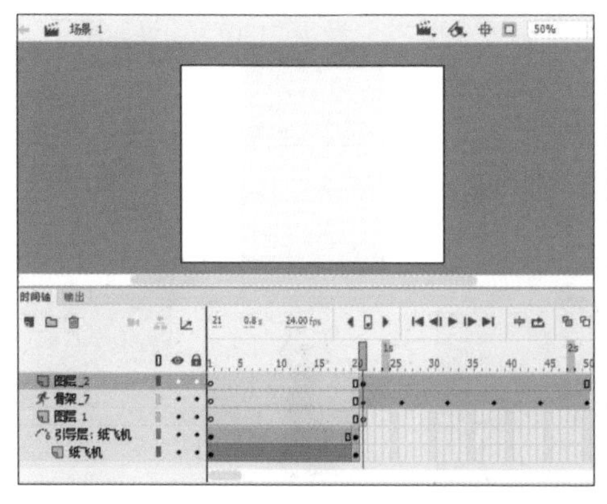

图5-64　绘制矩形

图5-65　选择“遮罩层”命令

图5-66　绘制椭圆

图5-67　更改椭圆宽度1

步骤 05 将时间线定位到“图层 _3”图层第 32 帧，按“F6”键新建关键帧，在“属性”面板中更改椭圆的“宽”为“220”像素，效果如图 5-68 所示。

步骤 06 将时间线定位到“图层 _3”图层第 38 帧，按“F6”键新建关键帧，在“属性”面板中更改椭圆的“宽”为“180”像素，效果如图 5-69 所示。

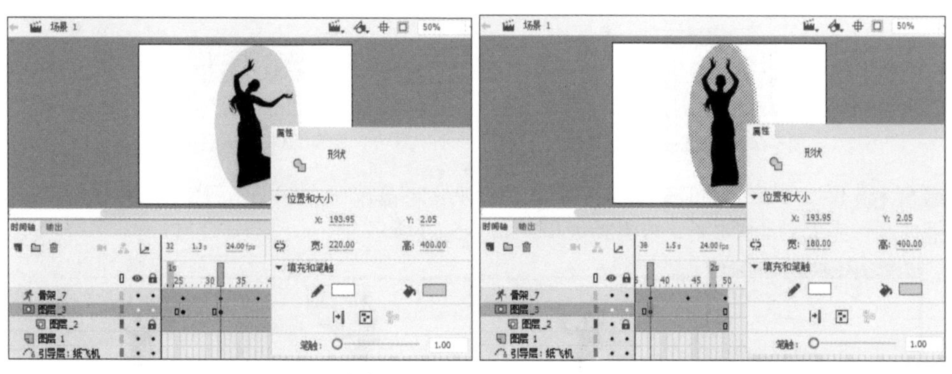

图5-68　更改椭圆宽度2

图5-69　更改椭圆宽度3

步骤 07 将时间线定位到“图层 _3”图层第 44 帧，按“F6”键新建关键帧，在“属性”

面板中更改椭圆的“宽”为“200”像素,“位置和大小”栏的“X”设为“180”,效果如图 5-70 所示。

步骤 08 将时间线定位到“图层 _3”图层第 50 帧，按“F6”键新建关键帧，在“属性”面板中更改椭圆的“宽”为“185”像素，“位置和大小”栏的“X”设为“170”，效果如图 5-71 所示。

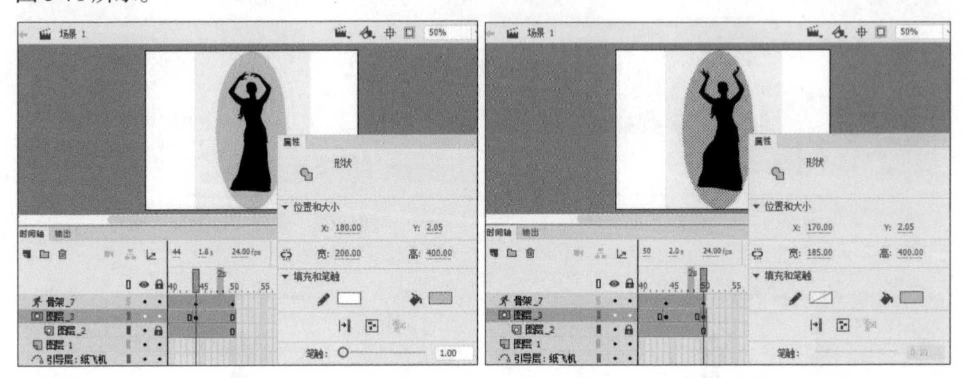

图5-70　更改椭圆宽度和位置1　　图5-71　更改椭圆宽度和位置2

步骤 09 将时间线定位到“图层 _3”图层第 21 帧与第 26 帧中间，单击鼠标右键，在弹出的快捷菜单中选择“创建补间形状”命令，如图 5-72 所示，为其创建补间形状动画。

步骤 10 依次将时间线定位到“图层 _3”图层第 26 帧与第 32 帧、第 32 帧与第 38 帧、第 38 帧与第 44 帧、第 44 帧与第 50 帧之间，为其创建补间形状动画，效果如图 5-73 所示。

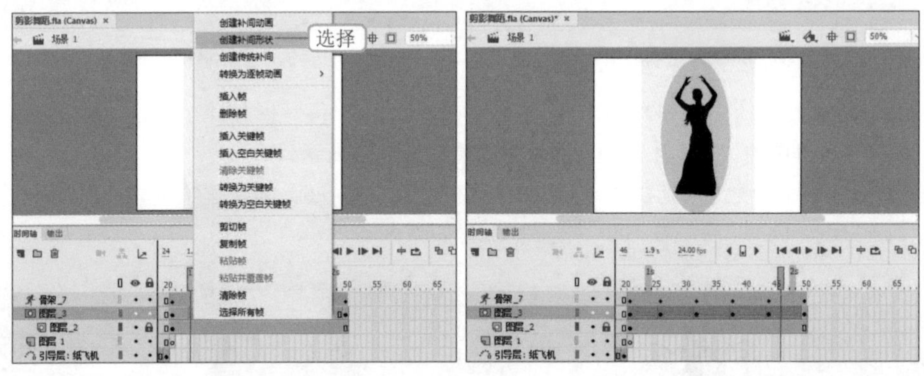

图5-72　创建补间形状　　图5-73　完成后的效果

步骤 11 再次单击“时间轴”面板“图层 _3”右侧的🔒按钮，即可锁定图层，单击▶按钮，播放制作完成的动画文件，查看其效果，如图 5-74 所示。

图5-74　播放效果截图

5.3.5 导出“剪影舞蹈”动画

播放已制作完成的动画文件可发现，引导动画中的纸飞机在播放过程中会超出舞台，且播放时会显示引导层路径，因此，下面将调整“剪影舞蹈”动画文件的舞台大小，并隐藏引导层路径，再将动画文件以视频形式导出，其具体步骤如下。

步骤 01 在“属性”面板中，单击“属性”栏中的 高级设置... 按钮，打开“文档设置”对话框，更改“舞台大小”栏的“高”为“450”，选择“锚记”下方第3排第1个选项，如图5-75所示。

步骤 02 单击 确定 按钮，更改舞台大小，效果如图5-76所示。

步骤 03 在“时间轴”面板中，选择“引导层：纸飞机”图层，单击该图层上方 按钮对应的 按钮，将其隐藏，效果如图5-77所示。

步骤 04 选择【文件】/【导出】/【导出视频】菜单命令，如图5-78所示。

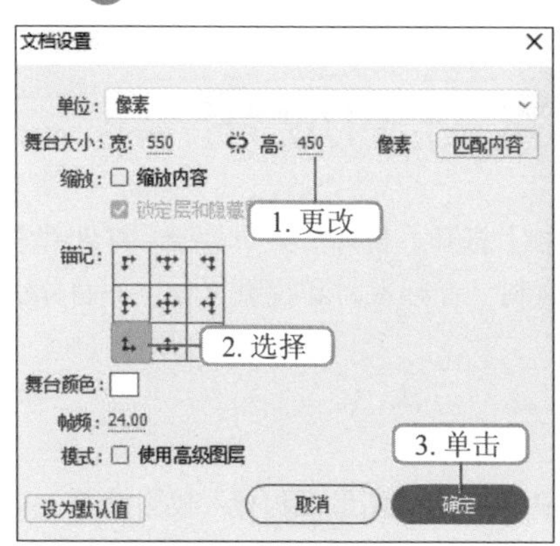

图5-75 更改舞台大小

图5-76 更改舞台大小后的效果

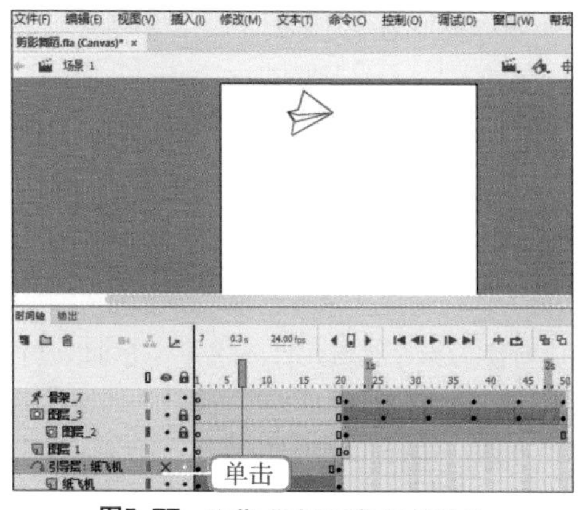

图5-77 隐藏“引导层”后的效果

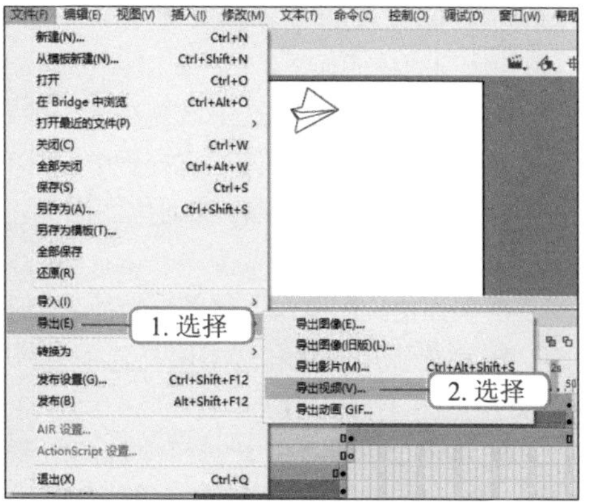

图5-78 选择“导出视频”命令

步骤 05 打开“导出视频”对话框，单击 浏览... 按钮，打开“选择导出目标”对话框，选择动画文件的存储位置，如图5-79所示，单击 保存(S) 按钮。

步骤 06 返回“导出视频”对话框，如图 5-80 所示，单击 导出(E) 按钮（配套资源 :\ 效果文件 \ 第 5 章 \ 剪影舞蹈）。

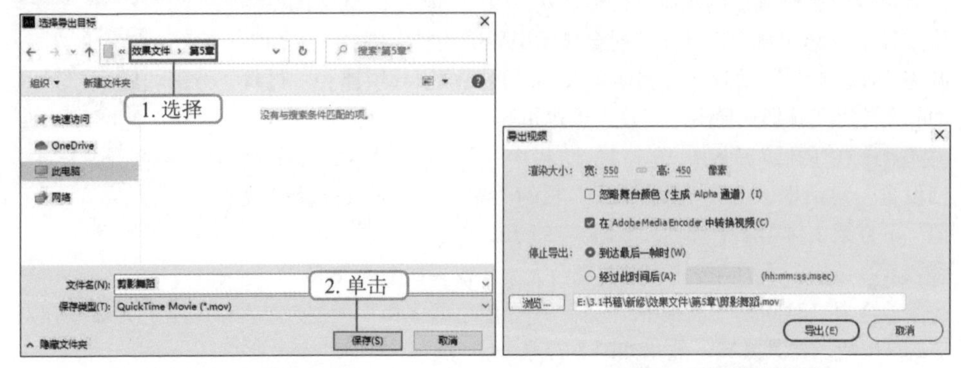

图5-79 选择存储位置　　　　图5-80 播放效果截图

5.4 拓展知识——外部素材的应用

在制作动画文件时，可以通过【文件】/【导入】/【打开外部库】菜单命令，将外部素材导入当前的文件中使用。常见的外部素材有图像素材、音频素材和视频素材，下面分别进行介绍。

1. 导入图像素材

在 Animate CC 2019 软件中，JPG、PNG、BMP 等格式的图像素材导入较为简单，只需选择【文件】/【导入】/【导入到舞台】菜单命令；或选择【文件】/【导入】/【导入到库】菜单命令，即可将图像素材导入舞台或“库”面板中。而 PSD 格式的图像素材导入则更为复杂一些，在导入 PSD 图像素材时，Animate CC 2019 软件会打开如图 5-81 所示的对话框，其中各选项的功能如下。

● 选择所有图层。选中该复选框，将导入 PSD 文件中的所有图层。

● 图层选择框。在图层选择框中可以单独选择要导入的图层。

● 具有可编辑图层样式的位图图像。选中该单选项将保留图层的样式效果，并在 Animate 中进行编辑。

● 平面化位图图像。将图层转换为位图图像，路径和样式等效果将不可编辑。

● 创建影片剪辑。选中该复选框会将图层转换为影片剪辑元件，此外，还可以设置实例的名称和对齐位置。

● 将图层转换为。此处可设置图层的转换方式，选择“Animate 图层”选项，会将 PSD 图像中的每一个图层都转换为 Animate 中的一个图层；选择“单一 Animate 图层”选项，只会建立一个 Animate 图层，PSD 图像中的所有图层的内容都放置在该图层中；选择“关键帧”选项，会为 PSD 图像中的每一个图层创建一个关键帧。

● 导入为单个位图图像。选中该复选框，将合并所有图层。

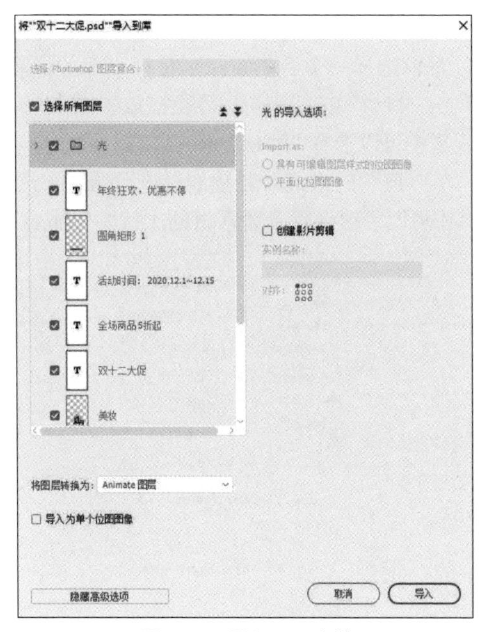

图5-81　导入PSD文件

2. 导入音频素材

音频素材只能导入 Animate 的库中，其方法与图像素材的导入一样。音频素材导入后，可以选择【窗口】/【库】菜单命令，显示“库”面板，并将“库”面板中的音频素材拖曳到舞台背景中，为动画文件添加音频。添加素材后，新媒体从业人员可以通过“属性”面板进行设置。双击“库”面板中的音频素材图标，还可以打开“声音属性”对话框，查看音频素材的相关信息，包括文件名、文件路径、创建时间和声音的长度等，如图 5-82 所示。

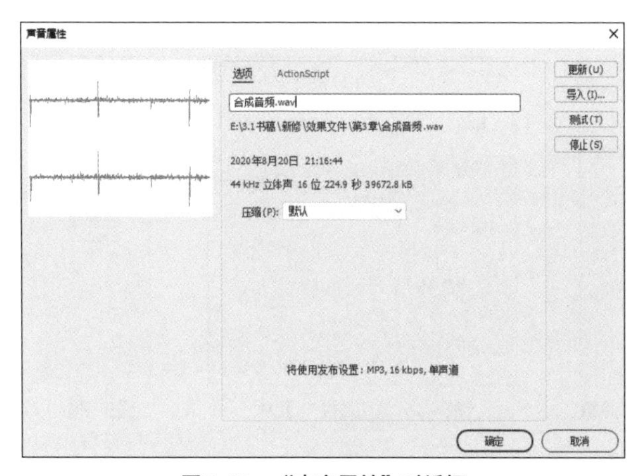

图5-82　“声音属性”对话框

此外，如果导入的音频素材在外部进行了修改，可以单击 更新(U) 按钮更新声音文件；单击 导入(I)... 按钮则可以重新选择一个音频素材来替换当前的音频素材，单击 测试(T) 按钮可以播放音频素材，单击 停止(S) 按钮则可以停止播放音频素材。

在“压缩”下拉列表框中可以选择“默认”和“MP3”两个选项，选择“默认”选项，将使用“MP3，16kbit/s，单声道”的格式对音频素材进行压缩；选择“MP3”选项将会显示详细的压缩选项，在其中可以手动设置音频素材的比特率、品质等，如图 5-83 所示。

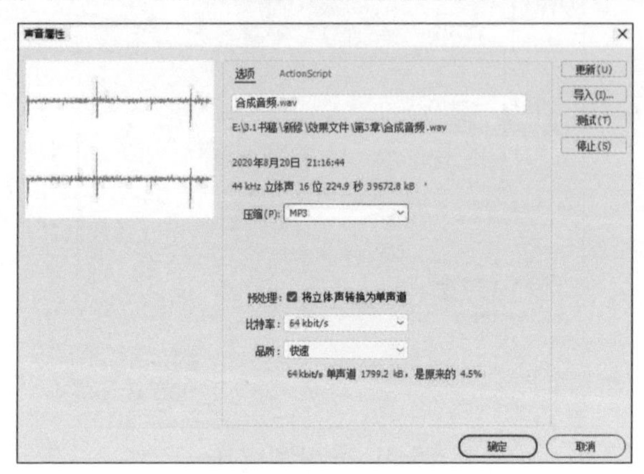

图5-83　设置压缩属性

3. 导入视频素材

在 HTML5 Canvas 格式下 Animate 软件不能直接导入视频文件，需要先插入一个“Video”组件，然后通过“源”属性来插入视频。

选择【窗口】/【组件】菜单命令，打开“组件”面板，如图 5-84 所示，展开“视频”选项，将其下的“Video”组件拖动到舞台中，即可添加“Video”组件。选择添加的“Video”组件，在“属性”面板中将显示 显示参数 按钮，如图 5-85 所示。单击该按钮将打开“组件参数”面板，在其中可以设置 Video 组件的参数，如图 5-86 所示。

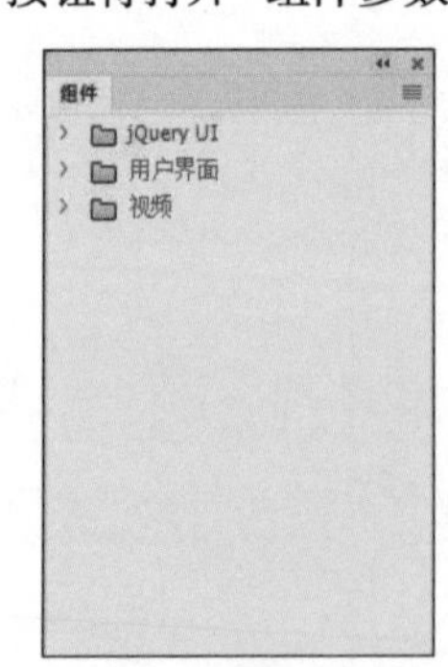

图5-84　“组件”面板

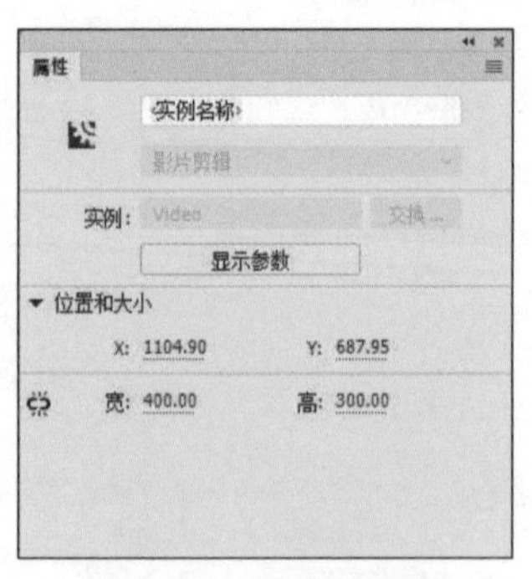

图5-85　“属性”面板

图5-86　“组件参数”面板

单击“源”后的按钮，打开如图 5-87 所示的“内容路径”对话框，单击按钮，打开“浏览源文件”对话框，在其中选择需要的视频文件，然后单击 打开(O) 按钮返回“内容路径”对话框，如图 5-88 所示，再单击 确定 按钮即可导入视频。

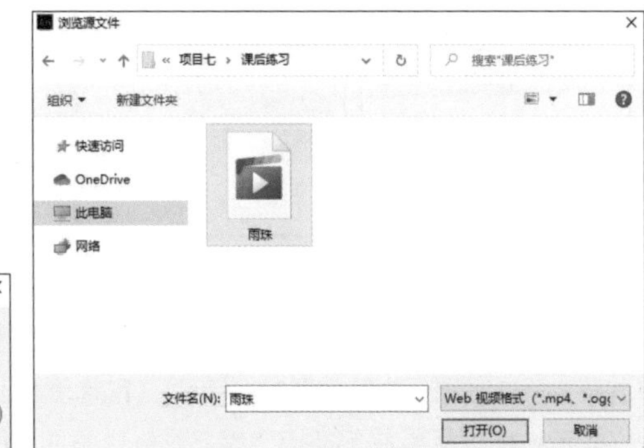

图5–87 “内容路径”对话框

图5–88 “浏览源文件”对话框

经验之谈

在选择视频文件并返回“内容路径”对话框后，可以选中“匹配源尺寸”复选框，这样在单击 确定 按钮后会自动调整Video组件的尺寸大小与视频文件的尺寸大小一致。

Video“组件参数”面板中的其他参数的作用如下。

● 自动播放。选中该复选框，当动画播放到 Video 组件所在的帧时，会自动播放视频。否则将不播放视频，需要用户单击控制栏中的“播放”按钮时，才会播放。

● 控制。选中该复选框，将在视频的下方显示一个播放控制栏，否则将不会显示。

● 已静音。选中该复选框，播放视频时将静音。

● 循环。选中该复选框，将循环播放视频，否则当视频播放完成后将停止，需用户再次单击“播放”按钮后才能重新播放。

● 海报图像。单击其后的按钮，在打开的“内容路径”对话框中可以设置一张图片作为视频的海报，当视频加载时将显示该图片。

● 预加载。选中该复选框将预先加载视频文件，否则只有播放到视频所在帧时才会加载视频。

● 类。设置 Video 组件的 CSS 类名，可以通过 CSS 样式文件控制 Video 组件的样式。

5.5 课后练习

（1）制作“哭泣”表情包文件，效果如图5-89所示。（配套资源:\效果文件\第5章\哭泣）

提示：首先绘制哭泣表情包的脸部、眉毛、嘴和眼睛形状，然后将其拼合成表情包，再新建“泪水”图层，新建关键帧，改变“泪水”的形状，再为“脸部”“眉毛”“嘴”“眼睛”图层创建传统补间，为“泪水”图层设置传统补间形状。

图5-89 “哭泣”表情包效果

(2) 打开“孙悟空”素材文件（配套资源:\素材文件\第5章\孙悟空），为其创建骨骼动画，使其产生行走效果，效果如图5-90所示。（配套资源:\效果文件\第5章\孙悟空）

提示：首先需要将元件从“库”面板中拖曳到舞台中，再对其进行排列并创建骨骼动画，然后新建关键帧，修改孙悟空行走姿势，最后设置骨骼属性。

图5-90 “孙悟空”效果

(3) 通过遮罩图层制作动态文字效果，效果如图5-91所示。（配套资源:\效果文件\第5章\动态文字）

提示：首先绘制渐变的矩形，然后新建图层，输入文字内容并将图层转换为遮罩层，最后新建关键帧并创建传统补间动画。

使用Animate CC 2019制作动画

使用Animate CC 2019制作动画

使用Animate CC 2019制作动画

图5-91 “动态文字”效果

第 6 章
使用自媒体工具

随着智能手机的普及和社会的发展，自媒体飞速发展。自媒体是指普通大众通过网络等途径发布信息的传播方式。在对信息进行传播时，经常会用到自媒体工具对信息进行加工、编辑。本章将对常见的自媒体工具进行介绍。

6.1 实战——使用 135 编辑器排版图文

135 编辑器是一款提供文章排版和内容编辑的在线工具，其样式丰富、功能全面，能够提高图文内容的版式效果，优化用户的阅读体验，给用户留下良好的印象。

6.1.1 图文排版基础知识

在对图文进行排版时，新媒体从业人员要考虑图文的整体版面风格，根据风格选择合适的模板，再对文字进行排版，提高版式美观度，最后还需要结合版面风格与文字内容，对图片进行排版。

1. 版面风格

由于文章内容的重点、语言风格不同，新媒体从业人员在对图文进行排版时，需要选择的风格也不同，但总体来说，都应该与媒体账号的主体风格保持一致。当媒体账号拥有自己独特的版面风格后，还能与竞争对手形成差异，提高竞争力。

在同一文章中，版面的排版方式应保持一致，如统一文字对齐方式，使版面更加简洁，方便用户阅读。如果媒体账号拥有不同栏目，那么同一栏目中的图文版式应保持一致，而不同栏目间的图文版式可做区分，但还是应与媒体账号的整体风格保持一致。图 6-1 所示为某鲜花公众号发布的图文版式，其统一使用了圆角矩形和矩形，版面风格统一，内容也较为一致。

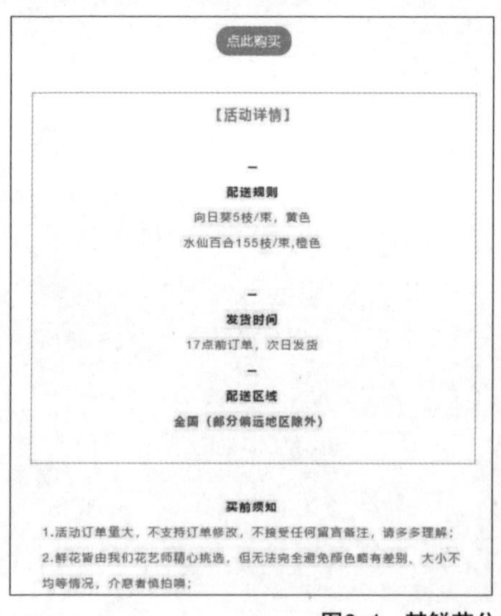

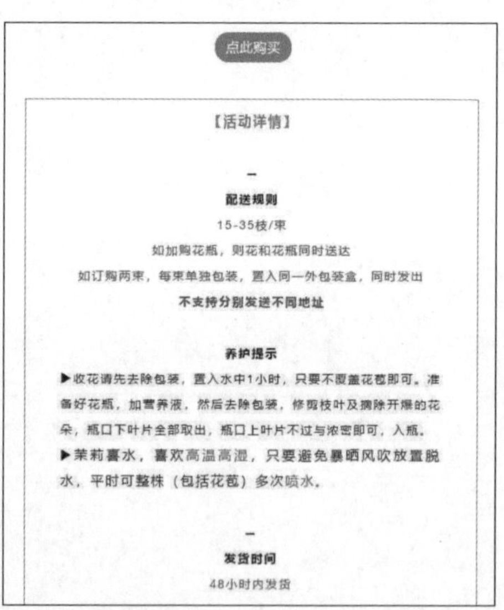

图6–1 某鲜花公众号发布的图文版式

2. 文字排版

文字排版主要包括对文字颜色、文字字号和文字间距的设置。

（1）文字颜色

文字是用户接收信息的主要渠道，而适宜的文字颜色能够使用户在阅读时保持良好的心情。新媒体从业人员可结合媒体账号的整体风格、文章的情感色彩，设置文字颜色，或选择色号为 #7f7f7f、#595959、#3f3f3f 的常见颜色，因为这 3 种颜色与白色的对比效果比纯黑色（#000000）与白色的对比效果更为和谐，不容易对眼睛造成刺激，可以给用户带来更好的阅读体验。

经验之谈

一些比较重要的关键性的文字，可以使用暖色系的颜色（如橙色、红色等）进行突出显示，但切忌使用亮黄色、荧光绿等刺激性太强的颜色。同时，一篇文章中也不宜出现太多种文字颜色，尽量保持简单、清新的文字风格。

（2）文字字号

新媒体时代，用户接收信息的方式不再仅限于计算机，手机、平板电脑等携带方便、能够随时上网的移动设备成了用户喜爱且常用的阅读设备。当然，不论是利用计算机还是移动设备进行阅读，文字字号的大小都相当重要，若文字太小，用户很可能无法在习惯的阅读距离内看清文字内容；若文字太大，那么有限的空间中就无法表现更多内容，会造成资源的浪费。一般来说，正文内容字号可以设置为 14~16px，而正文标题字号可以比正文内容字号稍大。

（3）文字间距

文字间距包括文字与文字之间的字间距、行与行之间的行间距和段落与段落之间的段间距，下面分别进行详细介绍。

① **字间距**。字间距是指文字与文字之间的距离，一般字间距为 1px 或 2px 时的阅读体验较为舒适。

② **行间距**。行间距是指文字上一行与下一行之间的距离，它是每行文字之间的纵向间距。设置行间距可以直接影响图文的篇幅长短，一般默认的行间距在手机上显示都较为拥挤，因此为了提高用户的阅读体验，新媒体从业人员需要对图文的行间距进行手动设置。一般来说，行间距往往会设置为 1.5~2 倍。

③ **段间距**。段间距是指段落与段落之间的距离，根据段落方向可以分为段前距和段后距。新媒体从业人员可以结合整体版面对图文设置不同的段间距。

3. 图片排版

在众多内容表现形式中，图文是使用频率较高的表现形式。图文类文章中的图片可以适当缓解用户阅读大量文字时的疲劳，但在选择图片时，新媒体从业人员应注意图片的清晰度，及其与文章主题的契合性。另外，将图片放在正文中时还要遵循两个原则，一是图片的统一性，即图片的样式要保持一致（所有图片都为矩形、圆形或不规则图形），且要与正文版面的风格一致；二是图文间距要合适，既保证文字与图片之间的间距适合用户阅读，又要保证在连续展示多张图片时，图片与图片之间的距离合适，不能使用户产生多张变一张的错觉。

同时，还要注意图片的大小与图片排版。建议图文中的图片格式设置为 JPG 格式，该格式文件较小，更方便移动端用户查看。图片排版时还要尽量在文章两侧和正文前后留白，其对齐方式一般采用居中对齐，以提升用户的阅读体验。

6.1.2 文档导入

在 135 编辑器中排版图文时，新媒体从业人员可以直接将文章内容复制粘贴到编辑区；也可以通过工具栏中的“文档导入”按钮，将计算机中的文章内容导入编辑区。下面将通过 135 编辑器中的“文档导入”按钮导入文章内容，其具体步骤如下。

步骤 01 打开“135 编辑器”官网，单击工具栏中的“文档导入”按钮，打开“打开”对话框，此处选择“古琴挑选方法”素材文件（配套资源 :\ 素材文件 \ 第 6 章 \ 古琴挑选方法），如图 6-2 所示。

步骤 02 单击 打开(O) 按钮，即可将文章内容导入 135 编辑器编辑区，如图 6-3 所示。

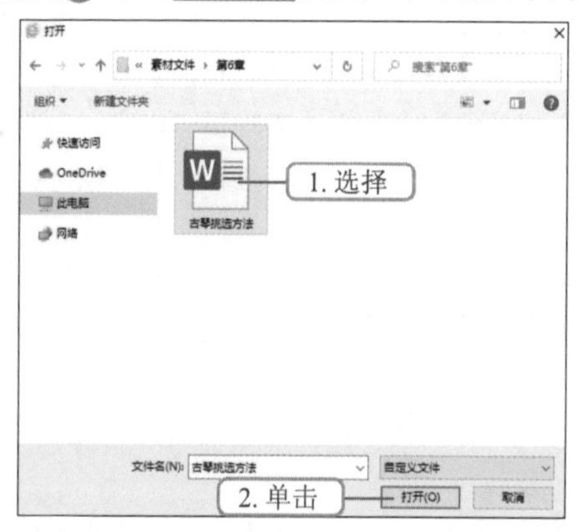

图6-2 导入文章

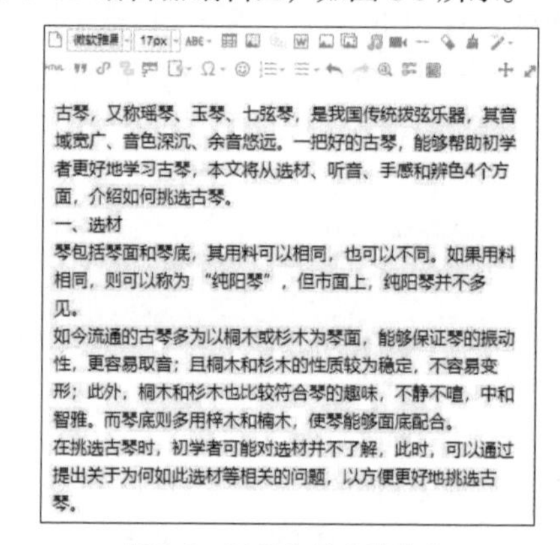

图6-3 已导入的文章内容

经验之谈

此外，单击工具栏中的“导入文章内容”按钮，并将微信公众号、今日头条、百家号、知乎专栏、网易号等平台的文章链接粘贴到文本框中，即可导入相关文章内容。

经验之谈

新媒体从业人员也可单击 135 编辑器编辑区右侧的 导入文章 按钮，在弹出的快捷菜单中分别选择“导入网页文章”“Word、Excel”“PPT、PDF”命令，导入相应文章内容。需注意，导入“Word、Excel”需要 135 编辑器账号开通标准以上会员，且最大只能上传 5MB 以内文档；导入“PPT、PDF”需要 135 编辑器账号开通高级以上会员，最大只能上传 5MB 以内文档，且不可编辑。

6.1.3 添加图片

在 135 编辑器中添加图片有两种方法，一种是单图上传，一种是多图上传，前者适用于同一位置只添加一张图片的情况，后者适用于同一位置需要添加多张图片的情况。下面将在已导入的文章内容中添加图片，其具体操作如下。

添加图片

步骤 01 将鼠标指针定位到“一、选材”文字内容最后一段“以方便更好地挑选古琴。”文字后，按“Enter”键换行，单击“单图上传”按钮，打开“打开”对话框，选择“古琴 1”素材文件（配套资源 :\ 素材文件 \ 第 6 章 \ 古琴 1），如图 6-4 所示，单击打开(O)按钮上传图片。

步骤 02 单击图片，右侧将出现“图片”选项卡，选择“宽度”选项，在文本框中输入“50”，将图片宽度调整为原图的 50%，如图 6-5 所示。

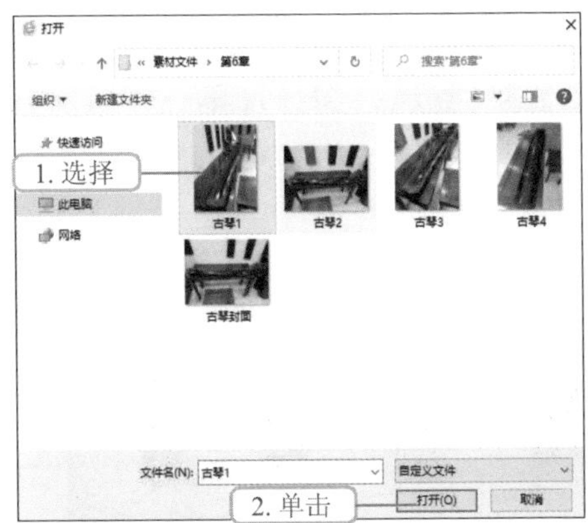

图6-4 选择素材文件

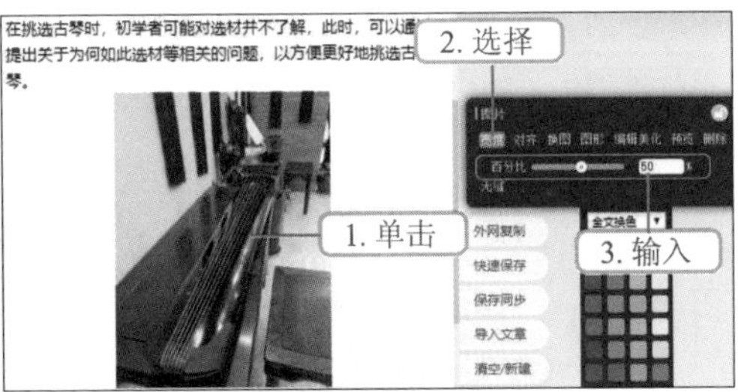

图6-5 设置图片宽度

步骤 03 选择“对齐”选项，在打开的下拉列表中选择“居中”选项，如图 6-6 所示。

步骤 04 选择“编辑美化”选项，打开“编辑图片”对话框，在左侧依次单击按钮和“自定义”按钮，拖曳鼠标指针对图片进行裁切，如图 6-7 所示，单击✓ 应用按钮完成裁切。

步骤 05 继续在“编辑图片”对话框左侧单击按钮，单击更多滤镜按钮，在打开的对话框中选择“clarity”选项，如图 6-8 所示，单击确认按钮完成滤镜设置；单击“编辑图片”对话框右上角完成编辑按钮，完成图片的编辑美化。

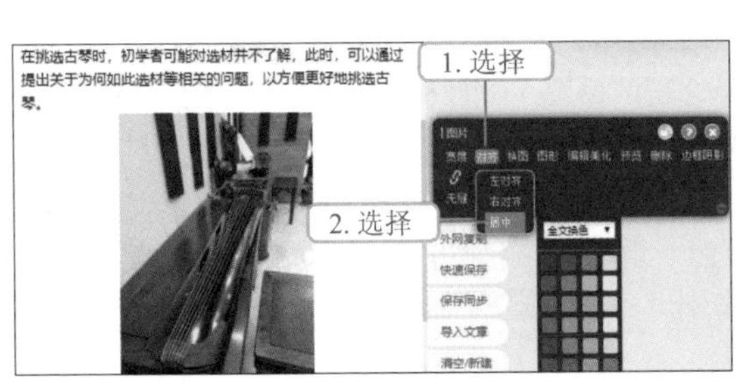

图6-6 图片设置对齐方式

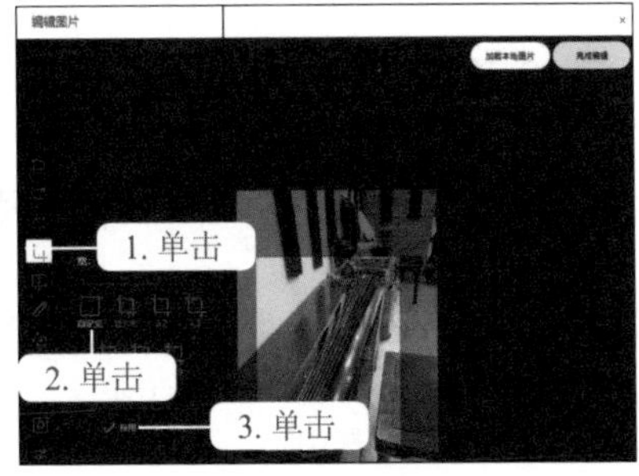

图6-7 裁切图片1

步骤 06 在“图片”选项卡中选择“边框阴影”选项，打开“图片边框阴影”对话框，选择“右下阴影”选项，单击 应用到当前图片 按钮，如图 6-9 所示，完成图片的边框阴影设置。该图片编辑完成后的效果如图 6-10 所示。

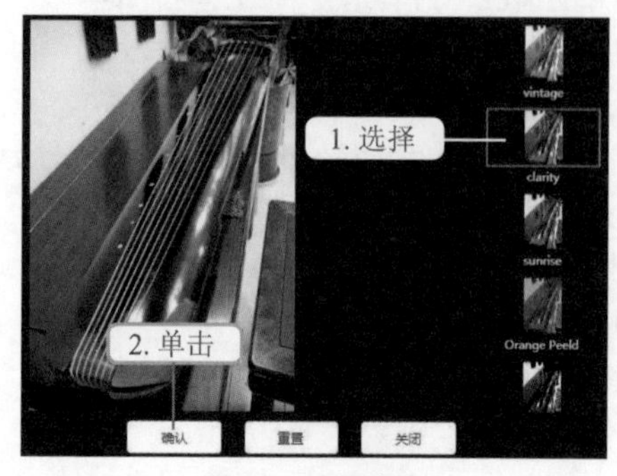

图6–8　设置滤镜

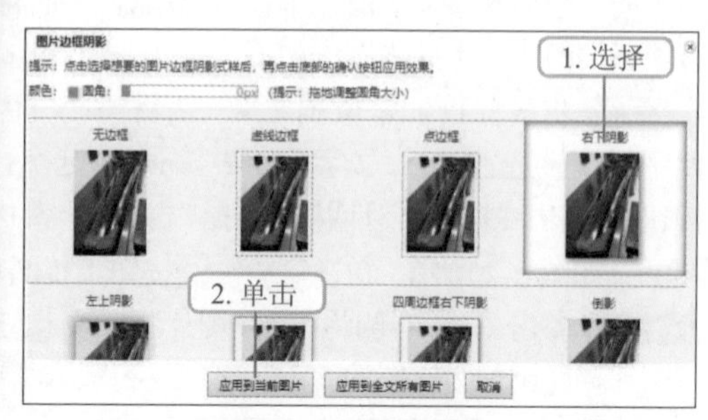

图6–9　设置边框阴影

步骤 07 将“古琴 2”素材文件（配套资源:\素材文件\第 6 章\古琴 2）添加到“且韵味悠长。”文字后面。单击图片，在右侧“图片”选项卡中设置“对齐”为“居中”；设置“图形”为“3∶2”，设置“边框阴影”为“左上阴影”，效果如图 6-11 所示。

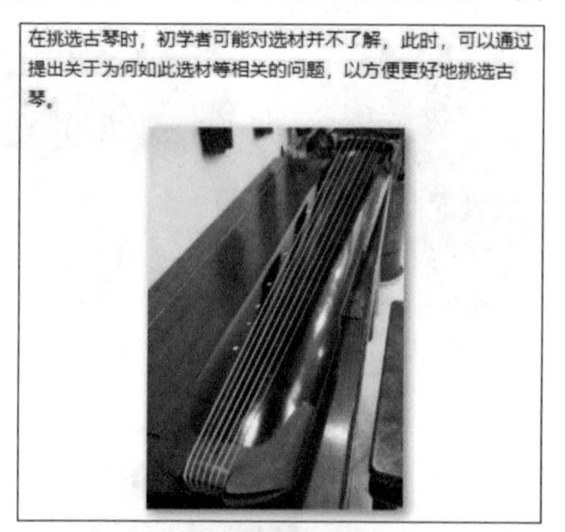

图6–10　完成后的效果1

图6–11　完成后的效果2

步骤 08 将“古琴 3”素材文件（配套资源:\素材文件\第 6 章\古琴 3）添加到“又不觉得吃力是较好的琴弦状态。”文字后面。单击图片，在右侧“图片”选项卡中设置“宽度”为“50”，设置“对齐”为“居中”。

步骤 09 选择“编辑美化”选项，打开“编辑图片”对话框，在左侧单击按钮，单击“正方形”按钮，在图片中拖曳鼠标指针至合适的位置，如图 6-12 所示，单击 ✓ 应用 按钮，完成图片的裁切；单击 完成编辑 按钮，完成图片的编辑美化，并设置“边框阴影”为“倒影”，效果如图 6-13 所示。

步骤 10 将“古琴 4”素材文件（配套资源:\素材文件\第 6 章\古琴 4）添加到“好的琴往往会瞬间提亮漆面。”文字后面。单击图片，在右侧“图片”选项卡中设置“宽度”为“50”，设置“对齐”为“居中”。

步骤 11 选择“编辑美化”选项，在打开的“编辑图片”对话框中，单击按钮，单击“水平翻转”按钮，将图片水平翻转，如图 6-14 所示，单击按钮，完成图片的编辑美化，并设置“边框阴影”为“右部虚化”，效果如图 6-15 所示。

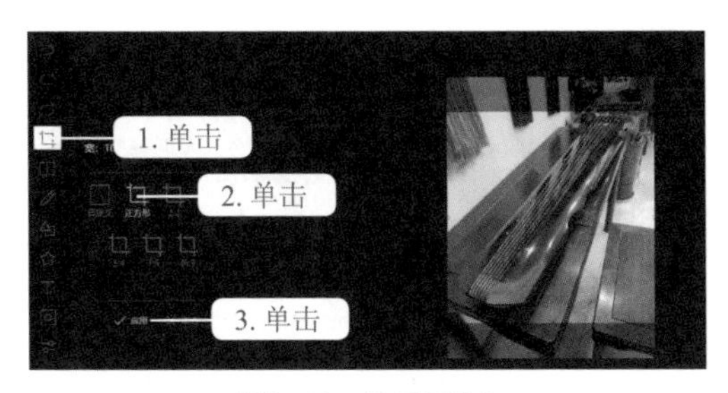

图6-12 裁切图片2

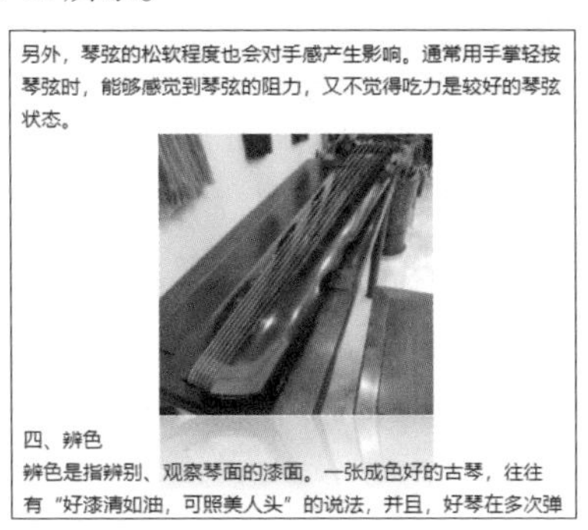

图6-13 完成后的效果3

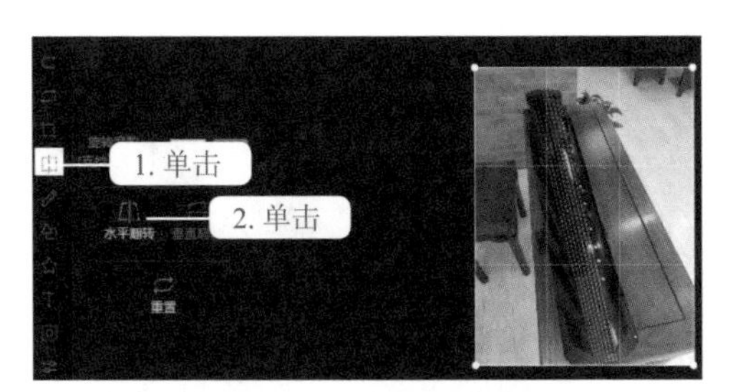

图6-14 水平翻转图片

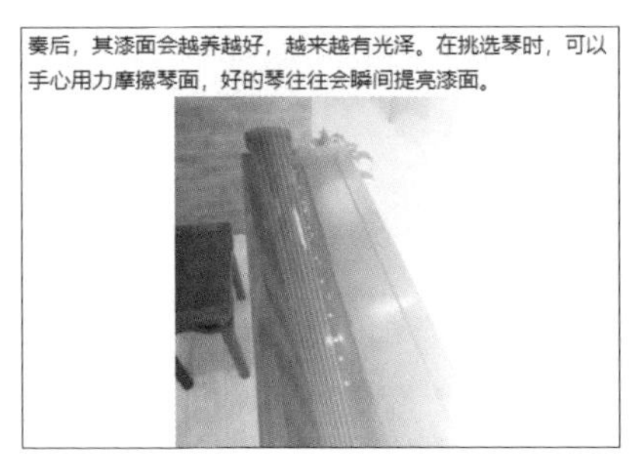

图6-15 完成后的效果4

6.1.4 选择样式

对图文进行排版时，新媒体从业人员可以选择多样式对版面进行优化。需注意，同一图文内容中，样式风格必须保持一致，并与主题契合。下面将对该篇图文内容设置同一样式，由于该篇图文内容介绍的是古琴的挑选方法，因此选择古典风格的样式，其具体步骤如下。

步骤 01 在 135 编辑器页面左侧单击“样式”选项卡，选择“更多”选项，在打开的下拉列表中选择“古典”选项，为“一、选材”“二、听音”“三、手感”“四、辨色”文字内容应用 ID 为“97699”的样式，如图 6-16 所示。

步骤 02 选中文章第一段文字内容，为其应用 ID 为“97686”的样式；选中“一、选材”部分的文字内容和图片，为其应用 ID 为“97684”的样式，效果如图 6-17 所示。选中“二、听音”部分的文字内容和图片，为其应用 ID 为“97683”的样式，效果如图 6-18 所示。

步骤 03 选中“三、手感”部分的文字内容和图片，为其应用 ID 为“97684”的样式，效果如图 6-19 所示。选中“四、辨色”部分的文字内容和图片，为其应用 ID 为“97683”的样式，效果如图 6-20 所示。

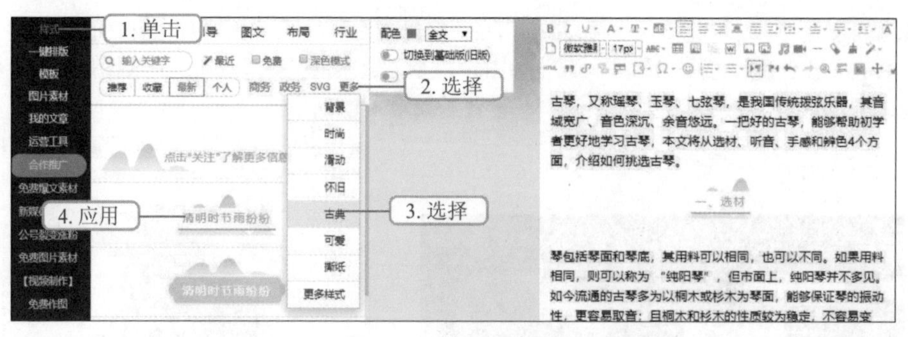

图6-16　选择标题样式

图6-17　选择第一段文字样式

图6-18　选择第二段文字样式

图6-19　选择第三段文字样式

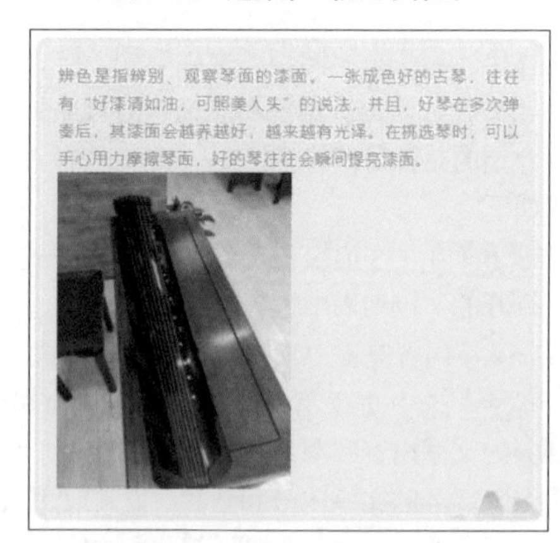

图6-20　选择第四段文字样式

步骤 04 将鼠标指针定位到文章内容最后，选择“引导”选项卡，在打开的下拉列表中选择“分割线”选项，选择编号为“99093”的分割线样式，如图 6-21 所示。

步骤 05 单击选中“一、选材”“三、手感”“四、辨色”部分的图片，在右侧“图片”选项卡中设置对齐方式为“居中”，如图 6-22 所示。

图6-21 选择分割线样式

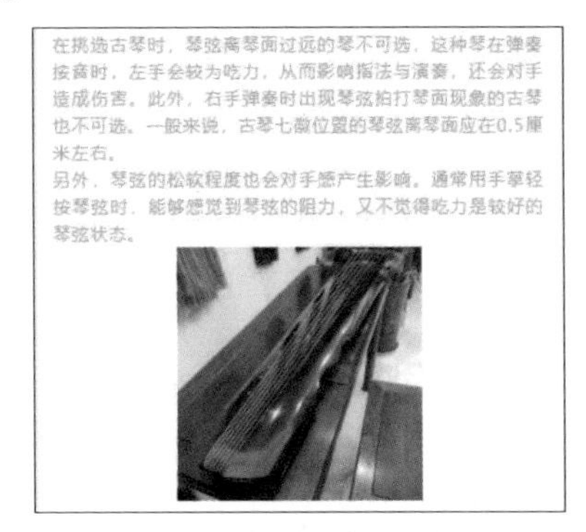

图6-22 设置图片对齐方式

6.1.5 更改样式

在实际运用过程中，135 编辑器中的样式可能无法满足图文排版的需求，此时，新媒体从业人员可对 135 编辑器中已选择的样式进行更改，使其更符合实际需求。下面将对已选择的样式进行相应更改，并对更改后的样式进行保存，其具体步骤如下所示。

步骤 01 单击选中文章首段，其右侧会出现“全局样式”选项卡，如图 6-23 所示，选择“背景”选项，打开“样式背景图设置”对话框，单击“蓝色”选项卡，选择编号为“86739”的背景图，如图 6-24 所示，单击 确定 按钮，为样式设置背景图。

图6-23 “全局样式”选项卡

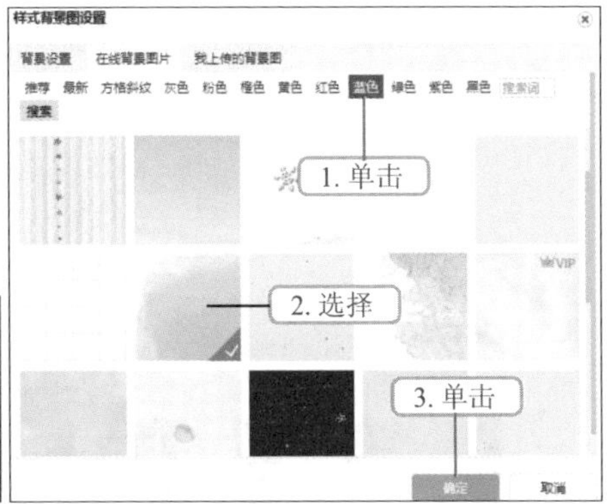

图6-24 “样式背景图设置”对话框

步骤 02 选择“保存”选项，打开“保存”对话框，如图 6-25 所示，单击 保存 按钮，即可将该样式保存为个人样式。已保存的样式可在左侧“样式”选项卡中的“个人”栏中进行查看，如图 6-26 所示。

步骤 03 单击选中“一、选材”部分，选择文字内容上方的图片，在“图片”选项卡中，选择“编辑美化”选项，打开“编辑图片”对话框，单击 按钮，单击“水平翻转”按钮，将图片水平翻转，如图 6-27 所示，单击完成编辑按钮，完成该图片的编辑美化。

步骤 04 单击选中“一、选材”段落上方的图片，在“图片”选项卡中选择“对齐”选项，在打开的下拉列表中，设置该图片对齐方式为“右对齐”，如图 6-28 所示。

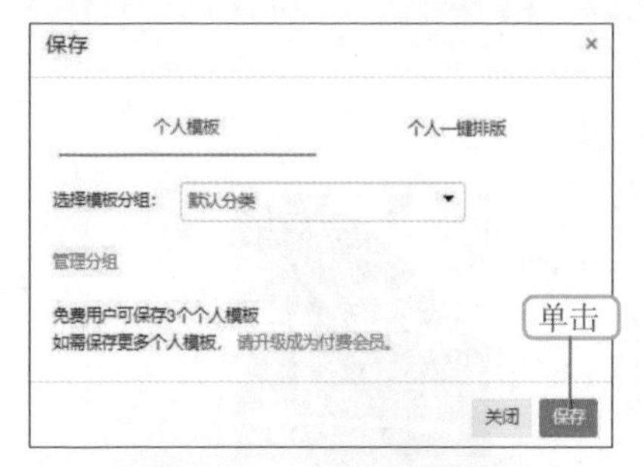

图6-25 “保存”对话框

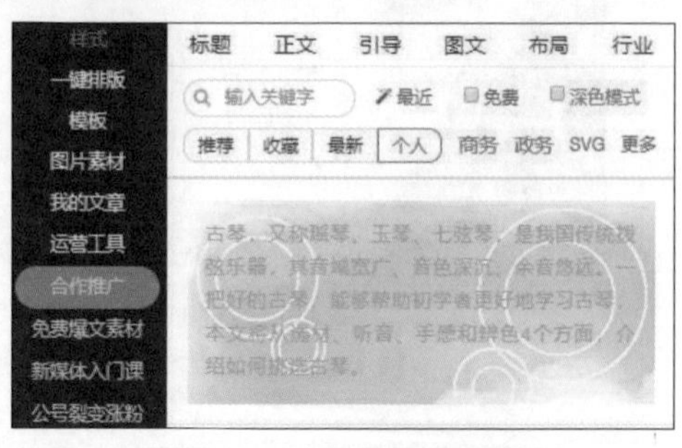

图6-26 查看已保存的样式

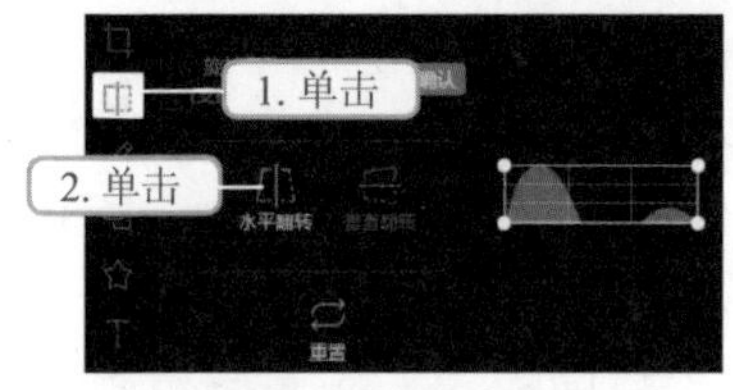

图6-27 设置水平翻转

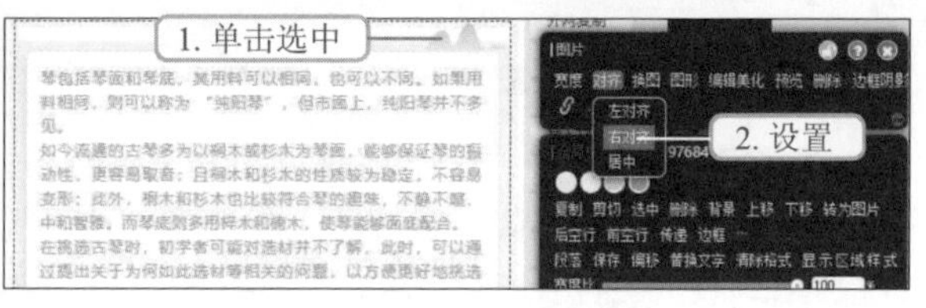

图6-28 设置图片对齐方式

步骤 05 单击选中“二、听音”部分段落样式，在“全局样式”选项卡中单击第一个圆形，在打开的对话框中设置图形的颜色为“#ffffff”，单击确定按钮；单击第三个圆形，在打开的对话框中设置颜色为“#dbeef3”，单击确定按钮，完成后的效果如图 6-29 所示。

步骤 06 单击选中“三、手感”段落上方的图片，在“图片”选项卡中选择“编辑美化”选项，打开“编辑图片”对话框，单击按钮，单击“水平翻转”按钮，将图片水平翻转，单击完成编辑按钮，完成该图片的编辑美化。效果如图 6-30 所示。

图6-29 更改全局样式

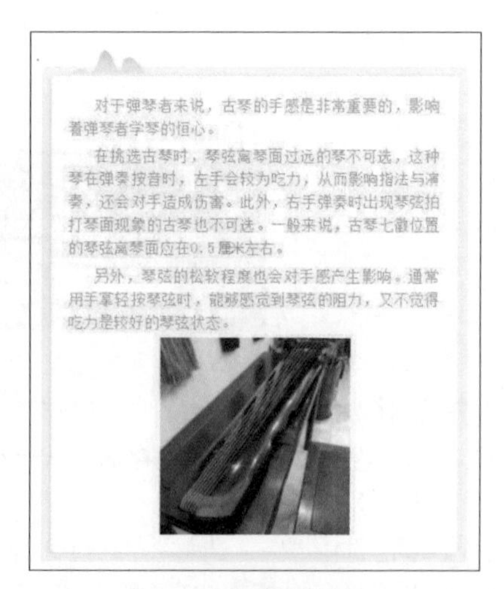

图6-30 完成后的效果

6.1.6 调整文字格式

为提高图文的阅读体验，新媒体从业人员还应该对图文中的文字格式进行调整，使文字间隔、颜色等适宜阅读，避免出现文字不清晰、字体太小等影响阅读的状况发生。下面将对该图文的文字格式进行调整，其具体步骤如下。

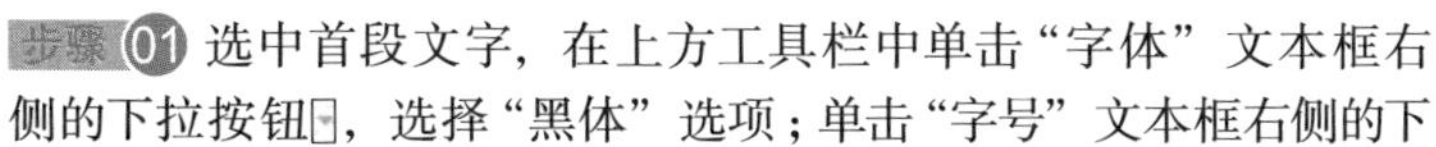

步骤 01 选中首段文字，在上方工具栏中单击“字体”文本框右侧的下拉按钮，选择“黑体”选项；单击“字号”文本框右侧的下拉按钮，选择“16px”选项；单击“字体颜色”按钮，设置颜色为“#205867”，完成后的效果如图 6-31 所示。

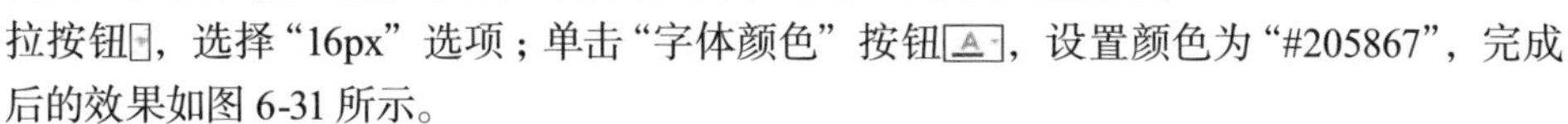

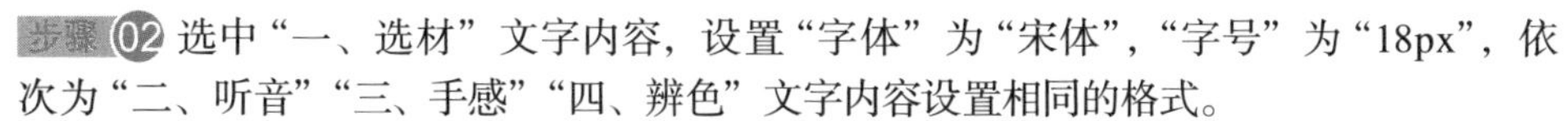

步骤 02 选中“一、选材”文字内容，设置“字体”为“宋体”，“字号”为“18px”，依次为“二、听音”“三、手感”“四、辨色”文字内容设置相同的格式。

步骤 03 选中“一、选材”部分文字内容，设置“字体”为“宋体”，“字号”为“15px”；单击“首行缩进”按钮，为文字内容设置首行缩进；单击“两侧边距”按钮，选择“5”选项，为文字内容设置两侧边距；单击“段前距”按钮，选择“5”选项，为文字内容设置段前距；单击“段后距”按钮，选择“5”选项，为文字内容设置段后距；单击“行间距”按钮，选择“1.75”选项，为文字内容设置行间距；单击“字间距”按钮，选择“1”选项，为文字内容设置字间距，完成后的效果如图 6-32 所示。

古琴，又称瑶琴、玉琴、七弦琴，是我国传统拨弦乐器，其音域宽广、音色深沉、余音悠远。一把好的古琴，能够帮助初学者更好地学习古琴，本文将从选材、听音、手感和辨色4个方面，介绍如何挑选古琴。

图6-31 首段文字格式的效果

一、选材

琴包括琴面和琴底，其用料可以相同，也可以不同。如果用料相同，则可以称为“纯阳琴”，但市面上，纯阳琴并不多见。

如今流通的古琴多为以桐木或杉木为琴面，能够保证琴的振动性，更容易取音；且桐木和杉木的性质较为稳定，不容易变形；此外，桐木和杉木也比较符合琴的趣味，不静不喧，中和智雅。而琴底则多用梓木和楠木，使琴能够面底配合。

图6-32 “一、选材”部分文字格式的效果

步骤 04 选中“二、听音”部分文字内容，更改其字体为“宋体”，字号为“15px”，设置首行缩进效果，并设置“两侧边距”“段前距”“段后距”“行间距”“字间距”“字体颜色”分别为“5”“5”“5”“1.75”“1”“#31859b”，完成后的效果如图 6-33 所示。

步骤 05 选中“三、手感”部分文字内容，更改其字体为“宋体”，字号为“15px”，设置首行缩进效果，并设置“两侧边距”“段前距”“段后距”“行间距”“字间距”分别为“5”“5”“5”“1.75”“1”。

步骤 06 选中“四、辨色”部分文字内容，更改其字体为“宋体”，字号为“15px”，设置首行缩进效果，并设置“两侧边距”“段前距”“段后距”“行间距”“字间距”“字体颜色”分别为“5”“5”“5”“1.75”“1”“#31859b”，完成后的效果如图 6-34 所示。

在听音前，你需要知道，不同古琴之间的音色是不同的，即使用料出于同一颗树木、出自同一位斫琴师，因此，选琴重要的是你喜欢这把琴的声音。

其中，槽腹制度是影响音色的一大原因，古琴出声利用的是面底板之间的振动，因此古琴槽腹的深浅厚薄会导致振动差异，造成古琴音色的不同。

要想选到满意的古琴，就要培养对音色的辨别能力。一般来说，古琴有散音、泛音和按音3种音色，是古琴表达张力的前提。在选择古琴时，需要对这3种音进行比较试听，要求散音、按音和泛音的音色、音量统一，声音下沉、不散且韵味悠长。

图6–33　“二、听音”部分文字格式的效果

辨色是指辨别、观察琴面的漆面。一张成色好的古琴，往往有“好漆清如油，可照美人头”的说法，并且，好琴在多次弹奏后，其漆面会越养越好，越来越有光泽。在挑选琴时，可以手心用力摩擦琴面，好的琴往往会瞬间提亮漆面。

图6–34　“四、辨色”部分文字格式的效果

6.1.7　预览并保存

在完成图文排版后，为保证版面的美观度，新媒体从业人员还可以通过预览的方式，查看已排版完成的图文，并针对存在的问题进行处理，优化版面效果。下面将介绍在135编辑器中预览并保存图文的方式，其具体步骤如下。

步骤01 单击135编辑器编辑区页面右侧 手机预览 按钮，即可预览已排版完成的图文，如图6-35所示。可发现，“三、手感”文字内容与前文内容距离较近，需要进行调整，因此单击 关闭× 按钮，选中“三、手感”文字内容，在“全局样式”选项卡中，选择“前空行”选项，调整文字距离。调整完毕后，再次单击“手机预览”按钮，确认无误后，单击 关闭× 按钮。

步骤02 单击编辑区页面右侧 保存同步 按钮，打开“保存图文”对话框，在“图文标题”文本框中，输入“古琴挑选方法——初学者”；在“图文摘要”文本框中，输入“好的琴师，需要一把好的古琴。”

步骤03 在“封面图片”文本框下方单击 文件上传 按钮，打开“打开”对话框，选择封面图片，此处选择6.1.4中制作的“古琴封面”图片，单击 打开(O) 按钮，打开“裁剪图片”对话框，拖曳鼠标指针裁剪图片，如图6-36所示，单击 保存/上传 按钮，上传图片。

图6–35　预览页面

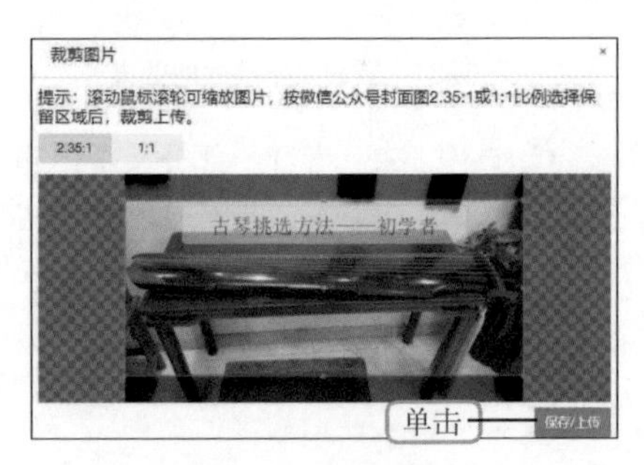

图6–36　裁剪图片

步骤04 返回“保存图文”对话框，在其中单击选中“开启留言”复选框，在“存储选项”栏中单击选中“覆盖原图文”单选项，如图6-37所示，单击 保存文章 按钮，即可保存该图文。

步骤 05 单击编辑区页面右侧 生成长图 按钮，在打开的“图文生成图片须知”对话框中，如图 6-38 所示，单击 长图(宽480px) 按钮，即可将图文生成长图并下载到计算机中（配套资源 :\ 效果文件 \ 第 6 章 \ 图文排版）。

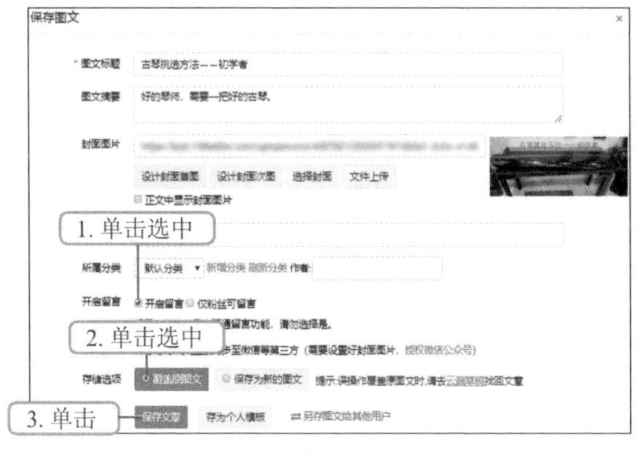

图6–37 “保存图文”页面

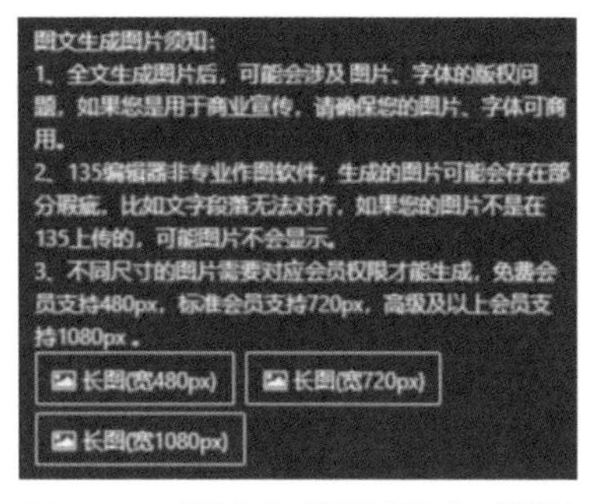

图6–38 “图文生成图片须知”对话框

6.2 实战——使用人人秀制作 H5 页面

H5 是第 5 代超文本标记语言（HyperText Markup Language，HTML）的简称，是构建互联网内容的语言方式。在多媒体环境下，H5 具有跨平台、互动性强和视觉效果佳等优势，能吸引用户查看内容、参与互动，以达到活动目的。人人秀是常用的 H5 制作工具，其操作简单、素材丰富，能够满足不同行业的使用场景。

其他 H5 制作工具

6.2.1 人人秀模板类型

人人秀为用户提供了多种类型的模板，新媒体从业人员在使用人人秀时，可根据用途、行业、功能、节日、风格和活动 6 个方面选择合适的模板。

1. 用途

人人秀模板中，用途还可细分为企业服务、营销 / 策划、生活服务、教育培训和党政公务。

① **企业服务**。企业服务包括邀请函、宣传、招商、招聘、开业、会议、峰会和展会类型。

② **营销 / 策划**。营销 / 策划包括新品发布、开业、促销、周年庆、年会、活动营销、趣味营销、微官网和游戏类型。

③ **生活服务**。生活服务包括旅游、婚庆、摄影、音乐相册、同学会、节日祝福、社区、物业和公益类型。

④ **教育培训**。教育培训包括招生、课程、培训、活动评选、知识竞赛、夏令营、暑

假班、辅导班、早教和开学类型。

⑤ **党政公务**。党政公务包括两会、扫黑除恶、安全生产、文明建设、党建、节日纪念和政务公开类型。

2. 行业

行业可细分为广告传媒、教育培训、电商、房地产、婚庆、金融、旅游、互联网、游戏、家装、医疗、母婴、媒体、汽车、美容健身、珠宝、服装、摄影、食品酒水、会展、音乐、百货零售、生产、通信、影视、体育、交通物流、生活服务、数码家电和公益等类型。

3. 功能

功能可细分为活动功能、电商营销、通用组件、红包营销、游戏营销和趣味营销。

① **活动功能**。活动功能包括照片投票、视频投票、问答、视频答题、闯关答题、趣味测试、表单、新年签、VR 全景、问卷调查、图片合成、代言海报、人脸融合、打赏和拆礼盒等类型。

② **电商营销**。电商营销包括砍价、拼团、助力、秒杀、送礼、抽奖、集字助力、分销和商品列表等类型。

③ **通用组件**。通用组件包括菜单、图表、海报、贺卡、特效、电话、短信、点赞、卡片和组图等类型。

④ **红包营销**。红包营销包括微信红包、口令红包、语音红包、分时红包、裂变红包和流量红包等类型。

⑤ **游戏营销**。游戏营销包括垃圾分类、动作类、消除类、跳跃类、接物类、手速类、反应类和集卡类等类型。

⑥ **趣味营销**。趣味营销包括快闪、一镜到底、微信群聊、微信对话、微信头像、微信昵称、朋友圈、语音来电、视频来电、指纹开屏、摇一摇、锁屏通知和 Siri 助手等类型。

4. 节日

节日类别则是按照不同的节日进行的分类，包括清明节、劳动节、端午节、儿童节、建军节、七夕节、教师节、中秋节、国庆节、重阳节、双十一、元旦节、腊八节、新年等。

5. 风格

人人秀仅提供了科技、商务、时尚、卡通、清新和黑金 6 种风格的模板。

6. 活动

人人秀模板活动类别中，仅包含免费类型的模板。

6.2.2 选择模板与素材

选择模板与素材是制作 H5 页面的第一步，新媒体从业人员可以根据行业类型、目的、用途等，在人人秀模板商店分类中选择合适的类别，再根据类别挑选模板和素材。在自媒体活动中，必要的问卷调查可以帮助新媒体从业人员了解用户的相关信息，并根据收集到的信息，对活动进行调整等。例如，某美食自媒体近期面临着选材匮乏的问题，想通过问卷调查收集粉丝意见，对账号内容进行调整，下面将针对该主题，选择合适的模板与素材，其具体步骤如下。

选择模板与素材

步骤 01 进入人人秀官网并登录人人秀账号，单击“模板商店”超链接，打开“模板商店”页面，在左侧“功能”选项中单击“活动功能”栏的“问卷调查”超链接。打开“问卷调查 -H5 模板”页面，浏览模板，选择“人人秀用户体验问卷调查”模板，将鼠标指针置于模板上，单击 立即使用 按钮，如图 6-39 所示。

步骤 02 打开“人人秀用户体验问卷调查”模板，可预览模板样式，如图 6-40 所示，单击页面下方 立即使用 按钮，打开“人人秀活动编辑器”页面。

图6–39　选择模板

首页 > 模板商店 > 人人秀用户体验问卷调查
人人秀用户体验问卷调查
3分钟制作移动展示
人人秀用户体验问卷调查
开始投票
微信　小程序
单击
免费
立即使用

图6–40　预览模板

6.2.3　删除并添加图片

一般而言，自媒体活动是多种多样的，但人人秀提供的模板种类却是有限的。因此，新媒体从业人员在制作 H5 页面时，应根据活动需要，对模板中的图片、背景、装饰素材等内容进行删除或添加，使其更加符合活动要求。下面将删除“人人秀用户问卷调查”模板中的图片，并根据活动主题添加美食类图片，其具体步骤如下。

删除并添加图片

步骤 01 单击“人人秀活动编辑器”页面中右侧“图层”按钮，打开“图层”下拉列表，单击“图片”图层右侧“删除”按钮，删除所有“图片”图层，完成后的效果如图 6-41 所示。

步骤 02 在右侧“背景设置”选项卡中，单击 更换 按钮，打开“图片库”对话框，在“背景库”中单击“文艺”选项卡，如图 6-42 所示，单击选中第 2 页第 2 排第 1 个图片，即可更改背景图片。

图6-41 删除所有“图片”图层后的效果

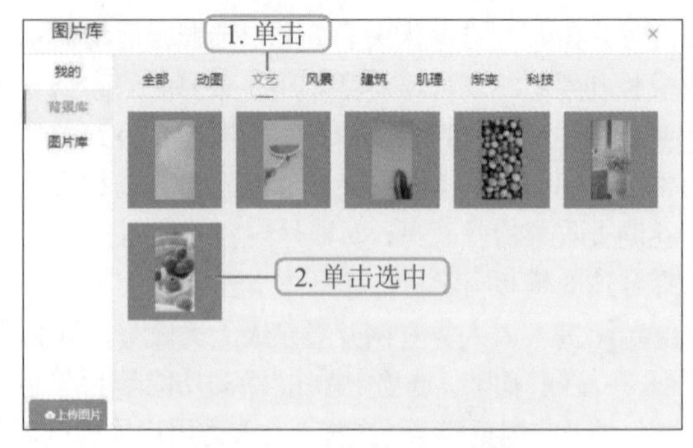

图6-42 “图片库”对话框

步骤 03 返回“人人秀活动编辑器”页面，在左侧“页面”栏中，依次单击选中剩下的模板，使用同样的方法，删除“图片”图层并更改背景图片，完成后的效果如图 6-43 所示。

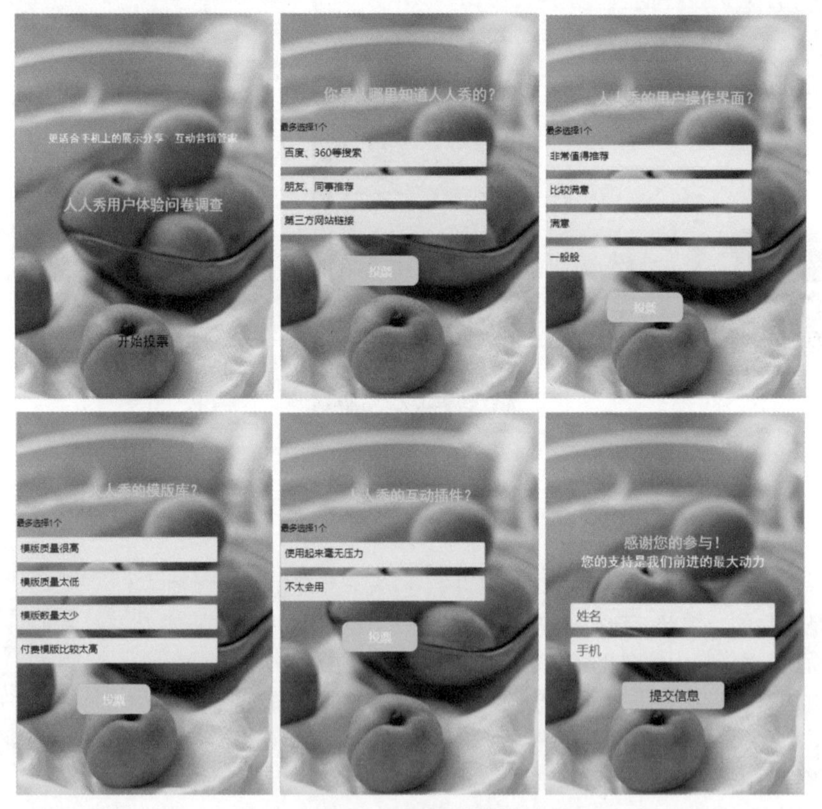

图6-43 完成后的效果

6.2.4 更改文字内容

为了让 H5 页面更切合自媒体活动的主题，取得更好的活动效果，新媒体从业人员就需要根据活动实际情况，对 H5 模板中的文字内容进行更改。下面将针对美食调查问卷活动主题，更改“人人秀用户问卷调查”模板中的文字内容，其具体步骤如下。

步骤 01 单击选中“人人秀活动编辑器”页面左侧“页面”栏中的第1页模板，在右侧“图层”下拉列表中，选中第3个和第4个“文字”图层，单击右侧“删除”按钮，删除该图层；单击选中第1个“文字”图层，在编辑区选中“投票”文字内容，将其更改为“答题”，如图6-44所示。

步骤 02 选中第2个“文字”图层，在编辑区中选中所有文字内容，将其更改为“美食创作粉丝内容喜爱度调查”，如图6-45所示。

图6-44 更改第1页文字内容1

图6-45 更改第1页文字内容2

步骤 03 在编辑区右侧“文字”选项卡中，单击“默认样式”右侧的下拉按钮，选择第3排第3个“渐变”样式选项，依次单击“颜色”栏下方的矩形色块，将颜色分别设置为“#0000ff”“#ff00ff”“#ff3399”“#ff99cc”；单击“默认字体”文本框右侧的下拉按钮，设置字体为“思源黑体”；单击“字号”文本框，输入“40”，按“Enter”键设置字号；单击“加粗”按钮，将文字加粗，如图6-46所示。完成后的效果如图6-47所示。

步骤 04 单击选中左侧“页面”栏中的第2页模板，在右侧“图层”下拉列表中，选中“文字”图层，将文字内容更改为“你对现在的创作内容满意吗？”；在右侧“文字”选项卡中，设置“颜色”为“#ff3399”，效果如图6-48所示。

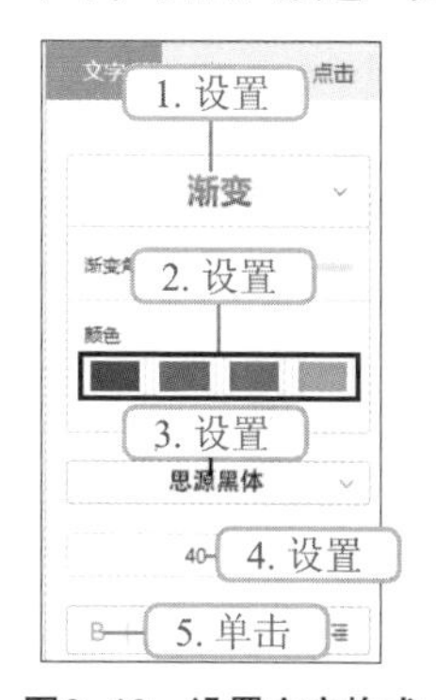

图6-46 设置文字格式

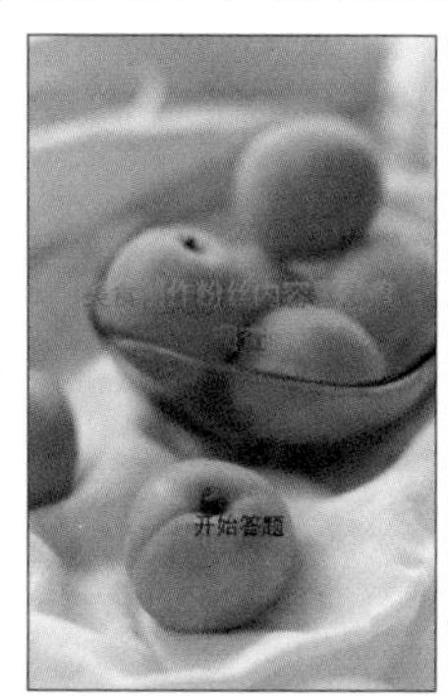

图6-47 文字格式设置效果

图6-48 更改第2页文字内容

步骤 05 选中“问卷调查”图层，单击右侧按钮，选择“水平居中”选项；在右侧

"问卷调查"选项卡中,单击问卷调查设置按钮,打开"基本设置"页面,在该页面中设置活动时间;单击下方"投票选项"栏中的删除按钮,打开"提示"对话框,单击确定按钮删除原本的选项;单击+添加选项按钮,打开"添加选项"对话框,在文本框中输入选项文字,单击确定按钮添加选项,如图 6-49 所示。

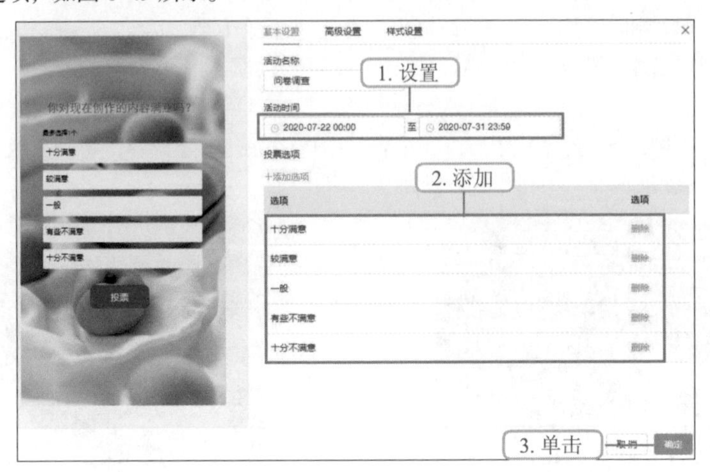

图6-49　添加问卷调查选项

步骤 06 选择"样式设置"选项卡,在"按钮文字"文本框中输入"确定",单击"风格颜色"文本框,设置颜色为"#ff99cc",单击确定按钮,完成问卷调查设置,其效果如图 6-50 所示。

步骤 07 依次单击选中编辑区左侧"页面"栏中的第 3 页、第 4 页和第 5 页模板,按照步骤 04 ~ 06 同样的方式更改模板中的文字内容。第 3 页参考效果如图 6-51 所示,第 4 页参考效果如图 6-52 所示,第 5 页参考效果如图 6-53 所示。其中,在完成第 5 页模板的问卷调查基本设置后,单击"高级设置"选项卡,在"活动设置"栏"最多选择"文本框中,输入"2",如图 6-54 所示;再选择"样式设置"选项卡,按照步骤 06 对同样的方式样式进行设置。

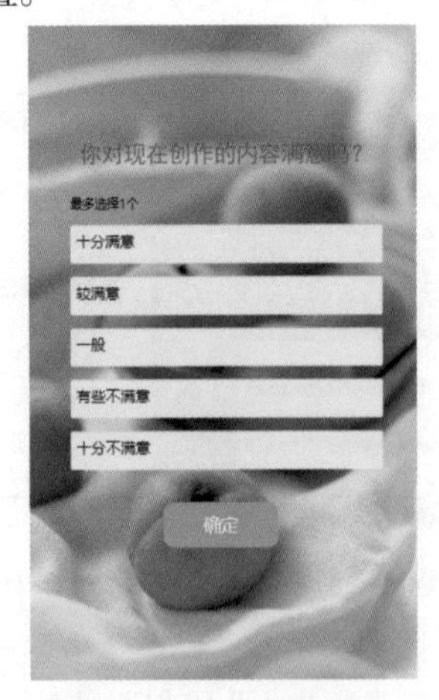

图6-50　完成后的效果1

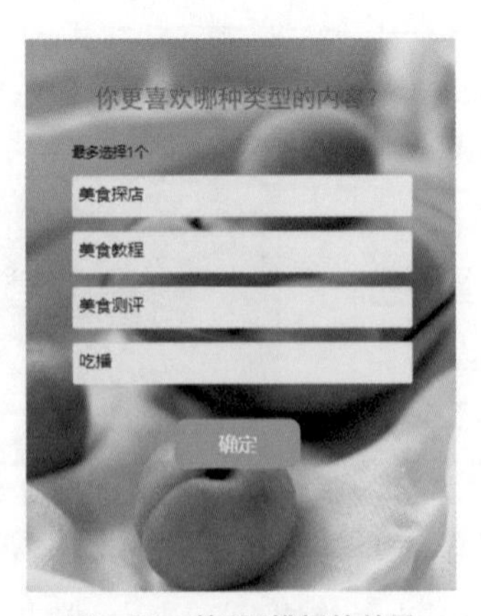

图6-51　第3页模板的效果

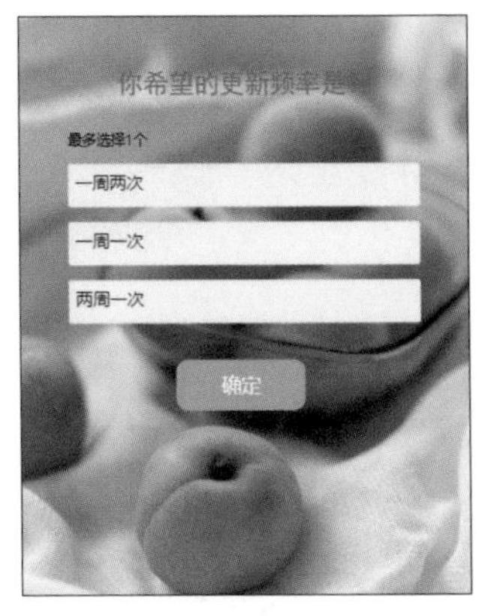

图6-52　第4页模板的效果

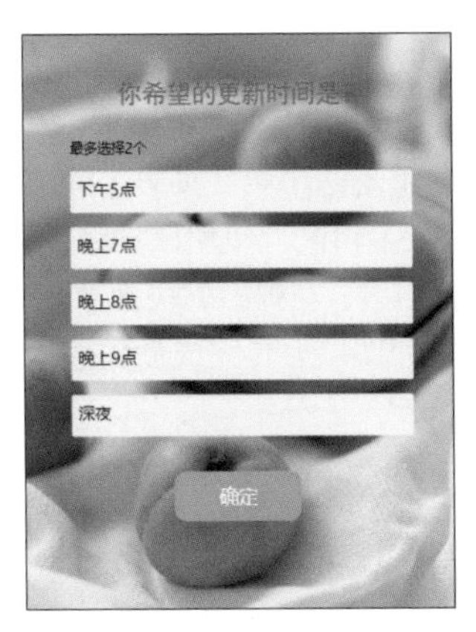

图6-53　第5页模板的效果

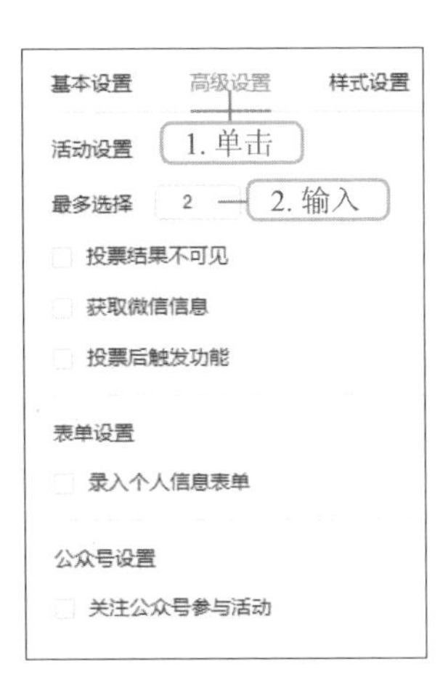

图6-54　进行高级设置

步骤 08 单击选中编辑区左侧“页面”栏中的第 6 页模板，在右侧“图层”下拉列表中，单击选中“提交按钮”图层，在“提交按钮”栏第 2 个文本框中，输入“完成并提交”；单击“更多样式”右侧 › 按钮，单击“背景”右侧的色块，在打开的页面中设置颜色为“#ff99cc”，如图 6-55 所示。

步骤 09 选中第一个“文字”图层，在右侧“文字”选项卡中设置颜色为“#ff3399”；选中最后一个“文字”图层，在右侧“文字”选项卡中设置颜色为“#ff3399”。完成后的效果如图 6-56 所示。

图6-55　设置提交按钮

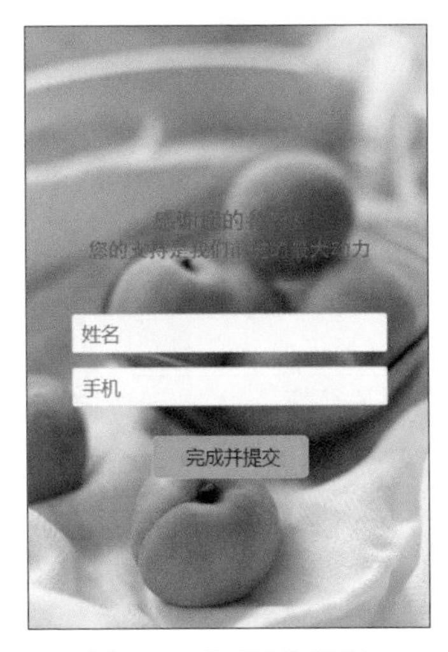

图6-56　完成后的效果2

6.2.5　添加按钮

一个完整的 H5 页面中，适当的引导按钮是必不可少的，新媒体从业人员在制作 H5 页面时，可通过编辑区上方的“图片”按钮，添加相应的引导按钮。下面将为该调查问卷添加按钮，其具体步骤如下。

步骤 01 单击选中编辑区左侧“页面”栏中的第 1 页模板，单击编辑区上方的“图片”按钮，打开“图片库”对话框，在“图片库”对话框中单击“按钮”选项卡，单击选中第 2 页第 1 排第 3 个按钮，如图 6-57 所示。该按钮将出现在编辑区，使用鼠标将其拖曳到“开始答题”文字正下方，单击鼠标右键，在弹出的快捷菜单中选择“下移”命令，使文字图层显示在按钮图层上。完成后的效果如图 6-58 所示。

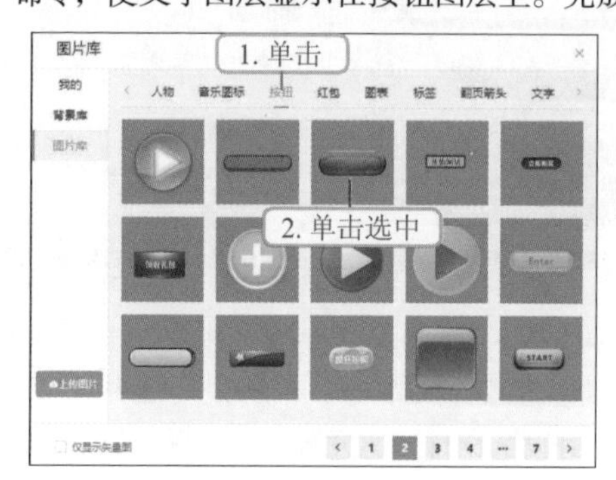

图6-57 选择按钮样式1

图6-58 完成后的效果1

步骤 02 选择编辑区右侧“点击”选项卡，单击文本框右侧的下拉按钮，选择“跳转页面”选项，此时将出现第 2 个文本框，单击该文本框右侧的下拉按钮，选择“下一页”选项，如图 6-59 所示，为按钮设置点击效果。

步骤 03 单击选中编辑区左侧“页面”栏中的第 2 页模板，单击上方的“图片”按钮，打开“图片库”对话框，在“图片库”选项卡中选择“翻页箭头”选项，单击选中第 1 页第 3 排第 3 个按钮，如图 6-60 所示，该按钮将出现在编辑区，使用鼠标将其拖曳到“确定”按钮下方，单击右侧按钮，选择“水平居中”选项。完成后的效果如图 6-61 所示。

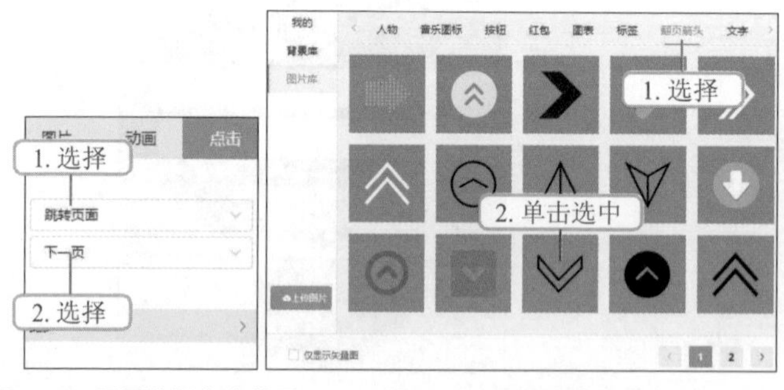

图6-59 设置按钮点击效果1　图6-60 选择按钮样式2

较满意
一般
有些不满意
十分不满意
确定

图6-61 完成后的效果2

步骤 04 单击编辑区右侧“点击”选项卡，单击文本框右侧下拉按钮，选择“跳转页面”选项，在出现的第二个文本框中，单击右侧的下拉按钮，选择“下一页”选项，为按钮设置点击跳转效果，如图 6-62 所示。

步骤 05 选择编辑区右侧“动画”选项卡，单击 + 添加动画 按钮，在“动画 1”栏中的“延迟”

文本框中输入“2”，在“持续”文本框中输入“2”，单击“动画”文本框右侧的下拉按钮⌄，选择“移入”选项，如图 6-63 所示。

步骤 06 单击选中编辑区左侧“页面”栏中的第 3 页模板，按照步骤 03 和步骤 04 为模板页面添加按钮。选择右侧“动画”选项卡，单击 + 添加动画 按钮，设置“延迟”为“2”，“持续”为“2”，单击“动画”文本框右侧的下拉按钮⌄，选择“弹入”选项，再单击右侧文本框右侧的下拉按钮⌄，选择第 4 个选项，如图 6-64 所示。

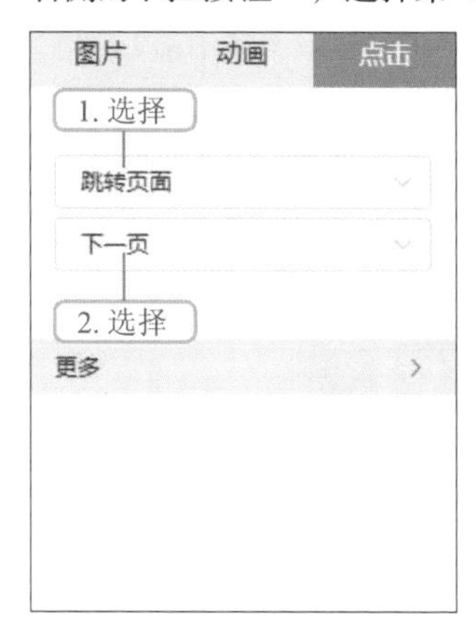

图6-62 设置按钮点击效果2

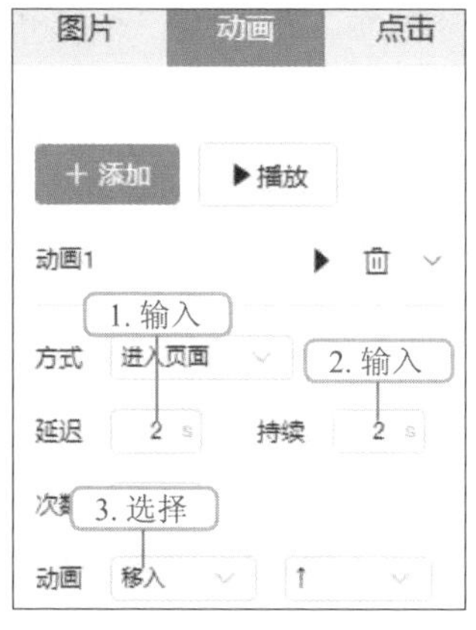

图6-63 添加动画效果2

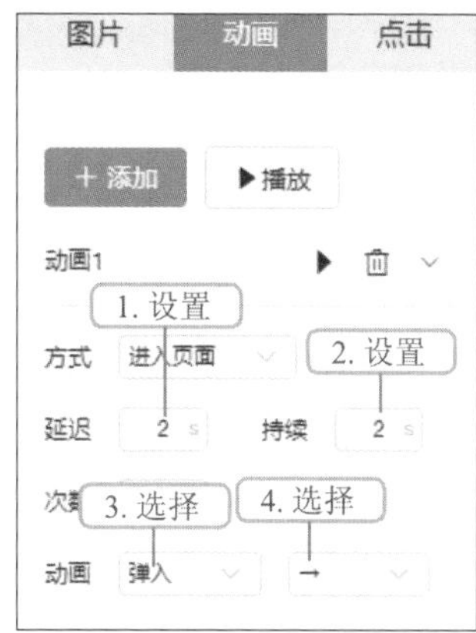

图6-64 设置动画效果2

步骤 07 单击选中编辑器左侧“页面”栏中的第 4 页模板，按照步骤 03 和步骤 04 为模板页面添加按钮，并按照步骤 05 为该按钮设置相同的动画效果。

步骤 08 单击选中编辑器左侧“页面”栏中的第 5 页模板，按照步骤 03 和步骤 04 为模板页面添加按钮，并为该按钮设置与第 3 页模板相同的动画效果。

步骤 09 单击选中编辑器左侧“页面”栏中的第 6 页模板，在右侧“动画”选项卡中，设置“延迟”“持续”“动画”分别为“1”“2”“缩放”。效果如图 6-65 所示。

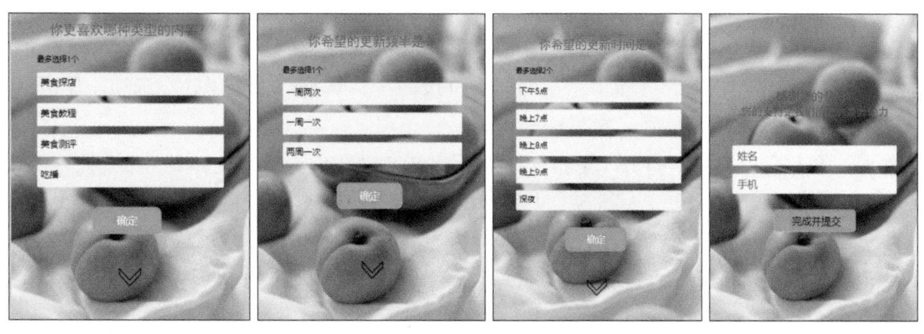

图6-65 完成后的效果3

6.2.6 设置背景音乐

在 H5 页面中设置背景音乐是一种获得用户好感的有效方式，新媒体从业人员可根据 H5 页面的主题、风格，选择合适的背景音乐。下面将介绍为 H5 页面添加背景音乐的方法，其具体步骤如下。

步骤 01 单击编辑器页面右上方 音乐 按钮，在打开的页面中单击 更换 按钮，打开“音乐库”对话框，选择“音乐库”选项卡中的“愉悦”选项，单击选择合适的背景音乐后试听音乐。此处为契合调查问卷的主题，选择“愉快钢琴”作为背景音乐，单击按钮即可，如图 6-66 所示。再次单击 音乐 按钮，单击“音乐图标”旁的按钮，打开“图片库”对话框，选择“图片库”选项卡的“音乐图标”选项，单击选中第 1 页第 2 排第 4 个图标，如图 6-67 所示。

步骤 02 单击 音乐 按钮，即可看到“音乐图标”旁的图标已更改，单击选中“自动播放”复选框，如图 6-68 所示，可在打开 H5 页面后自动播放背景音乐。

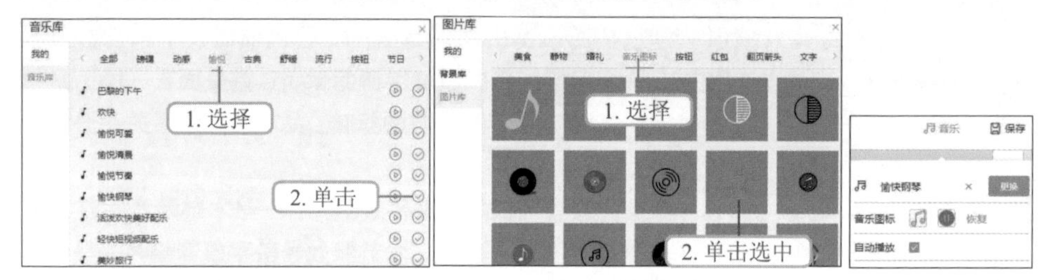

图6-66 选择背景音乐　　图6-67 选择音乐图标　　图6-68 音乐设置

6.2.7 生成H5内容并发布

制作完 H5 页面后，新媒体从业人员需要对已制作的页面进行预览并设置，确认无误后，就可以将其发布到新媒体平台上进行运营。下面将介绍 H5 页面的预览、保存和发布，其具体步骤如下。

步骤 01 单击“人人秀活动编辑器”页面右上角的 保存 按钮，可保存已制作完毕的 H5 页面；单击右上角的 预览和设置 按钮，可对 H5 页面进行预览和设置，单击预览页面右上角的“高级设置”选项卡，在“基础设置”栏中单击“翻页动画”右侧的下拉按钮，选择“渐变翻页”选项，单击下方 保存 按钮，对设置进行保存，如图 6-69 所示。

步骤 02 单击 发布 按钮，打开“发布”对话框，单击“分享头像”文本框中的 删除 按钮，删除 H5 模板的头像，单击 + 按钮，打开“图片库”对话框，在“图片库”中选择“美食”选项，单击选中第 1 页第 1 排第 1 个图片，即可更改 H5 页面的头像。

步骤 03 在“分享标题”文本框中输入“美食创作粉丝内容喜爱度调查”；在“分享描述”文本框中输入“你的选择决定我的内容”；取消选中“申请为模板”复选框，如图 6-70 所示，单击 确定 按钮即可生成 H5 页面。

步骤 04 打开“H5 互动”页面，将显示已制作完成的 H5 页面的二维码和链接，单击 复制 按钮，复制该 H5 页面的链接地址，即可通过粘贴链接的方式将该 H5 页面发布到新媒体平台。

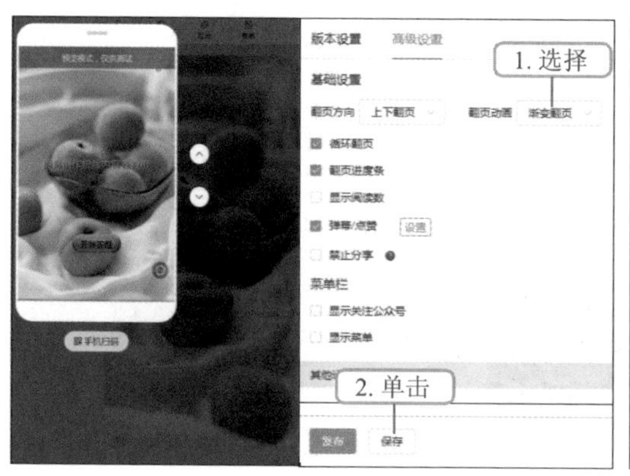

图6–69　预览和设置页面

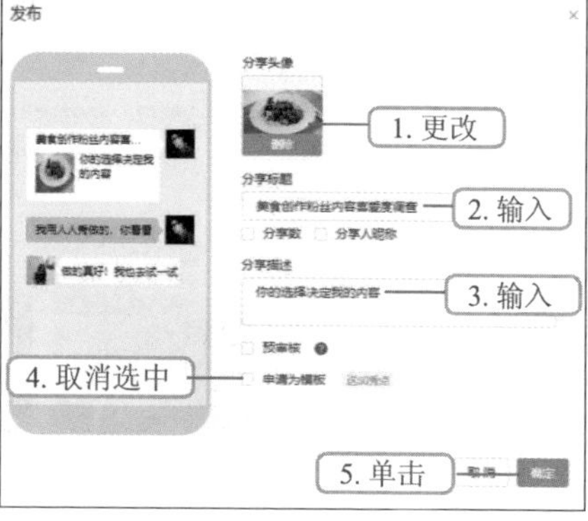

图6–70　发布页面

经验之谈

在发布 H5 内容时，新媒体从业人员也可以将 H5 页面的二维码保存为图片，以图片的形式将 H5 内容发布到新媒体平台。

6.3 实战——使用草料二维码制作二维码

在自媒体时代，二维码可以用于分享信息、资料等，用途十分广泛。草料二维码则是专业的在线二维码服务网站，新媒体从业人员可以在该网站中生成、美化、印制、管理二维码，并对二维码产生的数据、资料等进行采集、统计，提高新媒体从业人员的工作效率。

6.3.1　草料二维码中的模板类型

草料二维码中的模板分为普通模板和快速模板两大类。普通模板又根据场景、行业和功能进行了细分。其中，场景包括产品标签、物品资产标牌、设备巡检和维保、区域巡查、签到登记、教学培训等；行业包括建筑施工、生产制造、物业后勤、能源电力、政府社区等；功能包括包含表单、批量生码。快速模板比较适用于大规模使用，可以批量生成二维码，快速提高新媒体从业人员的工作效率。

6.3.2　选择二维码模板

在一些线上报名线下参与的活动中，二维码可用于活动报名、添加群聊、签到登记、活动介绍等，新媒体从业人员在活动开展前，可以根据活动流程，制作对应的二维码，以促进活动的展开，吸引更多用户。现某文化公司准备组织一场图书签售会，并制作预约报名的二维码，限制参与签售会的人数。下面将选择合适的二维码模板制作图书签售会二维码，其具体步骤如下。

步骤 01 打开草料二维码官网，单击“模板库”选项卡，在打开页面的“场景分类”栏中选择“签到登记”选项，页面下方将显示“签到登记”相关的二维码模板，如图 6-71 所示。

图6–71　“签到登记”相关的二维码模板

经验之谈

草料二维码中的模板可能会发生变化，但大致操作方法与本书一致，读者可参考本书的步骤讲解，制作二维码。

步骤 02 在“签到登记”栏下方选择“活动报名”模板，单击该模板即可打开“内容预览”页面，如图 6-72 所示，单击左上方立即使用按钮即可编辑模板。

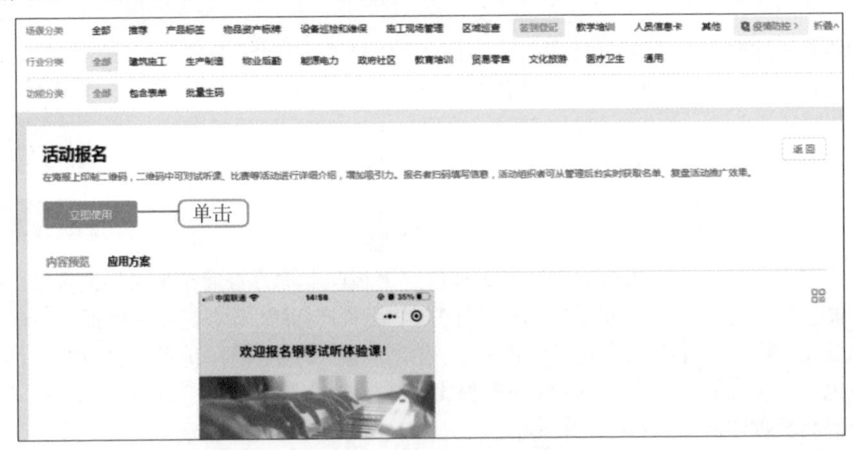

图6–72　“创建二维码”页面

6.3.3　编辑模板

“预约报名”二维码模板由表单和正文内容构成，在制作图书签售会二维码时，需要根据签售会的实际情况对二维码模板进行编辑。下面将对模板中的表单和文字内容进行编辑，其具体步骤如下。

步骤 01 在表单“编辑”页面中将鼠标指针移动到页面底端“点击报名”上，单击表单编辑与设置按钮，打开“试听课报名表”页面，单击编辑按钮，如图 6-73 所示。

图6–73 “试听课报名表”页面

步骤 02 打开“表单编辑”对话框，单击“试听课报名表”文本框右侧的按钮，更改文字为“图书签售会预约报名”；单击下方“请输入说明”文本框右侧的按钮，输入文字内容“主题：图书签售会 时间：2021 年 7 月 5 日，9:00~16:30 地点：成都市青羊区 ×× 路 ×× 号”，如图 6-74 所示。

步骤 03 单击“姓名”组件，在打开的“姓名组件”对话框中，更改“标题”为“姓名”，单击选中“其他”栏的“必填”“作为记录结果”“自动填充上次填写的内容”复选框，如图 6-75 所示，单击完成按钮。

图书签售会预约报名
主题：图书签售会
时间：2021年7月5日，9:00~16:30
地点：成都市青羊区××路××号

图6–74 修改文字内容

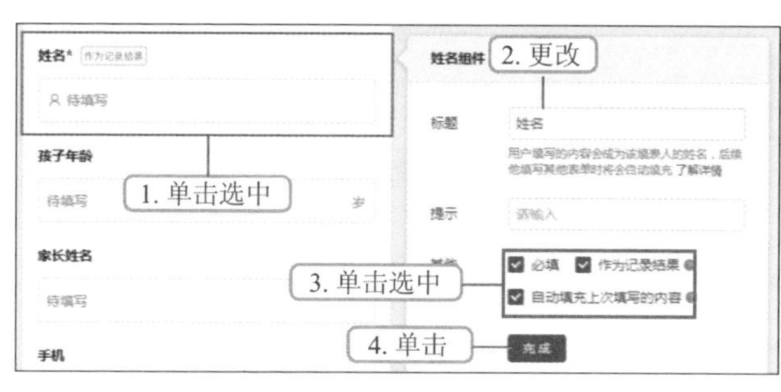

图6–75 设置姓名组件

步骤 04 依次将鼠标指针移动到“孩子年龄”“家长姓名”组件上，单击删除按钮，删除这两个组件。单击“手机”组件，打开“手机组件”对话框，单击选中“必填”复选框，单击完成按钮。将鼠标指针移动到“对课程有什么期待？”组件上，单击删除按钮，删除该组件。完成后的效果如图 6-76 所示。

步骤 05 单击左侧“填表人信息”栏的微信名按钮，将自动添加到表单中，为表单添加“微信名”组件；单击右侧的身份证按钮，将添加到表单中，为表单添加“身份证”组件，在“身份证”组件对话框中单击选中“其他”栏的“必填”复选框，单击完成按钮。完成后的效果如图 6-77 所示。

步骤 06 单击页面右上角保存表单按钮，保存表单。单击完成编辑，下一步按钮，返回“图书签售会预约报名”页面，单击设置按钮，打开“表单功能设置（图书签售会预约报名）”页面，在“提交后页面”选项中，单击选中“提交序号”栏的“提交序号”复选框，更改“序号标题”为“您的报名序号”，单击选中“显示提交时间”和“允许填表人保存序号”复选框，如

图 6-78 所示。单击页面下方保存更改按钮，保存设置。

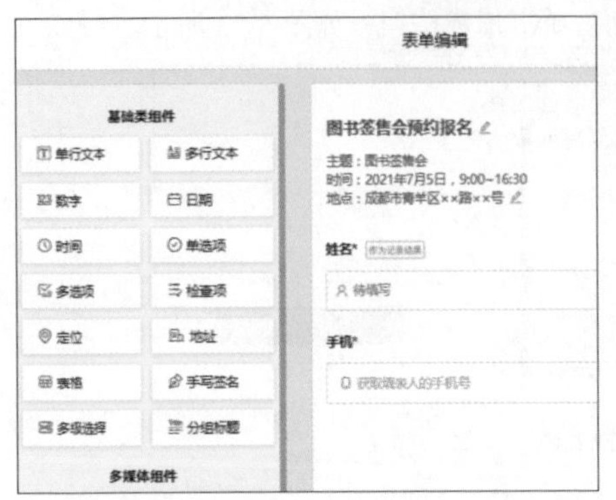

图6-76　完成后的效果

图6-77　完成后的效果

步骤 07 选择“填写权限”选项，在“每人可填写次数”栏中单击选中“每人填写一次”单选项；在“表单可填写总数”栏中单击选中“该表单总共可填写 5 次”单选项，并更改“5”为“500”；在“可填写时间段”栏中单击选中“设置开始 / 停止时间”单选项，单击“开始时间”文本框，设置开始时间为“2021/06/10 00:00”；单击“结束时间”文本框，设置结束时间为“2021/06/30 00:00”，如图 6-79 所示。单击页面下方保存更改按钮，保存设置。

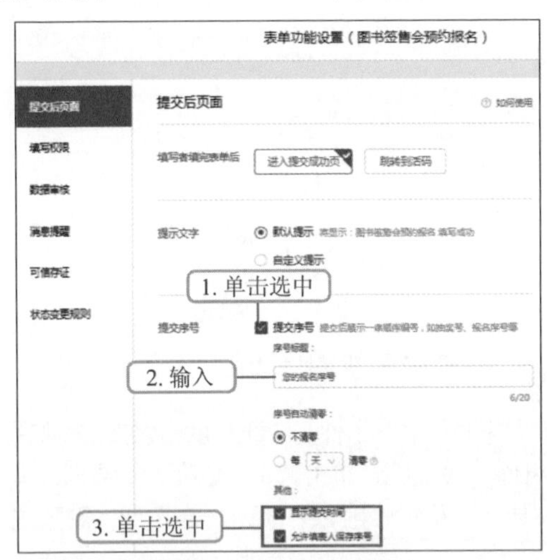

图6-78　设置提交后页面

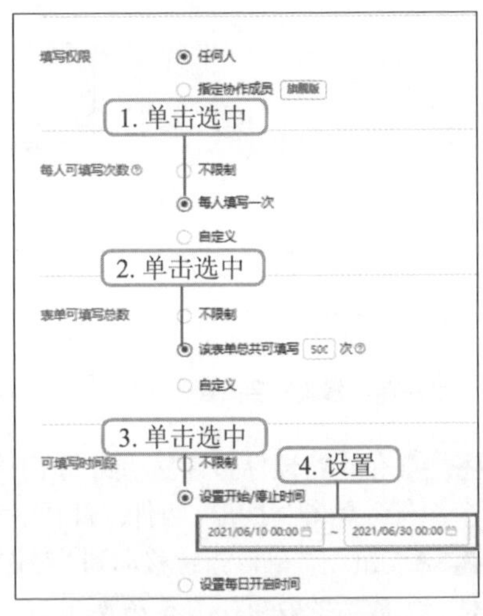

图6-79　设置填写权限

步骤 08 单击右上角×按钮，退出“表单功能设置”页面，单击< 返回按钮，返回“编辑”页面。单击右上角配色按钮，打开“配色设置”对话框，单击“色板取色”左侧的色块，设置“颜色”为“#DFDBED”，单击确定按钮，再单击保存按钮，如图 6-80 所示。

步骤 09 单击选中标题下方的动图，在弹出的工具栏中单击删除按钮，删除该动图，完成后的效果如图 6-81 所示。

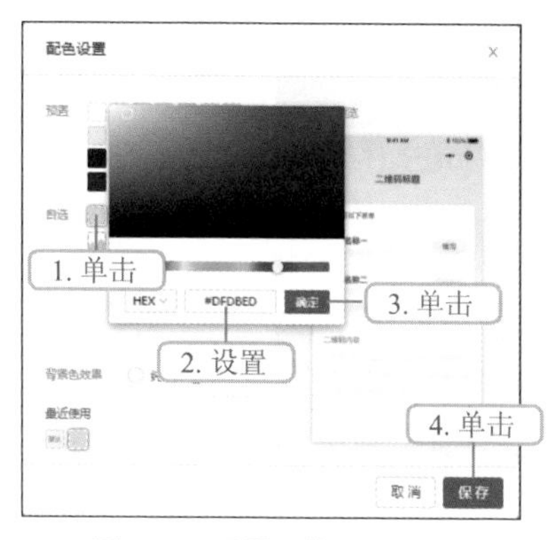

图6–80　设置二维码页面配色

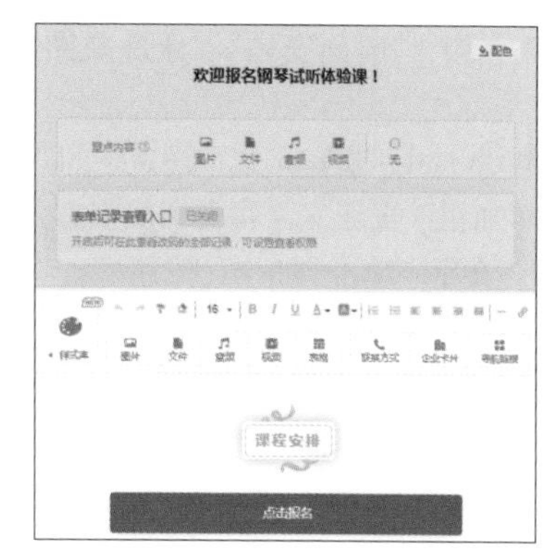

图6–81　完成后的效果

6.3.4　输入正文内容

在对二维码模板进行编辑后，新媒体从业人员可根据实际需要在二维码中输入相应的正文内容。下面将更改二维码名称，并输入“嘉宾介绍”“时间安排”“地址及路线”3个部分的内容，其具体步骤如下。

步骤 01 单击选中“欢迎报名钢琴试听体验课!”标题文字,将其更改为“成都图书签售会”。

步骤 02 单击选中下方第一个样式，单击右上角 删除全部 按钮，删除该样式；使用相同的方法删除其他样式；选中所有内容，按【Delete】键删除。单击上方“样式库”按钮，在打开的样式库中单击“正文”选项卡，连续单击选中3次所需样式，使编辑区中拥有3个相同的样式，如图6-82所示。

步骤 03 分别选中后2个样式中的“01”文字，依次更改为“02”“03”文字，更改第1个、第2个和第3个样式中的“项目信息”文字，分别为“嘉宾介绍”“时间安排”“地址及路线”文字，如图6-83所示。

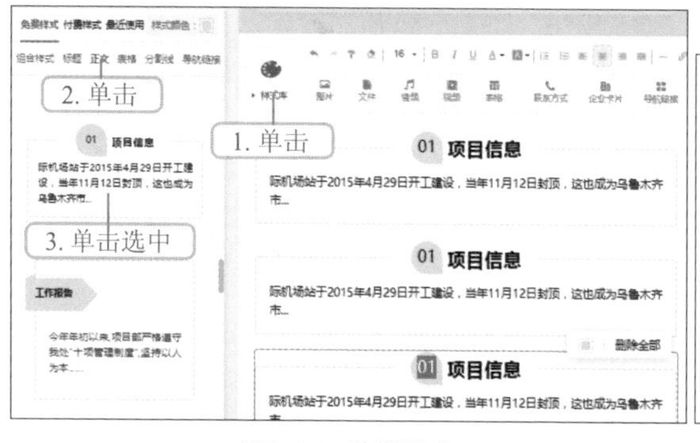

图6–82　选择样式

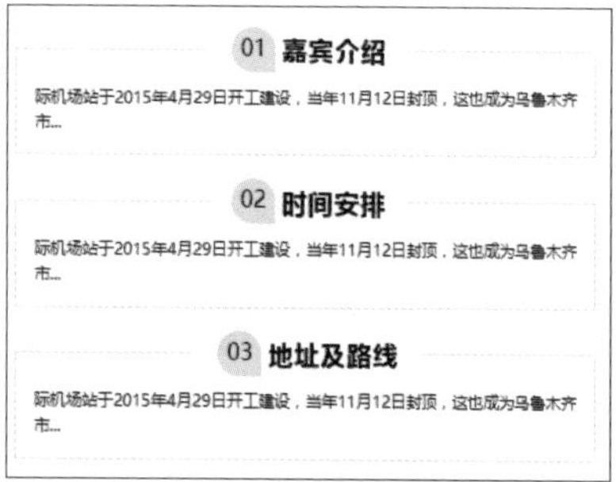

图6–83　更改样式标题

步骤 04 分别选中“嘉宾介绍”“时间安排”“地址及路线”文字，单击“文字颜色”按钮，将其颜色设置为“#9789B1”。分别选中“嘉宾介绍”“时间安排”“地址及路线”样式中的文字内容，单击“文字颜色”按钮，将其颜色设置为“#530D6F”；再次选中

“嘉宾介绍”“时间安排”“地址及路线”样式中的文字内容，将其更改为图 6-84 所示的文字。

步骤 05 选中“嘉宾介绍”样式下的“知名作家 A:”“畅销书作家 B:”“漫画家 C:”文字，单击“加粗”按钮 B，将文字加粗显示；选中“地址及路线”样式下的“活动地址：”“路线：”文字，单击“加粗”按钮 B，将文字加粗显示，如图 6-85 所示。

图6-84 更改文字内容

图6-85 设置文字格式

6.3.5 添加图片文件

为优化二维码内容的视觉效果，新媒体从业人员还可以在二维码制作过程中添加图片文件。下面将在二维码中添加“签售会海报”图片文件，其具体步骤如下。

步骤 01 将鼠标指针定位到编辑区最后，单击“图片”按钮，打开“打开”对话框，选择“签售会海报”素材文件（配套资源 :\ 素材文件 \ 第 6 章 \ 签售会海报），单击 打开(O) 按钮，如图 6-86 所示。

步骤 02 打开“图片设置”对话框，如图 6-87 所示，单击 确认 按钮，即可上传海报图片。

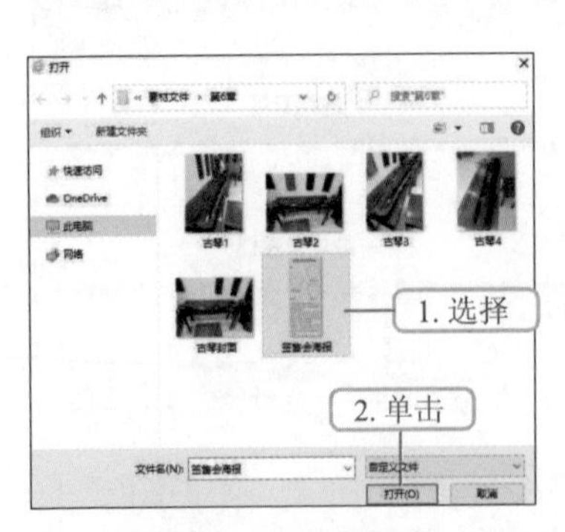

图6-86 选择图片文件

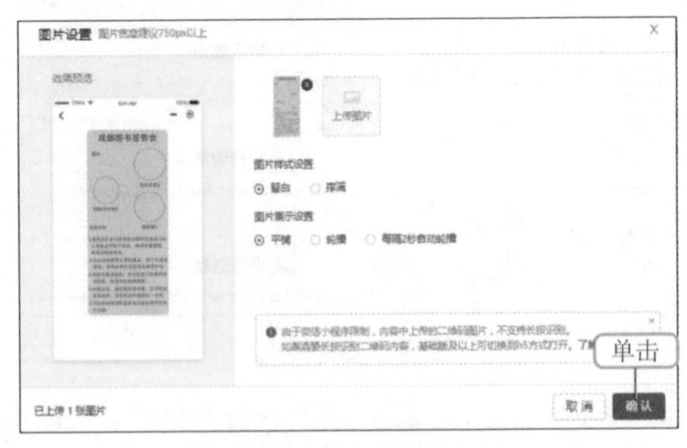

图6-87 “图片设置”对话框

6.3.6 添加音频文件

添加音频文件

为二维码添加音频文件可以丰富通过二维码呈现的内容，有助于提高用户好感度。下面将在二维码中添加“背景音乐”音频文件，其具体步骤如下。

步骤 01 单击“音频”按钮♫，打开“打开”对话框，选择“背景音乐”素材文件（配套资源:\素材文件\第 6 章\背景音乐），单击 打开(O) 按钮，如图 6-88 所示。

步骤 02 打开“音频模块”对话框，如图 6-89 所示，单击 按钮可试听音频，单击 确认 按钮，即可上传音频文件。

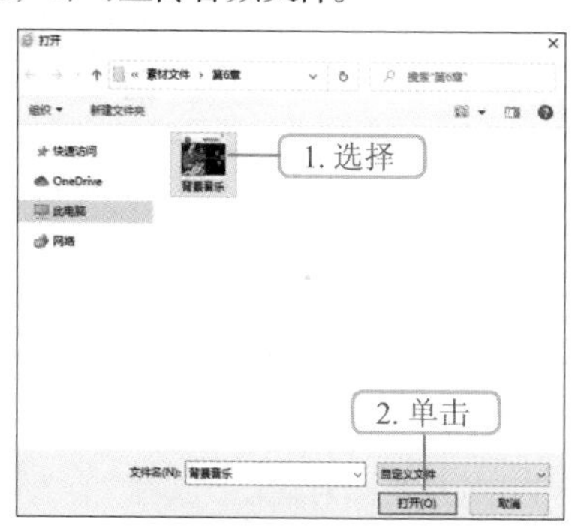

图6-88　选择音频文件

图6-89　“音频模块”对话框

经验之谈

需注意，不同版本的草料二维码的功能和对音视频播放次数的限制等有所不同，如图 6-90 所示。

版本	免费版	基础版	高级版	旗舰版	行业专属版
价格	0元/年	780元/年	1280元/年	2680元/年	16800元/年
音视频容量	不限	不限	不限	不限	不限
音视频播放人数	限5人播放试用	不限	不限	不限	不限
音视频有效期	30天	长期有效	长期有效	长期有效	长期有效
音视频高清流量	12GB	240GB	600GB	6000GB	20000GB
提升包	-	-	-	√	√

图6-90　不同版本草料二维码对音视频的限制

6.3.7 生成并分享二维码

生成并分享二维码

二维码模板更改完成后，新媒体从业人员就可以生成二维码，并将其发布到微博、微信等新媒体平台，或者通过线下渠道进行分享、传播，达到活动目的。下面将根据已设置好的二维码内容生成二维码，其具体步骤如下。

步骤 01 单击右侧 生成二维码 按钮，将生成“成都图书签售会”二维码，单击 预览 按钮，可打开“预览”页面查看二维码内容效果，如图 6-91 所示。

步骤 02 单击右上角 按钮关闭“预览”页面，单击 完成编辑，下一步 按钮，即可在打开的页面中可查看二维码相关设置，如图 6-92 所示。

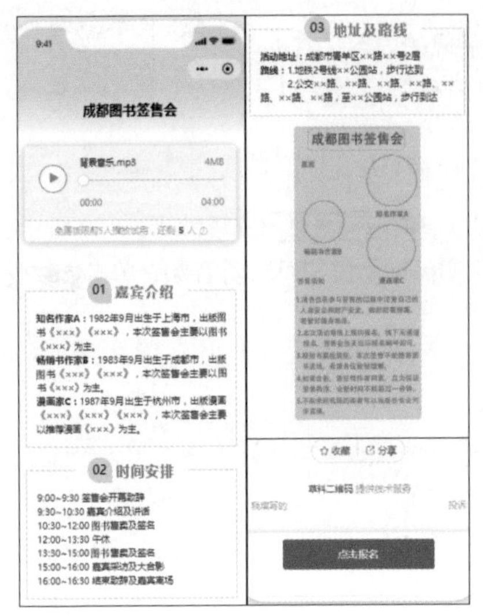

图6-91 “预览”页面

图6-92 二维码相关设置

步骤 03 单击右侧二维码下方的 二维码美化 按钮，打开“我的样式”对话框，选择“有边框”选项中第 1 排第 3 个样式，如图 6-93 所示，单击 保存图片 按钮，即可下载美化后的二维码。

步骤 04 在新媒体平台中可上传二维码，此处选择微博平台，在微博平台的发布微博页面中单击“图片”按钮 图片，在打开的对话框中选择美化后的二维码进行上传，上传成功后，单击 发布 按钮，即可将二维码分享到微博平台，如图 6-94 所示。

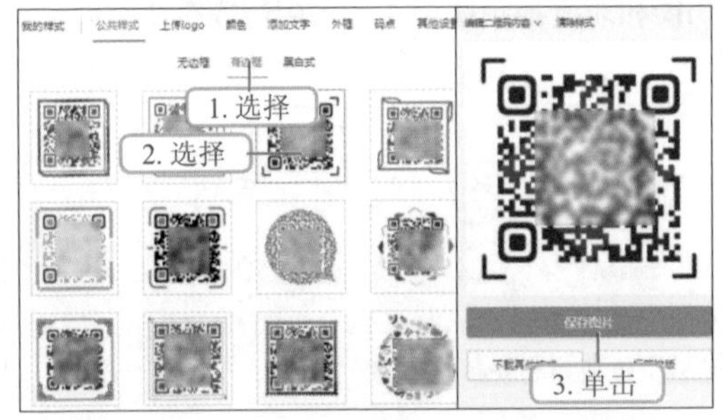

图6-93 美化二维码

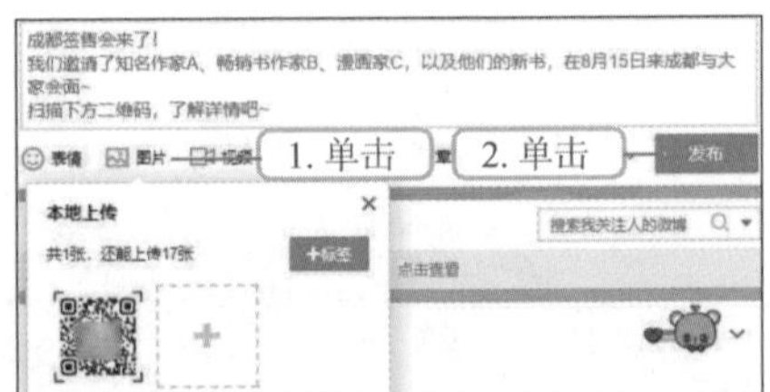

图6-94 发布微博页面

6.4 实战——使用快站建立“公司简介”网站

随着自媒体的兴起，越来越多的人进入自媒体行业，这带动了第三方平台的发展，也增强了自媒体行业的竞争。为提高竞争力，一些新媒体从业人员开始创建自己的网站，拉近与用户之间的距离。其中，搜狐快站（以下简称“快站”）是常用的建站工具，拥有强大的内容管理功能和丰富美观的模板，能够适配所有移动设备。

6.4.1 选择合适的模板

快站支持创建微官网、移动电商、移动社区、图文博客等，新媒体从业人员可根据建站需求，创建相应的网站。下面将在快站中为某糕点品牌创建一个“公司简介”网站，首先需要选择合适的网页模板，其具体步骤如下。

步骤 01 进入“快站”官网，在首页单击“零门槛建站工具”栏的 免费创建 按钮，如图 6-95 所示。

图6–95 创建站点

步骤 02 打开“模板选择 - 列表页”页面，选择“企业官网”选项，浏览其中的模板，将鼠标指针移动到“公司展示”模板上，如图 6-96 所示，单击 使用 按钮，即可打开“页面编辑”页面。

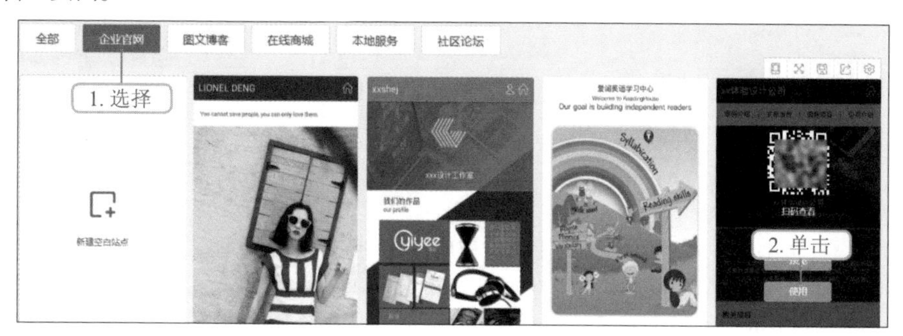

图6–96 选择模板

经验之谈

要打开“模板选择 - 列表页”页面，也可以在首页单击“产品服务”栏下的“建站”超链接，在打开的页面单击 立即创建 按钮，打开“站点列表”页面，单击 +新建站点 按钮。

6.4.2 修改模板样式

模板选择完成后，新媒体从业人员可先浏览该模板呈现的效果，并根据需要对模板中的样式进行修改。下面将对“公司展示”模板的样式进行修改，其具体步骤如下。

步骤 01 单击选中模板中的导航栏，在右侧编辑区单击“样式”选项卡，在“导航样式”栏中选择第2排第2个样式；在“显示设置”栏中单击选中“登录入口”复选框，如图6-97所示。

步骤 02 单击“页面编辑”页面左上角 主题设置 按钮，在打开的“主题色”下拉列表中，选择“黄色”选项，在下方选择第2排第3个颜色，如图6-98所示。更换主题颜色后的网站效果如图6-99所示。

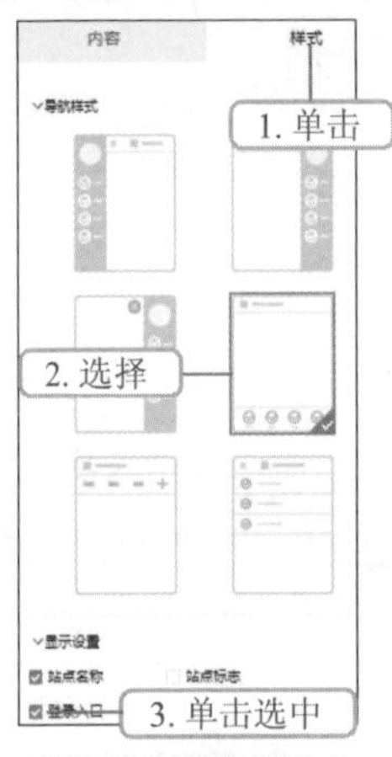

图6–97 编辑样式

图6–98 更换主题颜色

图6–99 完成后的效果

6.4.3 编辑功能组件

网页模板由众多基础组件和功能组件构成，在创建网站的过程中，新媒体从业人员需要对这些组件进行编辑，以丰富网站内容。下面将对模板中的组件进行删除、添加、更改，其具体步骤如下。

步骤 01 单击选中“Logo”下方的图片组件，在“样式”选项卡中单击“添加背景图”复选框下方的按钮，删除原有背景图。单击“添加图片”按钮，打开“我的图片”对话框，单击“素材库”选项卡，选择“其他”选项，单击选中“甜点”图片，如图6-100所示，单击 确定 按钮，即可更改背景图片。

步骤 02 单击选中“Logo”图片组件，在右侧“内容”选项卡中，单击按钮，删除图片，单击“添加图片”按钮 + ，打开“我的图片”对话框，单击右上角 上传图片 按钮，打开“打开”对话框，选择“公司Logo”素材文件（配套资源:\素材文件\第6章\公司Logo），单击 打开(O) 按钮上传图片，单击选中该图片，单击 确定 按钮即可，如图6-101所示。

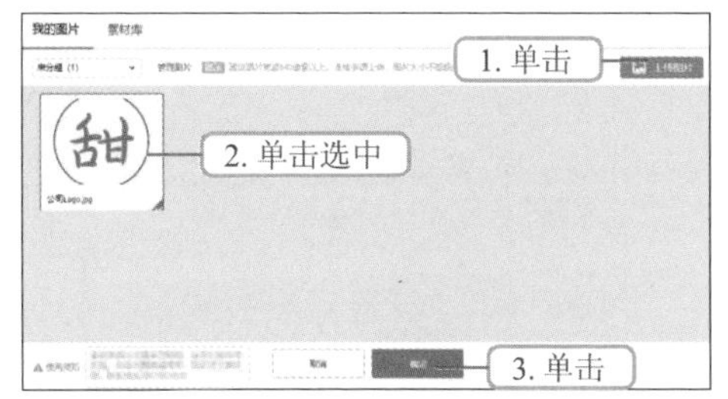

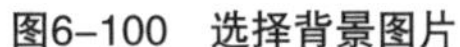

图6–100　选择背景图片　　　　图6–101　选择Logo图片

步骤 03 单击选中文字组件，在右侧“内容”选项卡中，输入“甜糕点”，按“Enter”键换行，输入“甜在嘴里，也在心里”文字；选中“甜糕点”文字，单击B按钮，使文字加粗显示，同时选中“甜糕点”“甜在嘴里，也在心里”文字，单击A按钮，设置文字颜色为“#888888”，完成后的效果如图 6-102 所示。

步骤 04 依次单击选中“关于我们”部分的组件，单击右上角×按钮，在打开的“是否删除该组件”提示框中单击 删除 按钮，删除该部分内容。

步骤 05 单击选中“相关项目”组件，更改文字内容为“相关产品”文字，单击选中下方图片组件，将图片更改为“蛋糕”素材文件（配套资源 :\ 素材文件 \ 第 6 章 \ 蛋糕）。

步骤 06 单击选中该图片组件下方的文字组件，在右侧“内容”选项卡中，输入“蛋糕”文字，依次删除剩下的图片组件、文字组件和双栏组件，完成后的效果如图 6-103 所示。

图6–102　文字组件设置　　　　图6–103　完成后的效果1

步骤 07 单击“蛋糕”图片组件，在“内容”选项卡中，单击选中“链接”复选框，在打开的“选择链接类型”对话框中，选择“页面”选项，单击“选择页面”下拉列表框，选择“案例”选项，如图 6-104 所示，单击 确定 按钮。

步骤 08 单击选中“服务理念”文字组件下方的图片组件，在“样式”选项卡的“添加背景图”复选框中，单击■按钮，删除背景图，取消选中“添加背景图”复选框，单击“修改背景色”按钮，设置背景颜色为“#ffe7d3”。

步骤 09 单击选中“服务理念”文字组件，更改文字为“服务理念 用心做糕点，用心待顾客，您的满意，是我们终生的追求。”；选中所有文字，设置文字颜色为“#888888”，选中“服务理念”文字，设置其加粗显示。完成后的效果如图 6-105 所示。

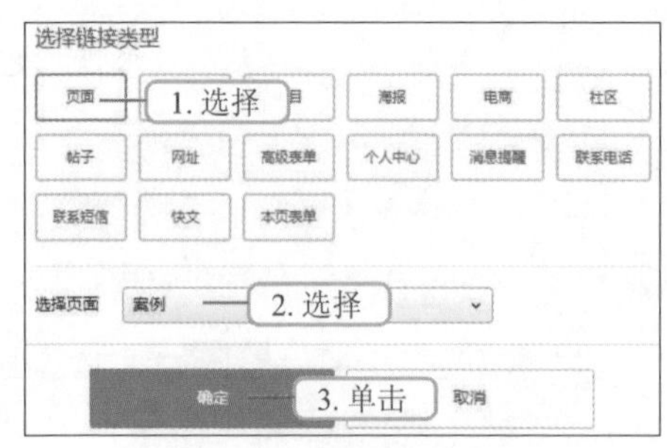

图6-104　选择链接类型

图6-105　完成后的效果2

6.4.4　设置基本信息

首页编辑完成后，还应对网站的基本信息进行编辑，包括站点名称、站点标志、导航信息等。下面将对“公司简介”网站的基本信息进行编辑，其具体步骤如下。

步骤 01 单击选中导航栏在打开右侧编辑区单击“内容”选项卡，在“站点名称”文本框中输入“甜糕点公司简介”；单击“站点标志”栏的＋按钮，打开“打开”对话框，选择“公司 Logo”素材文件，单击 打开(O) 按钮，在打开的对话框中拖曳鼠标框选标志范围，单击 确定 按钮，上传站点标志。

步骤 02 在“各导航项信息”栏中，将文字更改为“产品介绍”“产品购买”“公司介绍”，如图 6-106 所示。

步骤 03 单击“页面编辑”页面左上角 页面列表 按钮，将鼠标移动到“案例”选项上，单击按钮，将“案例”文字更改为“产品介绍”，单击按钮；使用同样的方法，将“服务”文字更改为“产品购买”，将“介绍”文字更改为“公司介绍”，如图 6-107 所示。将鼠标移动到“文章”选项上，单击按钮，在打开的提示框中单击 确定 按钮，删除该页面。

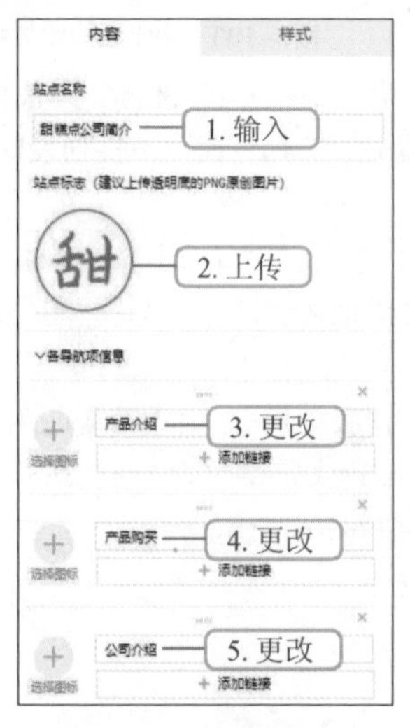

图6-106　设置导航栏

图6-107　页面设置

步骤 04 单击右上角 保存 按钮，保存已编辑的模板内容，选择“页面列表”下拉列表中“产品介绍”选项，在打开的“离开此网站？”提示框中单击 离开 按钮，打开“产品介绍”编辑页面。

步骤 05 单击选中第 1 个文字组件，将文字内容更改为“蛋糕”；单击选中下方图片组件，将图片改为“蛋糕”素材文件；单击选中第 2 个文字组件，更改其文字内容；依次删除剩余组件，完成后的效果如图 6-108 所示。

步骤 06 单击右上角的 保存 按钮，打开“产品购买”编辑页面，单击选中第 1 个文字组件，将文字内容更改为“联系方式”；单击选中第 2 个文字组件，更改其文字内容；选中所有文字，单击 按钮选择“14px”选项，设置文字字号；依次删除剩余组件，完成后的效果如图 6-109 所示。

步骤 07 单击右上角 保存 按钮，打开“公司介绍”编辑页面，单击选中第 1 个文字组件，将文字内容更改为“公司介绍”；单击选中第 2 个文字组件，更改其文字内容；单击选中地图件并将其删除，完成后的效果如图 6-110 所示。

图6-108　产品介绍页面

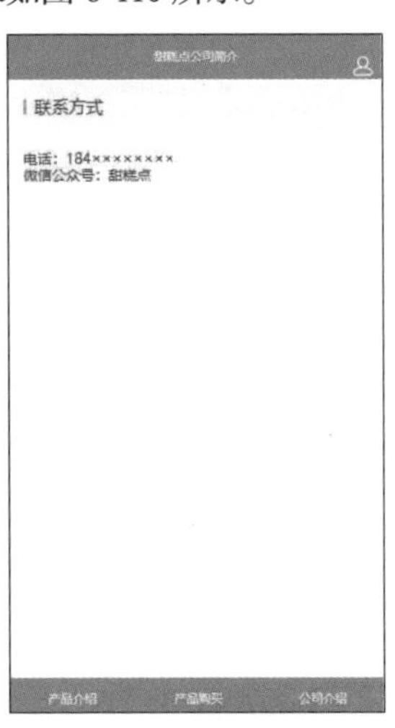

图6-109　产品购买页面

图6-110　公司介绍页面

6.4.5　发布页面

在完成网站的编辑后，新媒体从业人员需要对网站页面进行发布，才能使该网站被用户查看到。下面将发布“公司简介”网站，其具体步骤如下。

步骤 01 单击“编辑页面”页面右上角 预览 按钮，可对网站进行预览，其首页预览效果如图 6-111 所示，单击下方的导航按钮，即可切换到相应页面。

步骤 02 单击“编辑页面”页面上方 发布站点 按钮，在打开的“离开此网站？”提示框中单击 离开 按钮，打开“发布站点”对话框。

步骤 03 在“域名”文本框中输入“tiangaodian”；单击“所属行业”下拉列表框，选择“餐饮美食”选项；单击“所属地区”下拉列表框，选择“四川”选项，单击选中“我已认真阅读并同意遵守《快站服务协议》中的相关规定”复选框，如图6-112所示，单击发布按钮，打开“发布成功”页面完成网站发布。

图6–111　首页预览效果

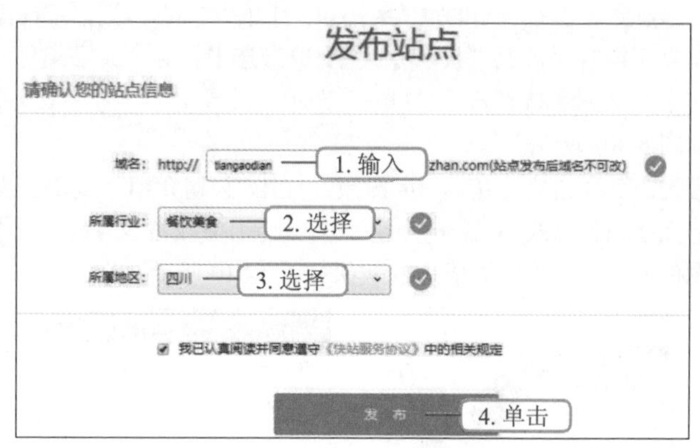

图6–112　填写发布信息

经验之谈

在预览时，新媒体从业人员可在右侧选择不同手机型号进行预览，查看在不同手机屏幕中网站的查看效果。

经验之谈

需注意，在认证快站账号前，发布的网站只有10天的试用期，要想永久发布网站需要对账号进行认证。

6.5 拓展知识——自媒体工具的其他应用

在实际应用中，新媒体从业人员可以根据需要，选择合适的、快捷的自媒体工具，不同的自媒体工具应用不同，除基本应用外，新媒体从业人员还可以尝试使用其他应用，以更好地完成新媒体工作。下面将对本章相关工具的其他应用进行介绍。

1. 新媒体管家在微信公众平台的应用

除素材采集、图片编辑外，新媒体管家还能够以插件的形式，帮助新媒体从业人员在微信公众平台的图文编辑页面进行图文编辑，如图6-113所示。此外，新媒体管家插件还提供了热点中心、裂变涨粉和动图制作等第三方服务，右侧按钮的作用如下所示。

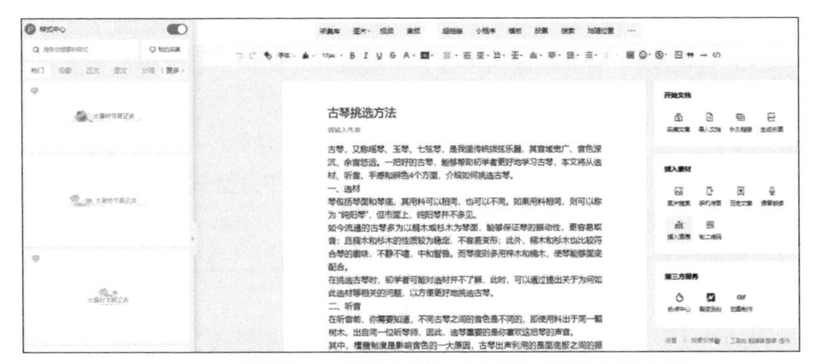

图6-113　新媒体管家插件在微信公众平台编辑页面的效果

● “采集文章”按钮。单击该按钮可以一键采集微信文章到微信公众平台中，方便实现样式无变化的快速转载文章，还可以采集互联网上的其他文章到微信公众平台，新媒体从业人员只要对文章进行适当调整后即可发布该文章内容。

● “导入文档”按钮。单击该按钮可以直接导入 Word 文档到微信公众平台。

● “永久链接”按钮。单击该按钮能够将未发布文章的预览链接转化为永久链接。

● “生成长图”按钮。单击该按钮可以将文章内容变为图片，更便于文章的保护。

● “图片搜索”按钮。单击该按钮可以直接在编辑页面搜索表情包、GIF 动图以及基于 CCO 协议（即版权共享协议，指图片创作者将图片共享出来）的无版权图片。

● “手机传图”按钮。单击该按钮可将手机端的图片直接上传到微信公众平台。

● “历史文章”按钮。单击该按钮可在文章中快捷添加历史文章卡片。

● “语音朗读”按钮。单击该按钮可打开“新媒体管家 | 语音朗读”页面，对微信公众平台中的文字内容进行朗读。

● “插入图表”按钮。单击该按钮可在微信公众平台直接将数据变为图表。

● “生成二维码”按钮。单击该按钮可在微信公众平台直接制作二维码。

2. 135 编辑器的其他功能

在 135 编辑器工具栏中，除可对文字内容进行格式设置外，还可以添加图片、表格、音频、视频、超链接等，并对文章进行自动排版，如图 6-114 所示。下面将对 135 编辑器顶部工具栏中其他的常用功能进行介绍。

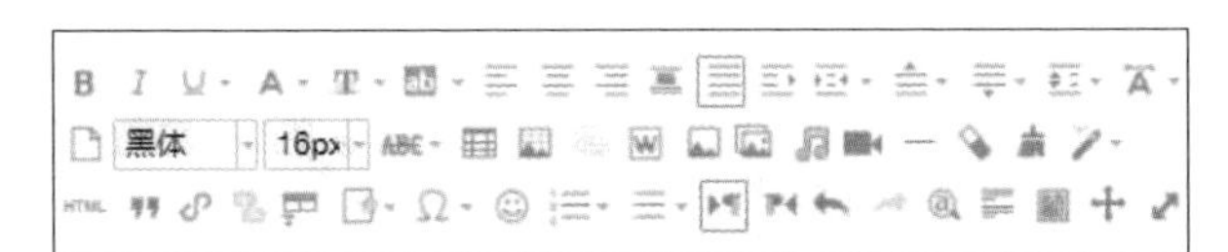

图6-114　135编辑器顶部工具栏

● “全文图片居中”按钮。单击该按钮可设置文章内容中的图片全部居中。

● “清空文档”按钮。单击该按钮可清空编辑区中的文档内容。

● “插入表格”按钮。单击该按钮可在编辑区中插入表格。

- “背景”按钮。单击该按钮可打开“背景”对话框，为整篇文章添加背景。
- “音乐”按钮。单击该按钮可打开“音乐”对话框，为文章添加音乐。
- “视频”按钮。单击该按钮可打开“视频”对话框，新媒体从业人员要输入腾讯视频地址，才能添加视频。
- “清除格式”按钮。单击该按钮可将选中的格式清除。
- “格式刷”按钮。使用该按钮前，需要先选中作为格式范例的文字，再单击该按钮，选择需要刷格式的文字。
- “自动排版”按钮。单击该按钮右侧的下拉按钮，在打开的对话框中选择文章格式，并单击按钮，为整篇文章执行该格式。
- “编辑超链接”按钮。单击该按钮可打开“编辑超链接”对话框，为文章添加超链接或小程序。
- “特殊字符”按钮。单击该按钮可在打开的页面中，选择相应的特殊字符，插入到文章中。
- “表情”按钮。单击该按钮可添加表情到文章中。
- “段落样式”按钮。单击该按钮可在打开的“段落样式”对话框中，设置文章的段落样式。
- “地理位置”按钮。单击该按钮可打开“地理位置”对话框，可在其中选择并插入地理位置到文章中。
- “全屏写稿模式”按钮。单击该按钮可进入全屏写稿模式，即只展示编辑区，如图 6-115 所示。

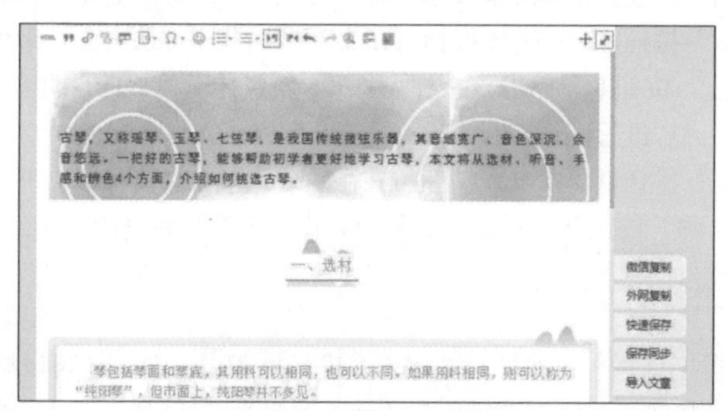

图6-115　全屏写稿模式

3. 人人秀微信群聊功能

微信群聊是人人秀一种较为常用的功能，新媒体从业人员可以通过模拟微信中的聊天界面、朋友圈，向用户介绍产品或服务，进行营销。在人人秀中，制作微信群聊需要添加人员、信息等，其具体步骤如下。

步骤 01 打开“人人秀活动编辑器”页面，单击上方“互动”按钮 ，在打开的“互动”对话框中单击“趣味”选项卡，如图 6-116 所示，选择“微信群聊”选项，将其添加到页面中。

图6–116　添加互动

步骤02 单击右侧 微信群聊设置 按钮，打开“基本设置”对话框，单击 人员管理 按钮，在打开的“人员管理”对话框中，单击 + 添加人员 按钮，在“昵称”文本框中输入昵称，此处输入“小王”，单击 + 按钮，打开“图片库”对话框，选择或上传合适的图片作为人员微信头像，如图 6-117 所示，单击 保存 按钮，完成人员添加。

步骤03 单击 + 添加信息 按钮，打开“添加信息”对话框，在“消息内容”文本框中输入内容文字，此处输入“中秋你们打算怎么过？”，如图 6-118 所示，使用同样的方法添加如图 6-119 所示的人员和信息。

图6–117　添加人员

图6–118　添加信息

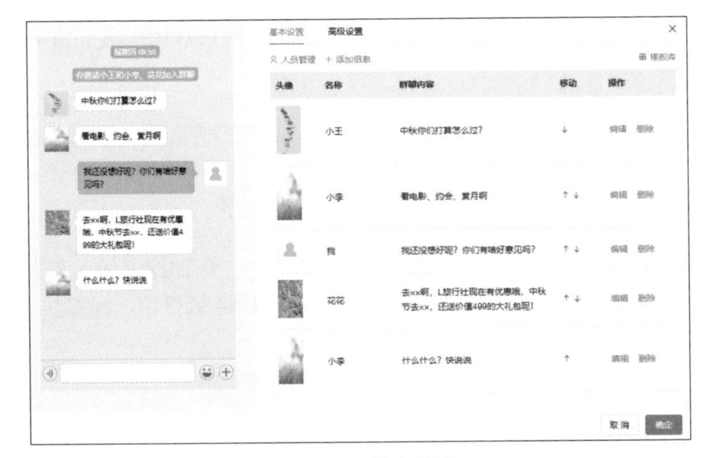

图6–119　基本设置

步骤 04 单击“高级设置”选项卡，设置“显示昵称”为“显示”，“消息间隔”为“1”，如图 6-120 所示，单击 确定 按钮，即可完成群聊信息的设置，完成后的效果如图 6-121 所示。

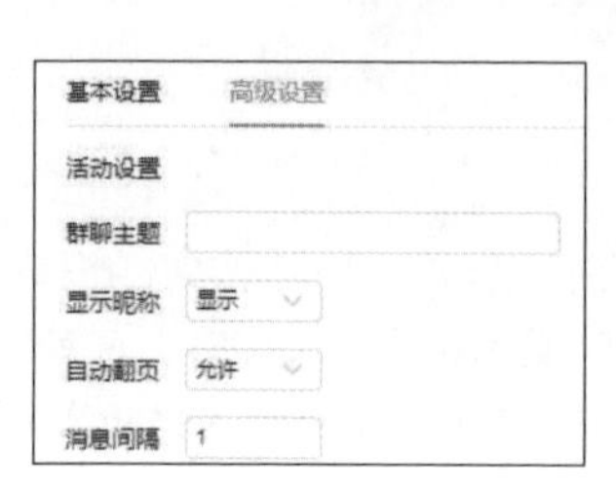

图6–120　高级设置

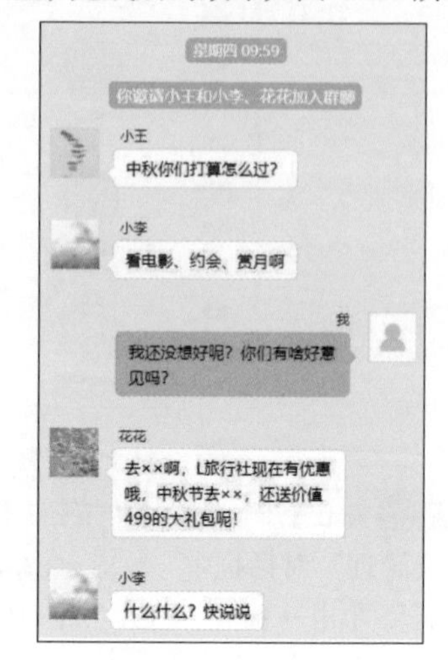

图6–121　完成后的效果

4. 草料二维码批量生成二维码

批量生成二维码适用于快速创建大量二维码。在生成二维码时，需要先组装在二维码中展示的内容组件，其方法与 6.3 节中所讲的相同，然后在批量模板中导入 Excel 表格，草料二维码将根据表格中的信息，按照模板结构生成对应的二维码。

经验之谈

同个批量模板下，可以多次导入不同的 Excel 表格，用于分批次管理不同班组的人员、不同区域的设备等。

在上传 Excel 数据时，需要先下载 Excel 模板，将需要生成二维码的数据内容填写到 Excel 模板中，再上传根据模板填写的 Excel 文档，然后确认数据生成二维码，如图 6-122 所示。

图6–122　上传Excel文档的步骤

在批量生成二维码之后，还可批量制作二维码标签，在标签中加入文字或图片信息。此外，批量生成二维码还支持 A4 不干胶纸打印、普通 A4 纸打印、标签机打印、自定义排版打印等多种打印方式。

5. 快站其他功能

快站其他功能包括公众号、快客多、快投票、畅言云评和小程序 5 种产品服务。

（1）公众号服务

快站公众号功能允许用户将微信公众号授权给快站进行管理，目前支持的功能包括微信文章管理和微信插件两大模块，微信文章管理能实现微信文章的编辑与管理，而微信插件则能够实现公众号群发、自定义菜单、被添加自动回复、消息自动回复、关键词自动回复、智能回复等功能的设置。公众号服务能够达到获取粉丝、提升活跃度、提升管理效率和导出数据 4 种目的，下面进行介绍。

① 获取粉丝。快站拥有自动粉丝标签、参数二维码、投票细分和微积粉 4 种获取粉丝的方式。

② 提升活跃度。快站提供无限群发、定时推送、互动后推送和个性化推送方式，能够增强微信公众号的推送能力。

③ 提升管理效率。快站提供自动粉丝标签、自定义菜单、自定义回复和消息管理服务，能够精细化粉丝管理。

④ 导出数据。快站能够导出粉丝新增、活跃度、留存数据等可视化数据。

（2）快客多服务

快客多是专注于会员的电商平台，为快站用户提供了多场景、多行业的专业的会员管理系统，拥有电商分销功能，可借助多种营销方法刺激消费，其主要包括以下 4 个方面。

① 多场景。快客多支持电商、预约服务门店等多种经营方式，支持小程序和 H5，能够适应微信环境。

② 会员管理系统。会员管理系统提供了会员管理、会员成长、会员积分、会员储值等专业的会员管理功能，能够活跃客户、留住客户。

③ 电商分销。快站提供了分销员管理功能，支持查看分销员业绩数据和分销员关系网络，能够帮助商家快速吸粉、提升复购率，并拥有刷单预警功能，保障运营安全。

④ 营销方法。快站提供了多拼团、积分商城、优惠券、大转盘、赠品、发券宝等营销方法，能够帮助商家进行线上销售。

经验之谈

在使用快站快客多服务时，需要确定快客多后台绑定的微信服务号、商户平台与公众平台的信息是一致的。

（3）快投票服务

快投票是一种营销互动方式，为快站用户提供了以下 4 种功能。

- 要求扫码关注微信公众号后才可投票，能够增加粉丝量。
- 精准的数据监控和实时统计功能。
- 拥有礼物投票功能，能够为参选者送礼，开启投票活动还能拥有收益。
- 智能防刷票功能。

（4）畅言云评服务

畅言云评也是一种营销互动方式，其支持智能评论管理，适配 PC/Wap/App 等多个端口，支持多人审核评论，拥有智能反垃圾系统。畅言方评服务还可以基于评论信息的统计模块，提供网站内容指导。

（5）小程序服务

新媒体从业人员还可以通过快站快速搭建小程序，并设置多个流量入口，全方位展示企业形象。在搭建小程序前，新媒体从业人员可以先在微信公众平台注册一个小程序账号，并填写基本信息，然后进入快站官网，新建小程序并编辑小程序页面，最后进行审核发布。

6.6 课后练习

（1）在新媒体管家中编辑头条封面版式，完成后的效果如图6-123所示（配套资源:\素材文件\第6章\课后练习\头条封面、效果文件\第6章\课后练习\头条封面版式）。

图6-123 头条封面版式效果

（2）在135编辑器中为“养猫花费大盘点”素材文件（配套资源:\素材文件\第6章\课后练习\养猫花费大盘点）进行排版，并添加“猫爬架”“逗猫棒”素材文件（配套资源:\素材文件\第6章\课后练习\猫爬架、逗猫棒），设置其“宽度”均为“50”，对齐均为“居中”，“边框阴影”分别为“右下阴影”“左上阴影”，其效果如图6-124所示（配套资源:\效果文件\第6章\课后练习\养猫花费大盘点）。

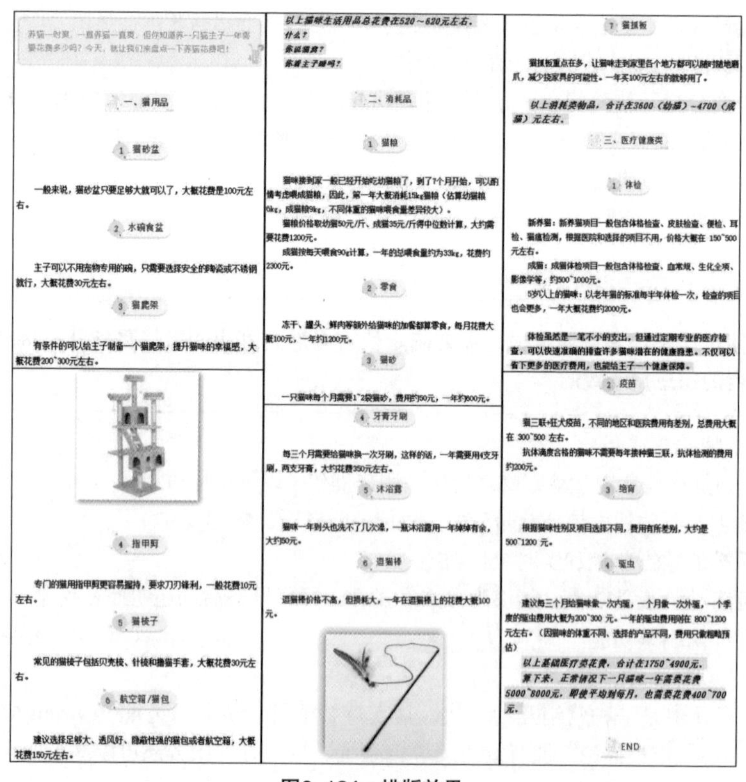

图6-124 排版效果

(3) 在人人秀中制作“动漫歌曲盘点”H5，要求在首页添加“指纹开屏”互动，并为后续页面添加相应的背景音乐，设置触发方式为“进入页面触发”，完成后的效果如图6-125所示（配套资源:\素材文件\第6章\课后练习\H5\、效果文件\第6章\课后练习\动漫歌曲盘点）。

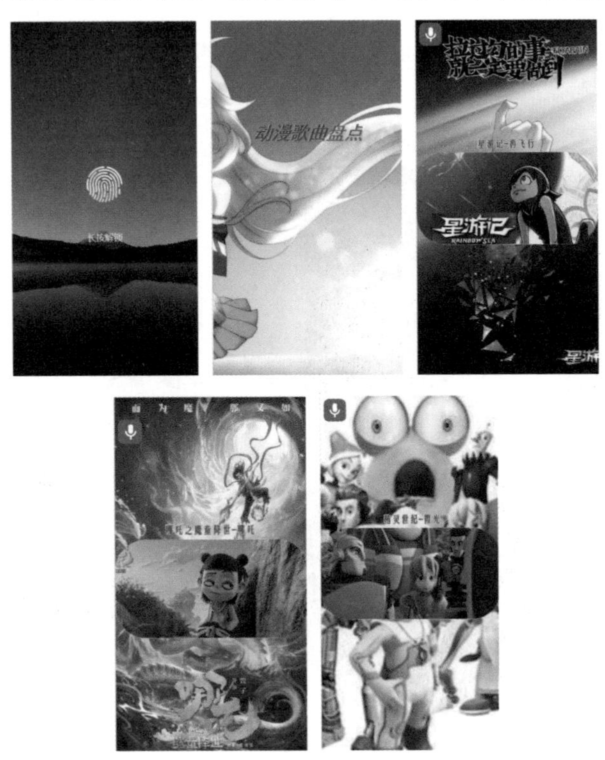

图6-125　H5完成后的效果

(4) 在草料二维码中制作“成都签售会签到”二维码，完成后的页面效果如图6-126所示（配套资源:\效果文件\第6章\课后练习\成都签售会签到）。

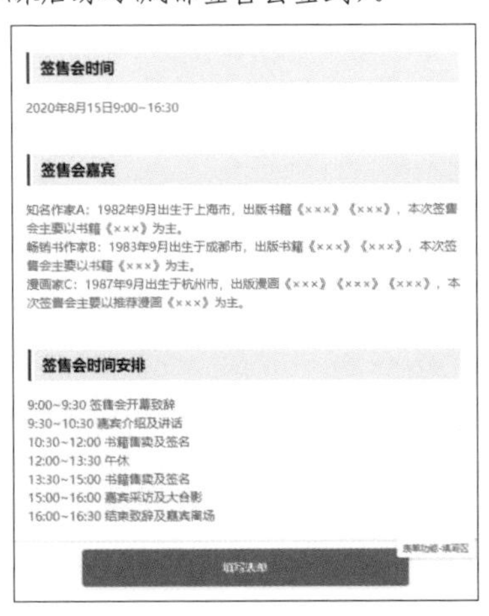
签售会时间

2020年8月15日9:00~16:30

签售会嘉宾

知名作家A：1982年9月出生于上海市，出版书籍《×××》《×××》，本次签售会主要以书籍《×××》为主。
畅销书作家B：1983年9月出生于成都市，出版书籍《×××》《×××》，本次签售会主要以书籍《×××》为主。
漫画家C：1987年9月出生于杭州市，出版漫画《×××》《×××》《×××》，本次签售会主要以推荐漫画《×××》为主。

签售会时间安排

9:00~9:30 签售会开幕致辞
9:30~10:30 嘉宾介绍及讲话
10:30~12:00 书籍售卖及签名
12:00~13:30 午休
13:30~15:00 书籍售卖及签名
15:00~16:00 嘉宾采访及大合影
16:00~16:30 结束致辞及嘉宾离场

图6-126　二维码的页面效果

（5）在快站中创建“猫咪夏日避暑”网站，要求包含“降温方式”“中暑症状”“注意事项”3个页面。其中，首页为“降温方式”，并使用快站图片库中提供的图片进行编辑，完成后的页面效果如图6-127所示。

图6-127　快站建站效果

第 7 章
新媒体新技术

新技术是新媒体行业发展中重要的制胜因素，近年来，人工智能、大数据和云计算等新技术蓬勃发展，为新媒体行业的未来发展提供了更多的可能，本章将对这 3 种新技术进行介绍。

7

7.1 人工智能

人工智能（Artificial Intelligence，AI）是计算机科学的一个分支，是研究和开发用计算机程序来模拟、延伸和扩展人的智能的理论、方法、技术、应用系统的一门新型技术科学。这门科学旨在研究机器人、语言识别、图像识别、自然语言处理和专家系统等，是当下热门的新技术之一，应用领域十分广泛。而新媒体行业则是人工智能大展拳脚的新战场。

7.1.1 人工智能技术的细分领域

人工智能技术有许多不同的细分领域，当下较为热门的主要有深度学习、语音识别、生物特征识别、虚拟代理、智能机器人和专家决策管理。

① 深度学习。深度学习是人工智能领域的一个应用分支，主要应用于由庞大数据库支持的模式识别和分类应用领域，如新媒体中对用户个性和习惯进行筛选的系统通常就采用了这种技术。

② 语音识别。语音识别是将人类语音转录和转换为计算机应用软件可用的格式的技术手段，应用于交互式语音应答系统、医疗听写、语音书写、终端系统声控、电话客服和车载移动服务等领域。

③ 生物特征识别。生物特征识别是一种通过计算机或移动终端从图像中识别出物体、场景和活动的技术，能够支持人类与机器之间更自然的交互，包括但不限于图像和触摸识别、身体形态、基因配对等，还可以应用于医疗成像分析、电子商务支付，以及安防及监控等领域。

经验之谈

通常情况下，生物特征识别技术包括身体特征（如指纹、静脉、掌型、视网膜、虹膜、人体气味、脸型，甚至血管、DNA、骨骼等）和行为特征（如签名、语音、行走步态等）两个部分，新媒体中常用的生物特征识别技术主要指身体特征识别技术。

④ 虚拟代理。虚拟代理是一种结合了语音识别和云计算服务的人机互动技术，常用于用户服务，可以支持智能终端系统的管理以及充当智能终端系统，如手机中的虚拟个人助理、智能音箱中的人工智能助手、导航地图中的人工语音助手等。

⑤ 智能机器人。智能机器人是通过人工智能技术把机器视觉、自动规划等认知技术、各种传感器整合到机器人身上，使得机器人拥有判断、决策的能力，能在各种不同的环境中处理不同任务的技术。智能机器人不仅可以与人类语音聊天，还具有自主定位、导航行走、安防监控等功能。

⑥ 专家决策管理。专家决策管理是一种利用技术引擎将规则和逻辑嵌入人工智能系统中，用于设置、训练、维护与调优，并协助或执行自动决策的技术。这种技术不仅能利用计算机程序体现和应用人类专家丰富的知识，为用户提供解决问题的方案，还能帮助人类专家发现推理过程中出现的差错。目前，这种技术在矿物勘测、化学分析和医学诊断等方面已经达到了人类专家的水平。

7.1.2 人工智能技术的作用

人工智能技术被广泛应用于信息内容生产、渠道分发、用户信息反馈等各个方面，推动了新媒体行业从手工业阶段跨越到流水线大工业阶段。下面就从信息内容的生产流程和生产效率两个方面介绍人工智能技术的作用。

1. 信息内容的生产流程

人工智能技术颠覆了信息内容的生产流程，这可以从信息内容的生产向度、生产环节和运行规则 3 个方面看出。

① 生产向度。人工智能技术以高效、准确、多向度的自动机器分析代替有限的、经验化的单向度人工内容生产，使得信息内容生产变为交互多向，使信息内容的生产者和用户之间变为交互关系。

② 生产环节。人工智能的自动化能带来信息内容生产环节的合并，并能通过实时更新，省略反复核查带来的环节冗余。例如，在利用人工智能技术对新闻进行传播时，能够在新闻事件发生后的极短时间内迅速完成数据挖掘、数据分析和自动写稿的全过程，还能省略记者自查、编辑审核等环节。

③ 运行规则。人工智能技术支持的信息内容生产以数据和数据支撑的算法作为判断信息价值的依据。例如，新媒体平台通常会根据用户的个性和喜好，识别和选择信息内容，并给这些信息添加总结或主题，再打上个性化的标签，推送给用户。

2. 信息内容的生产效率

利用人工智能技术能够极大缩短媒体生产信息内容的时间，提升信息内容的生产速率。例如，新媒体中信息数据搜索智能系统能根据用户提供的文本、链接或关键词等，检索相关信息内容素材并进行初步的线性编辑，然后利用人工智能技术模仿编辑的写作风格自动生成新闻报道，达到快速、高效生产信息内容的目的。

7.1.3 人工智能技术的新媒体应用

人工智能技术可以应用于包括运营推广、数据处理、广告营销等多个新媒体领域。而对新媒体从业人员来说，其应用比较常见的是在视频生成和内容审核方面的运用，下面分别进行介绍。

① 视频生成。利用人工智能进行视频生成，是指在基于人工智能技术创建的视频内容智能分析平台中应用语音识别、图片识别、人脸识别、大数据分析等技术，实现海量视频节目的音轨文字化、自动编目、智能剪辑、自定义标签、智能检索和场景识别等。利用人工智能进行视频生成不仅能够实现短视频内容的自动化生产，而且能有效缩短业务流程，提升运营效率，大大缩减人力与运营成本，可广泛应用于新闻、体育、影视、娱乐、教育和政务等多个新媒体领域。

② 内容审核。众所周知，在新媒体平台上发布内容时，需要经过平台的审核，在一些审核严格的平台上发布内容时，甚至需要预留几个小时审核，才能保证内容的准时发布。这得益于新媒体平台中的内容审核，而这种审核就是利用人工智能技术，依托生物特征识

别和语义分析等技术，对用户发布的信息内容，从文字、语音等多个维度进行分析，智能识别出其中的不正常内容，并予以处理。利用人工智能技术进行内容审核能够提升平台审核效率，降低审核成本，但由于人工智能技术发展水平的限制，这种审核方式目前还只能作为人工审核的一种辅助手段。

7.2 大数据

大数据是指在单位时间范围内，无法使用常规方式捕捉、管理和处理的数据集合。大数据的研究机构 Gartner 给出的定义是："大数据是需要新处理模式处理才能具有更强的决策力、洞察发现力和流程优化能力的海量、高增长率和多样化的信息资产。"大数据技术的使用，给新媒体带来了许多便利，是新媒体时代常用的一种新技术。

7.2.1 大数据的特点

大数据拥有规模大、价值大、多样性和速度快 4 个特点。

① 规模大。规模大是指大数据的容量至少应该达到 PB 级别以上。PB 是数据的存储容量单位，1PB 等于 1024TB，1TB 等于 1024GB。

② 价值大。大数据的价值表现在三个方面：一是通过为企业提供基础的数据统计报表分析来辅助企业决策；二是通过数据产品、数据挖掘模型实现企业产品和运营的智能化，从而极大地提高企业的整体效能；三是通过对数据进行精心的包装，对外提供数据服务，从而获得收入。

③ 多样性。大数据的多样性表现在两个方面，一是不仅包括存在数据库表格中的结构化数据，还包括非结构化数据，如文本、语音、视频和图像等；二是根据数据个性特征的不同，其统计和分析的方式也有所不同，例如，要统计微博新闻用户的数据，不仅要统计年龄、性别、学历、爱好和性格等基本的用户特征数据，还需要扩展到地区、使用时段、登录方式和浏览习惯等更多特征的数据。

④ 速度快。速度快是指大数据可以通过算法快速地对数据进行逻辑处理，实时从各种类型的数据中快速获得高价值的信息，从而避免因为数据和商业业务决策的时效性而产生商机损失。

7.2.2 大数据的技术组成

大数据技术是一种从各种类型数据中快速获得有价值信息的技术手段，通常由以下 5 个阶段组成。

① 基础阶段。大数据基础阶段的技术包括 Linux、Docker、KVM、MySQL、Oracle、MongoDB、Redis、Hadoop、MapReduce、HDFS 和 YARN 等。

② 大数据存储阶段。大数据存储阶段的技术包括 HBase、Hadoop、Phoenix、YARN、Mesos、Hive 和 Sqoop 等。

③ 大数据架构设计阶段。大数据架构设计阶段的技术包括 Flume 分布式、ZooKeeper 和 Kafka 等。

④ 大数据与实时计算阶段。大数据与实时计算阶段的技术包括 Mahout、Impala、Spark 和 Storm 等。

⑤ 大数据数据采集阶段。大数据数据采集阶段需掌握的技术包括 Python、Scala、NDC 和 LogStash 等。

大数据的技术是一个庞大且复杂的体系，由以上 5 个不同阶段的技术组成了一个通用的大数据处理框架，如图 7-1 所示。

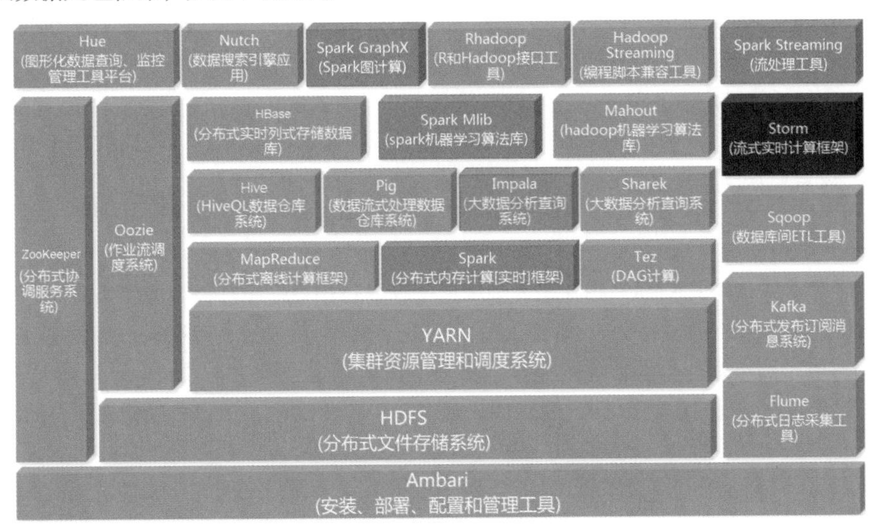

图7–1　大数据处理框架

7.2.3　大数据的应用

新媒体时代，大数据广泛应用于金融、制造、汽车、能源、电信、物流、体育、娱乐、电子商务等行业，下面分别进行介绍。

① 金融行业。大数据在金融行业的应用主要有 4 个方面：一是用户画像，包括以人口统计学特征、消费能力数据、兴趣数据和风险偏好等数据为依据的个人用户画像，和以企业的生产、流通、运营、财务、销售和用户数据、相关产业链上下游等数据为依据的企业用户画像；二是在用户画像的基础上开展的精准营销；三是风险管理与风险控制，包括中小企业贷款风险评估、实时欺诈交易识别和反洗钱分析；四是金融企业的运营优化，包括市场和渠道分析优化、产品和服务优化、舆情分析。

② 制造行业。大数据在制造行业的应用包括诊断与预测产品故障、分析工艺流程、改进生产工艺、优化生产过程能耗和工业供应链分析与优化等，从而帮助企业提升工业制造的水平。

③ 汽车行业。大数据在汽车行业的应用主要有七个方面：一是汽车营销领域，包括车主的行为数据、以车为中心的数据、汽车数据资产化；二是驾驶行为大数据在车险领域的应用；三是维保大数据在二手车评估领域的应用；四是智能导航大数据在交通智能化领域的应用；五是大数据在汽车共享新商业模式领域的应用；六是行车记录仪大数据在交通

领域的应用；七是买车、卖车、用车、维保大数据在造车领域的应用。

④ 能源行业。大数据在能源行业主要应用于石油和天然气全产业链、智能电网和风电行业，可以帮助企业优化库存，合理调配能源供给，并对数据实时分析，提供更好的用户服务等。

⑤ 电信行业。大数据在电信行业的应用主要有五个方面：一是网络管理和优化，包括基础设施建设优化和网络运营管理优化；二是市场与精准营销，包括用户画像、关系链研究、精准营销、实时营销和个性化推荐；三是客户关系管理，包括客服中心优化和客户生命周期管理；四是企业运营管理，包括业务运营监控、经营分析和市场监控；五是数据商业化，包括精准广告、大数据检测和决策等。

⑥ 物流行业。大数据在物流行业的应用主要体现在车货匹配、运输路线优化、库存预测、设备修理预测、供应链协同管理等方面。

⑦ 体育行业。大数据在体育行业的应用包括预测体育赛事结果、提升训练效果、促进体育市场的快速发展等。

⑧ 娱乐行业。大数据在娱乐行业的应用包括通过用户画像进行精准营销，支持影视内容的决策，以及为物料内容、营销主题、效果、事件传播及影片发行提供数据支持。

⑨ 电子商务行业。大数据在电子商务行业的应用主要有三个方面：一是精准营销，包括采集有关用户的各类数据、建立用户画像、广告投放等；二是个性化服务，通过技术支持获得用户的在线记录，并及时为用户提供定制化服务；三是商品个性化推荐，包括反馈意见、购买记录和社交数据等，以分析和挖掘用户与商品之间的相关性，从而发现用户的个性化需求、兴趣等，然后将用户感兴趣的信息、产品推荐给用户。大数据在电子商务行业中的应用还包括动态定价、特价优惠、定制优惠、供应链管理、预测分析等其他方面。

7.2.4 大数据与新媒体的关系

在新媒体时代，信息的内涵已不仅是消息、新闻等，而是各种各样的数据，而且这些数据已成为十分重要的资源。大数据不只是一个概念和一项技术，它已成为新媒体的核心资源——不仅是新闻报道的重要内容，也是媒体统计和分析用户心理、需求以及行为习惯等的重要依据。分析、解读数据，探索出一种为用户提供个性化服务的新媒体运营方式，将成为新媒体在大数据时代的发展趋势。

7.3 云计算

云计算是一种分布式计算，其通过“云”（对网络、互联网的一种比喻说法）将巨大的数据计算处理程序分解成无数个小程序，然后通过多部服务器组成的系统进行处理和分析，最后得到结果并返回给用户。利用云计算技术，新媒体平台可以在几秒内处理数以万计的数据，并将这些计算资源集合起来，通过软件实现自动化管理，快速提供计算资源、技术能力和计算结果，因此云计算也是新媒体技术发展的一个重要方向。

7.3.1 云计算的特点

与传统的网络数据处理模式相比，云计算具有以下 9 个特点。

① 超大规模。云计算需要由超大规模的服务器作为硬件支持，通常基础的云计算需要成百上千台服务器，而一些大型企业或网站则需要几十万甚至上百万台服务器。

② 虚拟化。虚拟化是云计算显著的特点之一，云计算可以突破时间、空间的界限，支持用户在任意位置、使用各种终端获取应用服务。用户只需要一个移动终端，就可以通过网络服务来实现数据备份、迁移和扩展，甚至完成包括超级计算这样的任务。

③ 高可靠性。云计算比使用本地计算机拥有更高的可靠性，即使单个服务器出现故障，云计算也可以通过虚拟化技术将分布在不同物理服务器上的应用进行恢复或利用动态扩展功能部署新的服务器进行计算。

④ 通用性。在“云”的支持下,云计算可以构造出千变万化的应用,即便是同一个“云”也可以同时支撑不同的应用运行。

⑤ 可扩展性和弹性。“云”的规模是可以动态伸缩的，云计算能自如地应对应用急剧增加的情况，在原有服务器基础上增加云计算功能能够使计算速度迅速提高，从而达到拓展应用的目的。

⑥ 按需服务。“云”的规模是巨大的，其中包含了许多应用、程序软件等，不同应用所对应的数据资源库不同，当用户需要运行不同的应用时，云计算能够根据用户的需求快速配备计算能力及资源。

⑦ 高性价比。云计算通常将各种资源集中到“云”中统一管理，企业无需负担日益高昂的数据中心管理成本，而且“云”的通用性使资源的利用率较之传统系统大幅提升，能够用极低的成本完成传统系统需要更高费用和更多时间才能完成的任务。

⑧ 厂商大力支持。大多数的厂商都在大力发展其云计算业务，致力于提供云计算解决方案。

⑨ 拥有基于使用的支付模式。云计算付费的依据是用户使用的服务，这降低了云计算的准入门槛，使得各种规模的企业，甚至个人都可以使用相同的服务。

7.3.2 云计算的应用

现如今，云计算的应用已较为常见，主要包括以下 7 个方面。

① 云存储。云存储是指将网络中大量不同类型的存储设备通过应用软件集合起来协同工作，共同对外提供数据存储和业务访问功能的存储系统，也可以将云存储看成一个以数据存储和管理为核心的云计算系统。

② 云医疗。云医疗是建立在云计算、移动通信和移动互联网等新技术基础上，结合医疗技术，使用云计算来创建医疗健康服务云平台，实现医疗资源的共享和医疗范围的扩大，满足广大人民群众日益提升的健康需求的一项全新医疗服务。

③ 云社交。云社交是一种云计算和移动互联网等技术交互应用的虚拟社交应用模式。云社交需要运用云计算统一整合和评测大量的社会资源，构成一个有效的资源集合，按需向用户提供服务。

④ 云教育。云教育是指基于云计算商业模式应用的教育平台服务，通过云计算将教

育机构的教学、管理、学习、分享和互动等教育资源整合成一个有效的资源集合，共享教育资源，分享教育成果，加强教育者和受教育者的互动。

⑤ 云安全。云安全是一个从云计算演变而来的新名词，云安全利用云计算的强大功能和网状客户端，监测网络中各种应用的异常行为，获取互联网中木马、恶意程序的最新信息，并传输到服务器端由云计算进行分析，并将解决方案发送到客户端。

⑥ 云游戏。云游戏是建立在云计算基础上的游戏方式。云游戏中的所有游戏都在服务器端运行，客户端不需要任何运行计算和图像处理设备，只需要将云计算渲染和压缩后通过网络传送给用户的视频进行解压和播放即可。

⑦ 云会议。云会议是基于云计算技术的一种高效、便捷、低成本的视频会议形式。它是视频会议与云计算的完美结合，通过移动终端进行简单的操作，可以随时随地、高效地召开和管理会议，会议中各种文件、视频等数据的同步、传输和处理等都由云计算支持。

7.3.3 云计算与新媒体的关系

新媒体平台的用户是具有不同特征的个体，这决定了新媒体平台向用户传播信息时，需要根据个体的不同来创建独特的算法，而用户数量的巨大，则要求新媒体平台具有强强的计算能力。因此，新媒体平台的竞争力在很大程度上取决于算法和算力，这两点则恰好是云计算的重要特征，云计算不但可以整合网络中的计算资源来建立强大的计算系统，还可以帮助新媒体平台研究和推出体现平台价值取向的主流媒体算法。

另外，新媒体平台中重要的信息内容也可以通过云计算获取，包括海量的内容数据和精准的用户数据。新媒体平台可以建立在云计算基础上，利用先进的网络、数字视听和移动通信等，通过互联网渠道以及计算机、手机和数字电视机等移动终端，有针对性地向用户提供音视频、资讯和娱乐等信息服务。

总之，云计算可以看作新媒体发展的引擎，云计算技术的不断进步将推动更多的新媒体平台不断涌现并发展壮大；同时，随着新媒体技术的日益成熟，又促进了云计算技术和互联网技术的不断进步。

7.4 拓展知识——人工智能、大数据和云计算三者间的关系

作为新媒体新技术的重要方向，人工智能、大数据和云计算是密不可分的，这三者之间的关系可以从人工智能与大数据、人工智能与云计算、大数据与云计算，以及人工智能、大数据和云计算这 4 个方面的关系来看。

1. 人工智能与大数据

大数据可以说是人工智能升级和进化的养料，人工智能只有不断地吸收大数据中的各种知识和营养，才能够不断地进行模拟演练，并完成智能化的演变。在这个过程中，大数

据的数量和质量起到了重要的作用，数量决定着人工智能的下限，是人工智能能否“吃饱并健康长大”的关键；质量则决定着人工智能的上限，是人工智能后续“智力发育水平”的保障。

2. 人工智能与云计算

人工智能是程序算法和大数据结合的产物，而云计算则是程序的算法部分，可以简单地认为“人工智能 = 云计算 + 大数据”，也就是说，在海量数据的基础上，利用更优化的算法和分布式计算技术支持的云计算促成了人工智能技术发展的突破。同时，人工智能的诞生和发展，也需要云计算在技术上的支撑和扶植。

3. 大数据与云计算

云计算与大数据的关系是密不可分的，云计算是大数据的基础，因为大数据无法用单台计算机进行处理，而云计算的分布式处理、分布式数据库、云存储和虚拟化技术则可以用于处理大数据，实现大数据的存储与计算；在对海量的数据进行挖掘后，就需要对大数据进行处理，避免云计算缺少存在的目标与价值。

4. 人工智能、大数据和云计算

在技术领域，人工智能、大数据和云计算 3 者之间有两层重要的关系：一是大量数据输入到大数据系统，从而改善大数据系统建立的人工智能学习模型；二是云计算提供的算力使得普通机构也可以用大数据系统计算大量数据，从而获得人工智能能力。根据以上两层关系，可以得出如图 7-2 所示的关系图。首先，企业和互联网在数字化应用方面产生了大量的数据，同时，云计算从量变到质变可以带来前所未有且平民化的计算资源，然后这些数据和算力使得大数据技术在各种普通机构得到普及，最后这些机构利用大数据来创建和改善现有的机器学习模型，产生更好的人工智能效应。

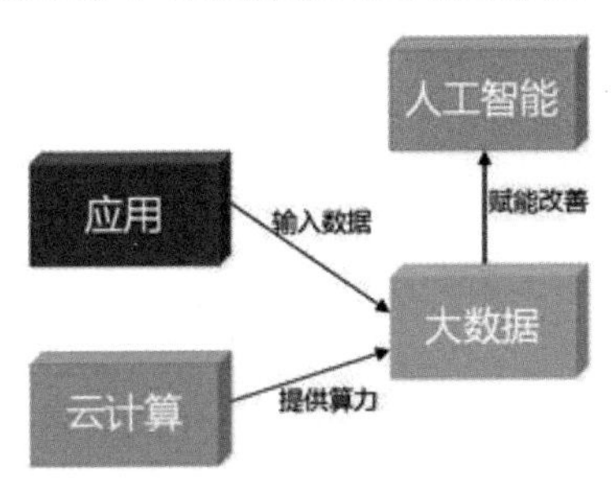

图7-2 三者间的关系

简单来说，这三者在新媒体领域中的应用可以看作：一个新媒体平台通过云计算建立人工智能的算法，获取和积累大量数据，再通过云计算建立的人工智能算法向用户提供个性化服务。

7.5 课后练习

(1)请描述日常生活中有关人工智能技术的应用。

(2)结合本章知识,并搜索相关资料,谈谈你对大数据的认识。

(3)除本章所讲应用方向外,你认为云计算还能应用在哪些领域?

(4)请谈谈你对新媒体新技术的发展看法。